Ten
Former Premiers' Discussion
On
Global Public Ethics

十国前政要论"全球公共伦理"

[日] 福田康夫 主编　　王　敏 译

人民出版社

日本前首相　博鳌亚洲论坛理事长　福田康夫

致中国读者

日本前首相　福田康夫

　　日本人都知道,"智者不惑"、"一日之长"、"四海兄弟"等四字成语源出《论语》,因为这些充满智慧的表达自古以来就连同其他中国古典为日本人所接受和认可,演变成日语词汇中的一员。对于汉字文化圈以外的地域来讲,仅以《论语》为例,大概广为人知的首推"己所不欲,勿施于人"了。因为在其他文明圈的经典中也有类似说法。也就是说,"己所不欲,勿施于人"所蕴含的意义和价值远远跨越地域和人种,被广泛共识、共有。

　　因此,日本前首相福田赳夫创建了国际行动理事会(Interaction Council,简称"OB首脑峰会"。根据原文的表述形式,本书混合使用上述两种),并亲自出任委员长直到1995年。OB首脑峰会举会一致通过了1997年发表的《人类责任宣言》,旨在归纳整理遍布全球的具有普遍意义和价值的伦理规范。而支撑全球伦理规范的核心"关键词"就选用了"己所不欲,勿施于人"。鉴于这一睿智历尽数千年的历史验证,细无声地润泽着地球连绵的生态,《人类责任宣言》把它定位誉为"黄金定律"。

催生"己所不欲，勿施于人"、"黄金定律"的时代背景是冷战格局断裂世界的 20 世纪 80 年代。福田赳夫前首相与德国前总理赫尔穆特·施密特以两国惨重的历史代价为鉴，挺身而出，引领各国政要组建了国际行动理事会，旨在促进和平对话，以推动健全的国际关系和社会的发展。OB 首脑峰会创立三十多年来，每年都定期在五大洲的重要城市召开会议。此时，约三十余名各国前政要共聚共议，探讨并导向如何解决政治与地缘政治学、经济与金融、环境与开发等全球性公共课题中的棘手问题。

在全球通商与政治国际化飞速发展的过程中，人类伦理这一指标却往往被忽略。我们认为，世界主要宗教间相通的共识性伦理内容，能够为全球公共伦理的确立提供有力的理论支撑，并势必对包括经济在内的各个领域和人类活动产生影响，为世界和平作出贡献。自此以来，1997 年发表的《人类责任世界宣言》连同其核心价值："黄金定律"获得了不仅西方社会，乃至南亚、东南亚、东亚等发展中国家的广泛支持。我们认为，人类的责任与人类的权利没有表里之分，在享受人权的同时必须付诸负有责任的行为。可以认为，不负责任的行为必将泯灭人权。

21 世纪的到来，让世界从未像今天这样寄希望于全球公共伦理的力量来解决多种现实问题。遗憾的是，眼下难以从政府主导制定的政策决策中读出伦理规范的概念。因之，接受共同价值规范的约束，守住最基本的道德底线，是时代精神所致。为确立伦理的定位，年至耄耋的 OB 首脑峰会名誉会长德国前总理赫尔穆特·施密特寄希望于宗教与政治之间的对话。对此，我和马尔科姆·弗雷泽澳大利亚前总理共鸣互动，于 2014 年 3 月 26 日、27 日，在 OB 首脑峰会的诞生地维也纳举办了以"政策决定中的全球公共伦理"为主题的会议，同时也为长年率领我们前行的施密特前总理、OB 首脑峰会的主要创始人

95 岁生日而祝福。

我们反复着重探讨了道德的价值与自身利益之关系、基于伦理的人类智慧是否能够真正应用于和平公正的世界建设、经济和科学技术的发展走向与伦理观念的作用，等等。我们清醒地看到，很多问题仅仅靠会议并不能得出明确的答案。但是，会议期间所发表的诸多论文以及热烈的讨论具有极高的学术价值和参考意义，因此我们决定将本次维也纳会议的内容"伦理与决断"用英文定稿，并由此翻译成日语、印尼语、印度语，等等。而中文版的出版发行令我们深感欣慰。目前，该书已经先后译成八种语言，搭载在互联网上 http：//heart-to-heart-world.org/。

遗憾的是，施密特前总理在维也纳会议的翌年，2015 年 11 月 10 日，先行而去。同年 3 月，和我共同担任维也纳宗教政治间对话联合主席的马尔科姆·弗雷泽澳大利亚前总理；2 月，德国前总统里夏德·冯·魏茨泽克；年底，峰会事务总长、原经济企划厅长官宫崎勇也相继告别了人间。这几位重量级人物给我们留下了宝贵的生命启示：继承故人的未竟事业，只争朝夕。

我关注到，就在 2014 年 3 月 26—27 日维也纳 OB 首脑峰会的召开期间，习近平主席出访欧洲，在联合国教科文组织总部宣讲了人类文化是"多彩、平等、包容、互鉴"的文化理念，深感多有相通。因此，寄希望于中国，为实现跨文化的世界理念作出更大贡献，希望书中的内容为中国有用。

让我们共勉：己所不欲，勿施于人。

让我们互动：温故创新！

感谢中国读者，感谢助力的译者与同仁。

2016 年 5 月 10 日于东京

目　录

第一部分　政治家致辞

第二部分　全球公共伦理

第三部分　"图宾根宗教对话"论文精选

第四部分　历届 OB 首脑峰会发布的伦理宣言

序　一

德国前总理　赫尔穆特·施密特

已故日本前首相福田赳夫[①] 曾与我谈到，为了解决地球与人类长期存在的问题，他有意创建一个由前政要构成的国际性组织，我当然毫不犹豫地赞成。于是在 20 世纪 80 年代初，由福田赳夫前首相牵头创立了国际行动理事会。该组织的成员都曾经出任各自政府的代表，经常参与国际交流或政治协商，因为拥有共同的世界观与理念而结成同仁挚友。自 OB 首脑峰会创会三十多年以来，每年都定期在五大洲的重要城市轮回召开会议，迎来送往约三十几名各国前政要的出席参与。我们共聚一堂，共同探讨政治与地缘政治学、经济与金融、环境与开发等具有全球性、长远性的诸多问题。

---

① 福田赳夫（1905—1995），日本政治家，曾出任第 67 届日本内阁首相大臣。出生于日本群马县高崎市，东京大学毕业后在大藏省工作。1952 年首次当选众议员。1976 年出任首相大臣期间外交上打开新局面，1978 年与中国签订《日中和平友好条约》。辞任首相后，1982 年创立国际行动理事会。1990 年正式从政界引退。其长子福田康夫曾出任第 91 届日本内阁首相大臣，成为日本历史上第一对出任日本首相的父子。1995 年因病去世。

福田赳夫前首相认为,世界诸多问题的发生都源于人类的内心,仅有政治领袖参与的讨论并不完善。为此,他提议有必要展开宗教领袖与政治领袖之间的对话。宗教领袖们代表着凝聚了人类历史数千年的智慧与传统,我认为政治领袖应该向他们学习。福田前首相的政治理念基于"心灵与心灵"之间的对话,所以他提出开展宗教与政治领袖之间的深层交流,这与其政治理念同出一辙,我当深表赞同。福田前首相认为,"心灵与心灵"是基本的交流态度,它意味着超越公私,无论层面,一视同仁的诚恳、坦率、理解、宽容与容忍。虽然在政治上显得有些稚嫩,但是他诚信,祈望运用这种态度,为世界的更加公正与和平而贡献力量。

1987年,在罗马的 La Civilian Catholica 举行了第一次政治领袖与宗教领袖的对话。佛教、天主教、印度教、伊斯兰教、犹太教、新教的领袖们齐聚一堂,与无神论者、保守派、社会民主主义者、自由主义者、共产主义者、独裁政权、民主主义政权为代表的政治家们进行了历史上首次对话。

这是冷战双方对峙最为尖锐的时期,宗教还没有卷入战争。在此次会议上,所有参会者都一致认为,如果不能诚恳正视人类长期以来的诸多问题并任其发展,将会招致日后更加棘手的难题堆积。宗教界与政界的领袖们必须同心协力,共议可行对策。此次会议能够在家族计划方面也取得一致共识,对此我感到出乎意料。能达成如此广泛的一致意见,让我们有信心继续推动宗教与政治之间的协商对话。在第一次 OB 首脑峰会之后,我们总共召开了10次以上的宗教与政治之间的协商会议。图宾根大学名誉教授、全球伦理财团创始者汉斯·昆博士作为智囊团为我们提供了理论支持,之后我们按照相同的模式,在世界各地开启了宗教与政治之间的对话。

在我的人生快要接近终点时，世界上的宗教纷争不断地扩大，这数年间我一直怀揣夙愿，那就是能够再一次参加宗教与政治的协商对话。令我欣悦的是 2014 年 3 月，在 OB 首脑峰会诞生地奥地利维也纳实现了我的愿望。其间，OB 首脑峰会择此机为我 95 岁生日而祝贺，令我感动不已。更令人欣喜的是，此次会议的讨论成果汇编成本书问世。

福田赳夫与我始终关心一个极为重要的长期问题，那就是人口增长与有限的自然资源之间的关系。1900 年世界人口为 16 亿，到了 20 世纪中叶增长了 4 倍，今天已经超过 70 亿。仅仅 1 个世纪，人口便增长了 4 倍，这在历史上没有先例。预计到 21 世纪中叶，人口将达到 90 亿以上，那个时候，恐怕大多数人只好居住在城内。

进入 21 世纪后，自然灾害爆发的规模与频率达到前所未有的程度。这是地球在发出悲鸣吗？这其中包含着深刻的质疑——"地球能够承载 90 亿人口吗？"世界上仍有数十亿的人口无法获得生存所必需的食品、水等资源，我们真的能够如愿建立一个公正与和平的社会吗？我无法回答这一难题。

在维也纳会议上，包括这个问题在内的其他若干课题也未能达成一致意见。我收到宗教领袖者们发出的极为重要的建议："要想改变他人或社会，构建公正和平的世界，只能依靠那些具有责任感与奋斗精神，并且能够自强不息、自我完善的人。世界上的各主要宗教都要遵守全球公共伦理（译者注：英文原文为 global ethics，下文中所有相同或相近表述皆拟采用这个译法，请参考），我们要一步步一天天不间断地走向这一目标，与日俱进。"

这与维也纳哲学家卡尔·波普尔《理性自传》的描述如出一辙。

他曾说:"自己的孩子、自己创造的理论,甚至所有的作品要独立于自己之外。这样我们才能够得到比给予孩子和理论本身更多的知识,让深陷无知泥沼的我们得以牵引而前行。"

2014 年 12 月于德国汉堡汉萨自由市

序 二

日本前首相 福田康夫
澳大利亚前总理 马尔科姆·弗雷泽

为了商议被当前政府所忽视却关系到人类长期发展并具有全球性的普遍问题，1983 年国际行动理事会在奥地利维也纳成立了。其后三十年来，全世界的前政要们每年都聚会一堂，与各领域的专家共同为解决全球性的难题出谋划策。这一精英盛会不时取得令人惊叹的成果，且发展迅速，数年后竟然成为了其他国际性组织效仿的典范。

国际行动理事会率先倡导政治领袖与宗教领袖之间的对话。在冷战对峙最为尖锐的时期，OB 首脑峰会在创始人福田赳夫前首相的主导下，于 1987 年在意大利罗马举行了首次宗教政治之间的对话。如赫尔穆特·施密特名誉主席在前言所述，我们在罗马达成了令人难忘的共识。

宗教政治间的对话从那以后成为我们协商的重要指导原则。宗教之间的争论与差异往往给社会带来不安、憎恶，有时甚至是战争。我们认为这是对宗教的误解与错用。因为宗教本身能够通过对话缓和极端主义与对立矛盾。我们一直坚信世界的主要宗教与精神哲学之间拥有共通的伦理观。为了缓和不同宗教因理念不同而造成的对立，构建更为安全的世界，我们必须重新定义不可缺少的公共伦理（译者注：英文原文为 common ethics，下文中所有相同或相近表述皆拟采用这个译法，仅供参考），这同时也是一个意义深远的课题。

在全球通商与政治国际化飞速发展的同时，人们忽略了制定人类伦理的标准。我们认为世界主要宗教间相通的公共伦理，能够为全球公共伦理的确立提供理论支撑，它势必影响包括通商在内的所有的人类活动。为了世界和平，我认为必须遵守公共伦理标准。因此 OB 首脑峰会在 1996 年、1997 年的两次会议上，在全球公共伦理建设领域的专家、奥地利维也纳神学者汉斯·昆博士的指导下，再次开展了宗教与政治之间的对话。

经所有参会者反复讨论，1997 年我们发表了《人类责任世界宣言》，把一系列人类公共伦理标准转换为文字而确定下来。该宣言的核心理念便是"黄金定律"，即"己所不欲，勿施于人"。我们希望该宣言能够成为人权宣言的第二支柱被联合国所采纳，然而遗憾的是，公共伦理标准（译者注：英文原文为 a common ethical standard，下文中所有相同或相近表述皆拟采用这个译法，请参考）这一概念并没有得到西方社会的支持，不过却获得了南亚、东南亚、东亚等发展中国家的广泛支持。人类的责任与人类的权利没有表里之分，在享受人权的同时必须付诸有责任的行动。不负责任的行动便会泯灭人权。

21 世纪以来，911 之后爆发了第二次伊拉克战争。反恐战争增加了世界不稳定因素，甚至破坏了原有的秩序。在印度尼西亚的雅加达召开的新一轮宗教政治间对话中，我们呼吁："所有宗教领袖必须坚决杜绝身披宗教外衣的暴力恐怖活动。所有政治领袖都应该成为不同宗教与种族之间沟通的桥梁。所有人应该拥有宽容正直的品质、男女平等的精神，认可公共的人类价值与基本伦理。大家一起协力创造出没有暴力、珍爱生命、遵守团结公正的经济秩序与人类文化。"这样的价值观也正是印度尼西亚人民所积极追求的。作为世界上最大的伊斯兰国家，印尼政府能够节制理性地进行治理，对此我认为世界给予的评价并不公允。

另外，西方社会在商业、金融、实业、伦理标准等方面的秩序遭到破坏，并且这一状况持续恶化。为此，2007年在德国的图宾根再次召开了宗教政治之间的对话。会议的主题是：世界各主要宗教作为和平与正义的理论支撑，如何与日俱进，发挥应有的正能量。我们讨论出的主要结论是，世界上的主要宗教是在历史发展过程中历经反复验证和确认的公共伦理。宗教并不是动乱与恐怖活动的源泉，而是人类的统合力、忍耐力与道德方面的引导力量。当今的不幸是，宗教被某些原理主义者所利用，误导人们的认知，造成了彼此的隔膜。此番会议旨在确立宗教领袖在解决全球化系列问题的过程中应该承担的重要责任。

为保存文化与宗教团体的多样性，促进和平与团结，大家提出了如下的一系列建议："所有宗教共通的核心伦理应该成为世界市民的认知基础。我们应当拒绝政治领袖错误利用宗教，同时也要敦促宗教领袖者不得为了政治目的而利用人们的信仰。要为下一代的利益尊重生命，在面对保护地球环境等问题的挑战时刻，应该积极地吸收宗教运动的力量。"这段发言的核心理念便是人类相通的公共伦理。

我们一直坚信世界主要宗教之间相通的公共伦理是构成和平公正以及人道世界的最好的理论基础。我们的全球公共伦理丝毫没有企图代替犹太教的《妥拉》、基督教的《圣经》、伊斯兰教的《古兰经》、印度教的《薄伽梵歌》，抑或是佛典、儒教的经典。全球公共伦理是指基于求同存异,在产生分歧的情况下依然保持对所有宗教所共识的具有约束力的价值规范的认同,保留附和其基本伦理或最低限度的道德行为。对此,我们也获得了虽然没有宗教信仰却拥有强大伦理规范的无神论者们的支持。

对所有个人、社会、政府而言,公共伦理基于以下两个真理而成立。(1)所有人必须被人道地对待;(2)己所不欲,勿施于人。OB首脑峰会在此基础上还确定了所有宗教达成的共识——四个不可违反的誓约:(1)反对暴力与尊重生命;(2)团结与公正的经济秩序;(3)宽容与真实;(4)男女平等的权利与共同劳作。

21世纪的到来,让世界从未像今天这样急需全球公共伦理标准来解决各方出现的问题。维系世界范围的真正的和平,必须接受公共伦理,它将起到巨大的推动促进作用。遗憾的是,眼下主要政府所制定的政策决策中难以反映出伦理观的存在。如何再次确立伦理法则的重要性,将成为当前最为紧要的课题。

OB首脑峰会名誉会长德国前总理赫尔穆特·施密特已年至耄耋,他表示希望继续参加宗教与政治之间的对话。为此我们二人策划决定在2014年3月26日、27日,于峰会组织的诞生地维也纳再次举办OB首脑峰会。借此机会,对长年率领并团结我们的施密特前总理表示感谢,对他95岁诞辰纪念表示衷心的祝贺。OB首脑峰会的联合主席奥地利前总理弗朗茨·弗拉尼茨基担任此次宗教政治对话的组织委员会议长,本次对话的主题是"政策决定中的全球公共伦理"。会议围绕"政治中伦理法则的价值何在"这一议题展开讨论。伦理的必要性自不待言,但政治领袖们如何能够保证政策研究中体现出公共伦理标准呢?在维也纳会议上我们对以下相关事项进行了讨论与协商。

·通观20世纪的历史,我们获得了哪些教训?无视了哪些教训?

又遗忘了哪些教训？

·宽容这一德行不得无视，源出尊敬的宽容可能通过教育而传授吗？

·我们能够接受压抑自身的宗教、文化、文明的归属意识，而尊重他人或者其他国民的归属意识之挑战吗？任何国家、组织、个人，其自我利益重于真实和正义吗？

·人类所有活动，特别诸如经济、科学技术等，都在给人类带来巨大进步的同时也拥有负面消极的一面，在决定其发展走向时伦理观应该如何发挥其作用呢？

·根据世界人口即将达到 90 亿人的预测，基于伦理的人类智慧是否能够真正建成和平、公正的世界呢？

如前言中施密特前总理所述，关于这些问题在会议中并不能得出明确答案。然而，会议中发表的诸多论文以及热烈的讨论具有极高的学术价值，因此我们决定将维也纳会议的内容整理出版。（注：英语版于 2015 年 3 月发行，之后将会译成日文、中文、俄罗斯语、印度语、印尼语、阿拉伯语、泰语等 7 国语言发行。）

2014 年 3 月在维也纳聚首时，ISIS 还没有宣布建国，伊斯兰国西非省也不像今日这般受到世界瞩目。最近发生的事态让不同文化与宗教之间的巨大鸿沟凸显出来。对于言论自由的界限以及误用，我想使用以下观点进行说明。一种文化中被认为是世俗价值观的必要表现形式可能对于宗教文化来说是一种侮辱。因为宗教只允许尊敬与畏惧，而不允许批判与戏谑。越来越多的提问表明："宗教能够与言论自由达成和解吗？"这是我们全体成员都需要面对的更大更难的问题。维也纳会议的重要性不言而喻，我们尝试着聚焦分歧，试图寻找出共同的平台。通过会议我们发现，不仅是宗教之间，同一宗教内不同宗派之间也面临着同样的问题。会议分组讨论了伦理、政治、社会、经济等各个领域的问题，其中一个结论便是只有通过交流与思想的碰撞，我们才能朝着所希望的目标迈进一步。

本书由四个部分构成。第一部分是开幕式的致辞演讲；第二部分是论文及各分会场讨论的总结；第三部分是前面谈到的图宾根会议上的演讲及论文（长年出席活动的昆教授因病未能参会，决定刊登他的优秀论文与施密特前总理的演讲，还有因病不得不缺席维也纳会议的哈佛大学杜维明教授的论文，这些论文全部是为 OB 首脑峰会专门撰写）；第四部分是以往发布的具有代表性的宗教与政治之间对话的宣言。如同维也纳会议所反复提及的那样，我们认为所有这些成果的重要性值得反复强调。

我们深感荣幸，最优秀的参会者之一——维也纳会议主持人、英国人杰勒米·罗森堡先生能够担任本书的编辑，对他以及所有参会者，还有为本书的完成呕心沥血的志愿者、各国语言的翻译者们表示诚挚的谢意。另外，还要对支援 OB 首脑峰会三十年之久、具有长远战略眼光的日本政府再次表示谢意。

我们坚信，共存、和谐与正义，这些人类的综合智慧和实践行为一样不可或缺，为此，让我们再次重申全球公共伦理的基本法则及其"黄金定律"。

·所有人都必须被人道地对待。

·己所不欲，勿施于人。

2014 年 12 月

维也纳宣言

——在分崩离析的危险世界所实践的全球公共伦理

1987 年，刚刚成立不久的前国家领导人峰会在罗马举行，这也是第一届宗教间的对话。之后的宗教间对话中，公共伦理——全世界主要宗教中相通的伦理标准——这一概念逐渐推广并受到广泛关注。讨论公共伦理标准成为促进世界和平、宽容、和谐与合作的必要项目，讨论结果被记录在 1997 年的《人类责任世界宣言》中，其核心便是"己所不欲，勿施于人"这一"黄金定律"。

前国家领导人峰会于 2013 年 4 月在维也纳开展了宗教间对话，奥地利前总理弗朗茨·弗拉尼茨基担任该组织的联合主席，澳大利亚前总理马尔科姆·弗雷泽和日本前首相福田康夫担任该会议的名誉主席。会议的主要目的是为了检验在这个分崩离析而又危险的世界中，公共伦理标准是否能够有效发挥作用。即：

1. 即使公共伦理被明确定义和理解，但由于各国政府以及各宗教间的相关关系所致，在多元化文化宗教背景之下，公共伦理的实施必将面临多项挑战。

2. 对各国政府来说，国家利益、个人利益和伦理关怀之间有着不调和性。诱发无视伦理关怀、轻率作出鲁莽决策的因素必然存在。

3. 世界形式瞬息万变，政治与宗教各自持有其特殊的背景，公共伦理的实施必然十分复杂。

4. 即使伦理标准能够法律形式化，但由于法律制度和实施方式并不完善，可能会导致伦理标准受到影响。

5. 对于政治领袖而言，宗教内以及宗教间的暴力行为，以及世界众多宗教和文化中所表现出的极端派的冲突，都是公共伦理实施过程中的特殊挑战。

6. 持续推进公共伦理的实践应用是一项长期任务。在政治领导人中，为了实现紧急的眼前目标而牺牲对公共伦理的追求，这一目光短浅的施政方式始终存在。因为发展和进步往往需要长年的努力，这使得他们通常会选择更加重视短期目标的个人利益。

7. 必须促进公共伦理的发展，其核心价值是对所有人的尊重、宽容、慈爱，是所有的人都应该被平等地对待。

8. 因为人口的剧增，推进全球公共伦理的进展将更加困难。赫尔穆特·施密特认为，在人口从 72 亿骤增至 90 亿的世界范围内推行公共伦理标准将变得举步维艰。

在维也纳的讨论中，我们认为为了实现公正与和平，促进全球公共伦理的普及，有必要强调几项重要且有效的步骤。

要点如下：

·促进全球公共伦理的推行，普及人类必要的责任和义务。

·否定所有企图将暴力合法化的行为，确保生命的价值。

·谨慎细致作出判断，以免制定出容易招致误解、加剧分裂的政策。

·努力聆听并理解他人的见解。为了跨越认识上的鸿沟，相互理解不可或缺。

·为了世界走上和平道路，必须推行全球公共伦理；为促进多元化文化和宗教的发展，政府领导者们必须作出不懈的努力。

·防止极端主义与政府内部的分裂行为，停止对政治的诽谤行为。

·某些特定区域和国家为对抗极端主义付出了巨大努力，应该给予关注。

·当今世界处于全球化的进程当中，在这样的背景之下推行全球公共伦理将十分艰苦复杂，我们对此必须持有清醒的认识。

为了向全人类，特别是青少年推行和普及公共伦理标准，所有主要宗教都应该为此作出特殊的努力。

·不久的将来，世界人口将达到 90 亿，这个事实将会对生命、环境以及自然资源产生深远影响。我们必须认清这一事实，及早制定出预防性的准备对策。

·继续开展政治领袖和宗教领袖之间的政宗间对话。

2014 年 3 月 26—27 日

于奥地利维也纳

第一部分

政治家致辞

欢 迎 辞

奥地利共和国前总统　海因茨·菲舍尔

各位来宾、各位参加宗教政治对话的成员们：

能够在维也纳欢迎各位的到来，我感到由衷的幸运。同时盛情感谢邀请我参加本次会议的组织委员长——弗朗茨·弗拉尼茨基博士。

今天，德国前总理同时也是前国家领导人峰会的荣誉会长赫尔穆特·施密特先生也出席了本次会议，我们为他的到来而万分欣喜。正是他建议本次会议在维也纳举行，对此，我当深切地感激。而在场所有的嘉宾，无一不为施密特总理光临维也纳并出席本次会议而感到无上荣光。

各位来宾们为回应本次高层宗教政治对话，不远万里共聚一堂，能够与诸位贤人志士们相会相知，更令我喜出望外。

各位，

促进不同文化与宗教之间的交流一直是奥地利政府长年以来优先推进的项目。

奥地利可以说在文化、宗教、传统和语言方面都充沛着多元化的要素。从 19 世纪迈进 20 世纪之时，维也纳已经是一个由 15 个民族所组成的帝都,其民族分布在意大利北部至乌克兰西部,甚至还有一部分在捷克共和国以及当今的罗马尼亚。1914 年,奥地利国会议员中有 4 位转身成为了尔后的他国首相。他们分别是意大利的加斯贝利、捷克共和国的马萨里克、波兰的毕苏斯基和奥地利的卡尔·伦纳。与不同民族和宗教信仰的人一起生活,共同工作,已经演变为我们日常生活的一部分。虽然尚不可言所有的矛盾已经云消雾散,但我们确实可以认为,矛盾已经在很大程度上得到了缓解。

比如 1912 年,奥地利成为第一个在法律上公开承认伊斯兰教是帝国宗教信仰之一的西方国家。这一举措意义非凡。100 年后的今天,正是由于价值观凸显多元、移民新增、人口结构发生了巨大的变化,不同文化和不同宗教之间所形成的紧张氛围日渐明显,竟然形成了近年的区域问题。为了缓和这种紧张,奥地利排除固有的各种障碍,强调"多元文化共存"这一宗旨,提倡对话和交流为最佳有效手段。

为了更好地促进不同文化间的交流和协作,我们积极开展两国间或是多国间的交流,认知他国的意愿和主张。我们认识到,不同地域的主张大都强调了一个共同的价值,那就是和平以及对不同群体的尊重与宽容。

如上内容可通过以下几个实例来加以验证。

首先,联合国为了给各国提供文化交流的场所,开展更广泛的活动,成立了联合国文明同盟(简称 UNAOC)。作为 UNAOC 强有力的后援国之一,奥地利于 2013 年 3 月在维也纳举办了第五届全国峰会。当时的主题是"在多元化交流和对话中应该发挥的责任感和领导作用",显然,这是为了在推进对话和多元化理念的过程中,需要参与者们意识到负有责任感的领导作用之重要。

其次，作为创始国之一的奥地利，2012 年在维也纳设置了阿布杜拉国王跨宗教以及跨文化对话国际中心（简称 KAICIID）本部。

在此，针对当今的奥地利，我想申明以下几点。

通过 2013 年 9 月 9 日所举行的总统选举可以发现，当今奥地利政府是由社会民主党和基督教民主党所组成的联合政府。与布鲁诺·克赖斯基时期相比，两党比例已相差甚少。1975 年，社会民主党和保守党在 183 个议员席位中获得了 123 个席位（投票总人数的66.35%），当时，可以作为国会代表的政党只有 3 个。今天，社会民主党和基督教民主党只占投票总人数的 52%，国会代表的政党增至6 个。

在两个月后即将开始投票的欧洲大选中，3 个政党（也就是社会民主党、基督教民主党和自由党）的投票将各占 23%—25%，得票率可以说相差无几，获胜率也将明显地接近。

从统计来看，奥地利经济目前维持着良好的状态。预测 2014 年的成长率为 1.5%，失业率为 5%，且该数值将继续成为欧洲最佳。根据最近的预测，奥地利 2014 年的通货膨胀率不到 2%（1.6%—1.9%）。奥地利 2014 年的国民 GDP 为 37007 欧元（德国为 33350 欧元）。我们的出口年增长率为 5%。100 欧元收入中有 56 欧元为出口，我们出口产品中 1/3 进入了德国，38% 进入了欧洲其他几个国家，亚洲占据了 10%，最后的 10% 则是北美和南美国家。

各位，时间宝贵，我就不再画蛇添足了。不过，我想再一次强调，对于本次会议的前提精神我亦深有同感。这就是，付诸促进文化间、宗教间交流的努力，当远远超出对选举以及各自从事的行政的力度。而我们每一位的努力，应该被传承下去，并且作为决策的核心而被深深铭刻在脑海之中。唯有如此，我们才能更好地理解并尊重他人的感受，从而实现真正的具有普遍性的多元化社会。

　　谢谢大家！

2014 年 3 月 26 日

致施密特前总理

法国前总统　吉斯卡尔·德斯坦

维也纳市长霍伊普尔先生、各位领导人、前国家领导人峰会成员们、宗教领袖以及神学者们、女士们、先生们：

能够在美丽的维也纳市政厅与各位共度良宵，我发自内心地高兴。同时，对于市长米夏埃尔·霍伊普尔先生的邀请表示感谢！

今天，我们围绕"政治决策中的伦理"这一意义深远的议题展开了讨论。由于卓越的学者和深谙此主题的专家们的与会，我觉得本次讨论让我受益匪浅。

不过，今晚我们应该瞩目的焦点应该是这样的人物——赫尔穆特·施密特先生。我亲爱的朋友，赫尔穆特，向您表示诚挚的敬意。从众多参会者当中，选出我来充当致谢代表，这是分外的荣幸。

如果从伦理的领域展开讨论，对伦理行为加以定义，我们可以提供最大限度的善意和最小范围的恶意。我将努力遵从这个原则，奉献对赫尔穆特的赞美。

毋庸置疑，他值得拥有我们在场所有人的尊重。事实上，他曾作为德国的最高领导人，始终保持着一以贯之的果断决策。

赫尔穆特·施密特还是首相的时候，德国因第二次世界大战的恐怖和犯罪行为而受到了严重的打击，形象一落千丈，然而他却成功地予以挽回，并再次使德国重返到大国的地位。当然，德国的形象恢复是从康拉德·阿登纳总理的深刻的谦逊态度，以及坚持推行民主主义启程的，那是一个十分艰难却最终得以实现的结果。因为这同时也伴随着深刻的自我批判，那是德国国民付出巨大的勇气而竭力传承下来的。引领德国完成这一举措的人就是赫尔穆特·施密特。是他非凡的能力、质朴之心以及敏锐的判断能力，保证了这一理想得以实现，德国人民才得以遵从民主国家的新定义，又重新回归到幸福的状态。

而当时的国际环境并不理想。

苏联模式最初出现裂缝，是因为波兰危机的爆发。勃列日涅夫跟他的团队对于危机没有及时采取应有的对策，犹豫不决。赫尔穆特·施密特一边避免军事介入，一边尽可能地提供合作。同时，他对苏军入侵阿富汗这一冒险行为表示反对。在这场战争中，坦率地讲，苏联并没有作出有益的贡献，最终疲惫离去。

他所面对的这一连串的事件，针对美国应承担的责任，他自有主见和看法。在此之前，美国领导人对于德国所持有的态度，不过是侵略文化的延长罢了。他们照旧使用不易察觉的手法，决策德国的事情。赫尔穆特·施密特力图使他的祖国从这种单一的制约中摆脱出来，因此长时期地卧薪尝胆，等待时机。最终，他因卡特政权的犹豫而强制性地付诸行动了。针对中子弹以及德国不参加莫斯科奥林匹克运动会这些敏感问题，他一方面要求德国支持，一方面在没有作出任何说明的情况下，突如其来地撤销了相关的一切。如此行为，迫使赫尔穆特·施密特确信欧洲——当时为9国，如今是10国——急需一股强有力的政治力量。

此外，在这方面，不可动摇的信念——不自相矛盾的思想——一直是他的行为准则。赫尔穆特·施密特其实是一名信念满怀的欧洲人。除此之外，别无其他。

20 世纪 60 年代末，我与他第一次相遇在让·莫内家，那是一个预兆即将发生什么的地方。让·莫内召集他的"欧盟委员会"的成员们在他家中开会。

我第一次走进那个家时，有个角落因香烟而烟雾弥漫，赫尔穆特·施密特就在雾中。

1972 年的财政会议上，再次重逢。我们坐在一起，交换关于议题的意见，此情此景，甚至连我们之中谁动了桌子上的卡片都记得十分清晰。

我们之间一直保存着自然的同谋关系。前提是有着类似的视角以及完美的忠心。赫尔穆特是一个一丝不苟的耿直之人。无论在哪里，人们都对他肃然起敬，我把这一特质誉为"君之正直"。

让我们把话题拉回到 1972 年，他从卡尔·席勒手中接过财政部长一职。席勒是为了当时顺风顺水的德国企业而主张深入开展经济开放和通货汇率变动的高调部长。通过赫尔穆特难以置信的勤学和自身实用的知性，在 1971—1974 年，他废除了"布雷顿森林"这一固定汇率的体系，成为开始摸索新国际货币机构的论者。我认为，他正是那个时候发现，因通货汇率的变动而混乱的欧洲经济必然催生出一个新的团体。

我和同事们为了新的团体开始着手准备工作。"通货之蛇"因各种趋势之下的压力过大，不堪重负而逐渐崩溃。可我们依然为创造出更加强韧的币种而继续奋斗。在我们的不懈努力下，终于在 1978—1979 年，作为欧洲货币制度的欧元（euro）前身的 ecru 诞生了。

赫尔穆特·施密特是这一举措的最大贡献者。他因为与表明实施保守政策的德国联邦银行意见相左，为了要使德国马克货币和其他弱小的欧洲货币相互联系起来，必须要说服德国国民。然后，如同各位所知，德国马克是国家经济复苏的象征，也是安全和荣耀的证明。为了创设欧洲货币制度，需要赢得德国经济界的支持，赫尔穆特·施密特运用他的口才和能力，通过毫无掩饰的信息，向他们投出了橄榄枝。在我所知之中，能够如此运作的除他莫属，绝无他人。与为了急功近利而想要创造出欧洲货币的失败者相比，这份至高无上的荣耀当属赫尔穆特·施密特。

1986 年，我们创设"欧洲货币联盟"之时，那份报告书成了欧元导入文件的喷射口。对于那些相对无所作为的领导人们，明确地衬托出他本人对于欧洲的坚定的信念与执着。

所有欧洲人民都意识到，如果没有欧元，面对当前的危机，我们的制度将遭受多么巨大的危机，甚至还会直面货币贬值的竞争局面。欧元是保护我们整个地域的强有力的盾牌。

欧洲的其他决定性进展，同样也是得益于我们深厚的伙伴关系才得以推动的。若没有这些，我们也不会在 1974 年创设欧洲理事会，更不会连续 35 年让欧洲市民在 5 月里直接选举欧洲议会的议员们了。

我认为赫尔穆特·施密特的政治生涯最戏剧化的一幕是德国秋日所揭开的。

赫尔穆特·施密特当时不得不和无畏生死的极端派所采取的荒谬无稽的恐怖袭击抗争。当实业家马丁·施莱尔被绑架之时，首相意志的坚定与否承受了考验。他被迫衡量生命和国际安全保障之重要。那是在具体的市民生命和抽象的国家利益之间作出的残酷选择。

数年之后，赫尔穆特·施密特曾自述道，那是他人生中所做的最艰巨的选择。我们只能对这份勇气致以崇高的敬意。

在此瞬间，才能窥见美德之颜。

孔子曾这样说道："仁者先难而后获，可谓仁矣。"（《论语·雍也》）

赫尔穆特·施密特，你在漫长的人生道路上遵循了这一教诲。在其润泽之下，你成为了名副其实的卓越的政治家，对我来说，也是一位格外难得的友人。

祝您生日快乐！

2014 年 3 月 26 日

于维也纳市政厅

在决定意志中的公共伦理

澳大利亚前总理　马尔科姆·弗雷泽

　　本次会议的亮点是庆祝前总理赫尔穆特·施密特的 95 岁诞辰，也是前国家领导人峰会的创立者们对于搭建峰会平台的日本已故前首相福田赳夫表示诚挚谢意的盛典。赫尔穆特·施密特在他的人生当中见证了众多变故。1941 年，他作为德国年轻的陆军中尉被派往俄罗斯前线，经历了莫斯科的空袭，幸好他的部队并没有被派往斯大林格勒。如果当时真的付诸实施，恐怕欧洲将因此而丧失又一位 20 世纪最杰出的政治家。

　　第二次世界大战后，施密特前总理为了彻底消除德法两国之间的仇恨，以及实现欧洲一体化的目标而不懈努力；为了和法国前总统吉斯卡尔·德斯坦取得紧密的合作关系付出了艰巨的劳动。吉斯卡尔·德斯坦总统为表达对施密特先生的尊敬，特意赶来参加了本次会议。我本人能够亲眼见到施密特先生，实感莫大的幸福。这两位伟人不仅仅在前国家领导人峰会中拥有巨大的影响力，而且在政坛上传授教诲，制定规范。多年以来，法德两国之间势同水火，是他们跨越国家恩怨，斡旋大局，构筑并协调了健康的合作关系。能够与这两位重要人物在同一个时代拼搏奋斗，是我的无上荣耀。

我对本次参会的前国家领导人峰会成员们、各位宗教领袖们表示热烈的欢迎。宗教领袖们还特意为本次论题提交了论文，仅此一点就可视为重大的丰硕贡献，对此当表示满腔的感谢。另外，对特邀嘉宾的光临亦表示热烈的欢迎。

前国家领导人峰会是于1983年苏联进攻阿富汗之后而建立的。组织的核心是探讨关系到人类长期发展的生存问题，例如因人口增长、环境破坏而导致生活面临多方危机，如何才能建设和平、富裕的社会，如何才能禁止开发核武器，各国政府长期以来容易忽视的问题如何才能够得以解决等。这些也是日本已故首相福田赳夫十分担忧的问题。

施密特前总理和福田前首相认识到了世界主要的几大宗教的核心中存在着共同的伦理，并且试图通过宗教和政治间的对话寻找共识，进而达到相互理解。第一次宗政间对话是在1987年。10年前，本峰会提出了《人类责任世界宣言》草案。至于"宣言"的概念，我认为其间包含着不同宗教间能够达成共识的公共伦理的定义。

今时今日，这样的长期性课题受到前所未有的重视，其原因主要与地球上的众多要素相关。其中之一，就是世界人口的急速增长。一百年前爆发第一次世界大战时，地球的人口不过17亿人；然而，第二次世界大战结束之后，世界人口已达到23亿人。时至今日，地球上已有72亿人口，并且还在不断增加。这样的人口增加趋势威胁着地球上的资源，如何更加有效灵活地利用地球上的资源，适当处理环境问题已经成为当务之急。

迫使我们面对这些长期问题的原因不仅如此。冷战时期，世界更加平和，相比今天，发生恶性军事冲突的危险性也小得多。虽然两个超级大国的存在比较危险，但是在一定程度上还是保持了世界的平衡。

当时美苏两国都互相明白不能过分刺激对手，同时也不希望引发核武器战争，但是，这种危机也曾经数次距离爆发只有一步之遥。这种平衡最终在1991年因苏联的解体而被打破。

自此以来，虽然《不扩散核武器条约》依然有效，但与当时相比，如今更多的国家（现在是9国）拥有了核武器。而且，核武器甚至很有可能落入恐怖分子的手中。此外，区域间的核武器战争的可能性也不能被忽视，因为此类地区的战乱可能会对全世界的气候、环境和未来的安全保障产生深远的影响，数十亿人可能会面临饥饿之灾。然而，还有很多人尚未意识到这一点。

1990年，第一次海湾战争爆发。战后，1991年3月6日，美国总统老布什在美国议会发表了演讲，我认为那是一个伟大的演说。他在演讲中提到以下的内容。

为了支援这个小国（科威特），北美、欧洲、亚洲、南美、非洲和阿拉伯各国众志成城，同仇敌忾。我们这个特殊的联盟，接下来将为了共同的目的携手并进。那就是说，创造一个人人都绝不屈服于人性阴暗面的未来。

这是我们一直以来希望从美国人口中听到的讯息。老布什总统对于新世界也曾发表过见解：

> 请允许我引用温斯顿·丘吉尔的话，世界的新秩序，那就是"遵循正义和公平的原则，由强者来保护弱者"。

那是一个非常乐观的时期。对于"自由"而言，已经不具有确切的敌人。各国在世界范围内协调和扩大了人文主义以及良知的作用。

那是我生命中第二次感受到乐观主义引领着世界。文明近乎全面覆灭的第二次世界大战之后，战胜国和战败国的领导人都充分认识到：人类需要更多的贤德与睿智。

那是一段解放的时期。联合国的理念——自由和平等的精神传播到全球的各个角落。各国为了本国人民而尽力自息自强。即使世态不尽如人意，也被这乐观的精神抛之脑后。

冷战持续了四十多年。强权政治的古老规则支配着的国际关系、危险的竞争对手关系，导致几个大国失去了真诚合作共筑美好未来的机会。

苏联解体之后，乐观时代戛然而止。被怀疑和恐怖所影响的传统规则再次支配起国际关系，对抗恐怖分子等新型的危险由隐渐显。我认为，与恐怖分子斗争的说法不妥。而原教旨主义者们将其仅仅解释为伊斯兰战争，我觉得这种说法也过于表面化。

国家间的信赖分崩离析之际，我们必须探究其原因，努力维持团结。我们应该客观地看待问题，满怀诚意地关注问题所在。譬如NATO（北大西洋公约组织）的出现，确保了西欧的自由，这是所谓的不战而胜。其中还有不少从前曾躲在苏联身后、从而保住自由的部分国家。那是一个宽容的时代，也是一个拥有长远目光的时代。然而，自私自利的利己主义思潮却一味地蔓延开来。

戈尔巴乔夫总统曾相信"NATO 不会扩大到东边的领域"。然而，NATO 仍然压境至俄罗斯边界。帝国解体后的俄罗斯认为这确实不是友好的行为。要确保东欧的自由，应该寻求其他方法。然而，NATO并没有感觉和意识，这便导致了最重要且最致命的错误发生。在大多数人看来，乌克兰共和国和克里米亚两个国家在当前的问题上作出了较大的贡献。

在这个新世界中，俄罗斯应实施自己所相信的政策，也就是"其他国家希望俄罗斯是一个能与其精诚合作、迈步共进的伙伴"。那也是一个能够给予俄罗斯相当大余地和关怀的世界。然而，NATO 的行为将这种可能性抹杀了。东欧的新武器系统开发这一行为只会加重俄罗斯的怀疑罢了。

1991 年，老布什总统所发表的原则，为何如此轻易并迅速地被舍弃？海湾战争之后众人所经历的那个伟大的希望为何没有实现？结局是，多年后我们处于一个更加危险的世界之中。

只有美国是"特殊的"，这个概念在美国建国之初便已存在。然而，美国成为世界上实至名归的最强之国则是在近年。其主要原因就是美国的"特殊主义"对世界时事产生了非同一般的影响。

曾经作为美国驻土耳其及泰国大使、创设国际危机管理集团的莫尔顿·阿布拉莫维茨给 The National Interest 杂志投稿一篇题为《美国的"特殊主义"将如何毁灭美国的外交政策》的论文。文章中他这样写道："我们独特的道德信仰使我们相信，我们生来就拥有他国所没有的行为能力和自由。我们所坚持的意见，特别是在使用军事力量的时候，永远是正确的。如有必要，我们甚至可以无视自己的法律。"文章中对美国情况的描写十分直白坦诚，很值得一读。

奥巴马总统也主张信仰美国的"特殊主义"。他曾如此说道："为了防止孩子们煤气中毒，长远看来，我们应该为了保护孩子们的安全，更加到位地采取行动。这就是美国的特殊之处。也是我们的特殊之处。"实际上，难道只有美国一个国家不希望孩子煤气中毒吗？

美国比起其他国家更加强大，这是事实。然而，一味强调自己的特殊之处，却没有为和平而作出过任何贡献。

弗拉基米尔·普京总统在纽约《时代》杂志的意见栏上这样写道:"鼓励众人以为自己是特殊的存在,这一行为十分险恶。"我完全赞同他的意见。为何说这一行为是危险的,是因为他们将所谓的"正确"灌输到国民的概念中,确信自己的选择,而不去倾听其他国家人民的意见。这样的行为,势必不会带来和平。

另一方面,对于他人或他国家来说,面对无视接受或关注他人意见的对方,要与其达成一致的协议显然难上加难。

无论什么样的外交手段,最重要的就是要理解对方的理念和伦理标准,冷静地判断什么是合理的,什么是不合理的。如果希望对方顺应其要求,当不得逾越"合理"这条红线。顺利并长期存在的外交协商,应该是以双方都共同认可的、"成就了有价值的一件事"这一共识之上的。

当然,这是国家间的问题。不过,在宗教之间或者宗教内部也存在着类似的问题。曾几何时,爱尔兰的天主教与新教的对立导致并发展成为恐怖主义袭击。经过数十年的交涉和苦斗,爱尔兰终于争取到了和平的未来。对立中,双方都煽动和鼓吹对对方的偏见和憎恶。一旦出口的狂言,想要撤回是非常困难的。而源出宗教的憎恶恐怕需要所有人的释怀。

我真心相信,世界上主要的宗教都蕴含着共通的伦理标准。大家都共同拥有最基本的价值观、伦理规范以及和平社会等必要的概念。通过《人类责任世界宣言》草案的发布,这个事实已被昭告天下。公共伦理标准通过语言来进行表达并不困难,但是将其付诸行动,并在人们的现实生活中实践运用起来,又该另当别论了。无论前国家领导人峰会,还是世界上大多数的国家,目前都尚难以逾越这样的归结。

今天,西方国家的大多数人都责难伊斯兰原理主义和埃及的伊斯兰教组织,"怎么可能让步呢?"他们其实忘了,这才是一种极端的伊斯兰教行为,才会被世界上占多数人口的穆斯林责难。

我们必须坦诚地承认,基督教之中也存在原教旨主义者。也有人说伊斯兰教是万危之源,是实现和平世界的威胁。我们可以明确指出,几乎所有的宗教——伊斯兰教、基督教、犹太教中也都存在着原教旨主义者。怎样才能杜绝被他们的花言巧语和鼓吹所蒙蔽,减少新的志愿者的出现呢?这对我们所有人来说都是一个最大的挑战。对于西方的我们来说,我们更要注意自己的言行不被那些原教旨主义者所利用。

在中东,恐怕大多数人都认为从 1953 年流放摩萨台总统开始,至第二次海湾战争以及因美国、英国和澳大利亚等原因爆发的伊拉克战争为止,西方的干涉导致了当地多起事件的发生。西方政策到底哪个成功,要检验出其是否对中东的和平以及发展作出贡献并不简单。第一次海湾战争是一个例外,那并不算单纯的西方政策。和 2003 年的伊拉克战争形成鲜明的对比,美国集合了超过 30 个国家的联合战队。

在今日,可以看到发生在中东各个地区的战乱,对于走向和平之路最大的障碍恐怕就是各个地区原有的根深蒂固的根源问题。伊斯兰教内的宗教派别间的严重分歧、敌对心理和憎恶明显给几个国家造成了严重的打击。基地组织本身就是在全世界散布对伊斯兰教的畏惧和恐怖的主体。然而,就像我刚才所说的那样,伊斯兰教内部的分裂并不是穆斯林独特的行为。同样的言行在基督教国家之中也有发生,他们付出了无可挽回的惨痛代价。

近年来,中东可以说是全世界的焦点,然而西太平洋地区渐渐出现紧张与对抗,可以称为备受关注的新焦点之一。在这里,比起老布什总统在 1991 年 3 月所发表的原则，大家反而更倾向于冷战时期的强权政治、霸权主义的军事对抗。

在相同的地区，也呈现出向着和平迈进的成功一步。时至今日，东南亚国家联盟（ASEAN）已有 10 国加入，其中包括曾经是对手的国家成员。它的发展值得我们所有人学习。其发起国便是泰国和印度尼西亚，对此并没有西方国家的干预。这可以说是亚洲各国以自己的方式在促进区域发展，颇有成效。然而，依然存在几个问题，譬如针对南海的国土争端这类问题，不过，这些都可在东盟内部管理解决。成员国都意识到想要更好地发展，就需要和平与合作。我们所有人都要注意到，成员国并不都是民主主义国家，但是这并没有妨碍他们之间的共同合作。可见，东盟已经发展到了能够采取暂时的措施对各个成员国之间的差异进行调节。东盟的进化可谓给我们所有人提供了一个良好的模式。但是，西方各国并没有吸取这个经验。

我们必须面对的一个问题就是世界各地所发生的巨大变化。比如，中国不断增强的综合国力和经济实力，并不是任何一个国家都能够做到坦率地承认这一事实的。在西方，中国并没有被很好地理解。对于在中国发生的事情，并没有作出对其历史、文化和原因的理解，往往以偏概全地进行含有敌意的报道。中国采取了和欧洲以及美国不同的发展方式，直到目前为止，维持了平衡，经济增长以及持续发展，可见这一切都是准确有效的。这也是提高中国国民生活水平所必要的条件。

这就是我们必须要增进理解的进化之原委。在当今大多数领导人的人生中，中国还是处于闭关锁国、内部解决问题的时代。除非必须之时，当时的中国几乎没有任何对外交流的迹象。

中国已经结束闭关锁国的时代，成为西太平洋所有国家的主要贸易对象。中国的经济依然按照每年近 7% 的增长率不断发展。我们不得不尊重拥有悠久历史的中国的意见，对于亚洲太平洋地区的各种问题，我们应该站在合适的立场，这一点大家应心知肚明。我们不能将此看作是具有挑衅抑或是新霸权诞生的预兆。相反，应该看作是中国传统以及辉煌历史的复活。显然，也许让人不禁疑惑，我是否夸大其词。中国并没有像欧美或者日本那样，有过帝国时代的经历。在西太平洋所发生的新局面该如何对应、如何发展，其决定要素不仅仅是中国自身的态度，特别是美国、日本和中国会如何处理才是关键。最近，这三国之间的交流并不能说畅通顺利，中日之间还存在着不信任，对于美国则是忧虑重重，该做什么，不该做什么，谁也猜不透。犹豫不决的美国最后错误地选择武力解决也不排除可能。

我之所以如此提示，是因为欧洲和美国的注意力完全放到了中东地区的和平与发展，以及应付苏联解体后的困难方面。然而，世界性的问题比起这些来讲其实还要更加广泛。如今，我们应该更加关注西太平洋地区。

到此，我针对当前局势的紧张和难点阐述了自己的观点。但是，到底应该怎么做？在这个前国家领导人峰会里，到底能发出什么声音？我们是否应该唤起人们的高度重视，构建起具有远大目标和伦理意识的政府。在场的大多数嘉宾早已不是往昔呼风唤雨的领导者，当今的领导人们也不愿意请教前领导人。我认为，我们现在站在一个十字路口。到底是遵循和平与进步的伦理观继续前进、决定国策，还是使用核武器，引发第三次世界大战，从而一落千丈？而混乱到底是因为中东纷争引起，还是因为东海的领土问题引发？从结果来说并不重要。

这个问题比起以前来说更加刻不容缓。因为人类如今已将毁灭地球的工具掌握在两只手中。《不扩散核武器条约》的不完备，条约中具有义务废除核武器的国家的不遵从，可用于核武器制造的核分裂性物质的生产能力的扩大，具有高度危险性的 2000 个核武器的事实上的存在等，这一切都使核武器战争爆发的可能性远远大于以往。哪怕是小范围的核武器战争，也会将地球顷刻变成废墟。

另外，环境问题和人类引发的大气层污染也极有可能引发地球毁灭。过着舒适生活的现代人或许目前很难理解这个危机。若没有十分有效且合适的手段去解决，而任时光虚度，只会促进危机的提前发生。

在此，我希望能够注意以下几点：

1.《不扩散核武器条约》的不平等适用问题。同意友好国家的使用，反对他国采取同样的行为等，《不扩散核武器条约》需要立即更新。对此，美国的原军人、国防部部长以及国务卿等都发表了意见。乔治·舒尔茨、亨利·基辛格、比尔·佩里和萨姆·南等人都认为，核武器对于所有的国家安全并没有必要，反而会陷全体人类于危险之中，应该废止。他们的意见被大多数包括持有核武器的国家中的相关者们所支持。

目前，已有四十多个国家具有制造核武器的能力，这不得不让人担忧不已。数月之内拥有搭载导弹的核武器国家也不在少数。从某种角度讲，这样的核对决之危险增大了恐怖组织获得核武器的危险性。

禁止核武器这项义务需要国际统一，各国都拥有朝着这个目标进行交涉的能力以及责任。

2. 温室效应以及模仿和推广奖励高消费的西方生活方式，将给予地球深刻的打击。这也是人类历史上的新现象。

我们该如何找出前行的道路。我们应该如何解放对行动来说必要的思想和信念。人们的生活态度并没有发生变化，对于这些问题我们难以应对处理。但是，我们需要减轻个人主义的比重，增加政府所提倡的对伦理和长远性的关注。

3. 我们可以借鉴的模式。吉斯卡尔·德斯坦前总统和施密特前总理在第二次世界大战后，通过努力缓和了自古以来的敌国关系，促成了携手合作，这是一个力证。前国家领导人峰会的老会员奥斯卡·阿里亚斯也因为在中美洲所付出的贡献而荣获诺贝尔和平奖。他为和平奋斗了一生。

可惜的是，大国、有综合国力的国家、有商业利益的国家往往难以前行。为了追求和平发展，不得不面对风险，而这些风险阻碍了行动，从而领导者们采取了保守措施，以致引发反感。

4. 来自南非的深刻教训。许多白人都认为，如果让大多数黑人拥有了权利，他们大概都会想到复仇。然而，纳尔逊·曼德拉希望南非成为重视所有国民的彩虹之国，大家能够毫无芥蒂地理解对方。该国的真实现状以及和解委员会的存在便是提供解决宗教内部或者是国际关系方面问题的借鉴。

5. 所有国家必须认真应对联合国。我们知道那个组织的原则和理念。联合国虽然经常成为被攻击对象，然而这样的批判本来应该是针对成员国的。联合国不过是国家的综合体罢了。联合国仍然会正常地运转，如果因为追求自身利益而导致失败，那仅仅是各国政府所导致的问题发生而已。

联合国的改革虽然也存在着问题，但是在现今的构造中想要更进一步并非不可能。仅仅只是改变态度，便会引发世界的巨大变动。大国的决策要遵循联合国的章程，并且不得因为本国国情而擅自抽取原则，仅仅只是这样的改变也会革新和推动前进的。

6. 关于联合国规则，希望大家能够加以关注我提到的东盟的进步。

我们无法在本次会议上解决一些问题。这并不是我们目的。然而，促成某个成果大有可能。大家将集思广益，为了让世界成为令人安心乐居的所在，我们要启发各国政府去行动。我们能够确实地协调好目前世界所直面的几个紧要问题。我们能够强调有效行动的重要性。我们能够倡导避免和减少所有接连不断袭来的危险。

我读了哈巴什博士的论文，我对论文中提到的建议感到欣喜。他认为需要再一次定义政治、宗教家们能够承认的人类的伦理规范的定义。各个宗教内部以及宗教之间，国际之间能够寻求到同一个伦理规范，这将是通往充满正义与和平世界的前提条件之一。

在接下来的两天的讨论中，相信大家有价值的贡献将会对我们即将前进的道路予以开拓和启示。同样，政府也要将自身利益搁置在一边，遵循伦理规范作出的选择。如果能够达成这一共识，实现这一愿望，也算慰藉已故的福田赳夫和赫尔穆特·施密特创建领袖俱乐部之初衷吧。

2014 年 3 月 26 日

于维也纳

欢 迎 致 辞

奥地利前总理　弗朗茨·弗拉尼茨基

各位总统，各位来宾：

欢迎各位来到我们美丽的城市——维也纳。诸位亲临本次宗教政治间的对话论坛，令我感到难以言喻的荣光。

距今 30 年前，为了创立前国家领导人峰会，日本前首相福田赳夫也是特意来到此地，与各国首脑领导者们面谈磋商。当时的与会者中，如今唯有澳大利亚前总理马尔科姆·弗雷泽和尼日利亚前总统奥巴桑乔依然健在，并且光临今天的本次会议。如果当时的参加者们中有人这样质疑："这个俱乐部将会持续多久？"难以想象，不知将会出现何种对应。事实上，这个前国家领导人峰会真切实在地延续了下来。这所有的一切，首先要感谢在这段漫长的历史中为我们的资金运转作出巨大贡献的日本政府。当然，其他政府也作出了相应的支援。然而，若没有诸位同仁们的耐心和忍力，峰会恐怕不会延续至今。仰仗创会者和继承者们的理性及其敏锐的分析力和预见性，我们才得以持续开展活动。能够像今天这样聚会于此，就是最好的验证。

我确信，我们可以让全世界都明白，互相交换各自的意见，对于有争论性的问题取得一致理解，这种举动是多么的重要，尤其是在此基础之上，可以促进事态朝着明朗健康的方向前进。

距今 200 年前的 1814 年，欧洲的政治、外交大国也在维也纳集聚，制定了拿破仑帝国时代之后，欧洲大陆的新秩序。终于平息了战争，但这份和平却没有长久。经验告诉我们，创造和平与维持和平对于世界来说将会是一个永久的课题。自创建以来，前国家领导人峰会基于这一基本理念，试图推动、解决这个问题。

1996 年，在我们的荣誉会长，也就是德国的前总理赫尔穆特·施密特的领导下！——热烈欢迎您，赫尔穆特·施密特！那时就在这里、在维也纳所举办的宗政对谈中得出了几个共识，请允许我略作说明。

亚里士多德教导我们："人类是社会性动物。我们必须在社会中生存，必须互相保持和谐而生活，因此对人类来说，需要规则和制约。"伦理是实现和谐集体生活的最低准则。若没有伦理和自制力，人类恐怕跟原始动物没有多大差别。因此，让我们秉承这样的精神，开始新一轮的会议吧。

开幕式致辞

加拿大前首相　让·克雷蒂安

各位总统，各位来宾：

能够再次来到拥有悠久历史的美丽都市维也纳，我感到十分欢乐。

跟赫尔穆特·施密特先生一样，我最近也庆祝了我的生日。我虽已年过八十，但是跟赫尔穆特·施密特一样，在这里我就不一一指名道姓了，如同各位一样——我并没有放慢自己的脚步。在我的祖国加拿大，第六大城市的市长今年终于退休了，她有93岁。

我之所以说这些，是因为我们这些前国家、政府的领导人，在今后的岁月里相信还会作出更多的贡献。我们有很多想法。对于全球问题，现在仍然忧心不止。最重要的是，我们现在已不是各国的代表，而正是此时，我们可以说我们拥有可以代表所有国家的全国人民的机会。我在前国家领导人峰会中算是后辈，但是仍然很感谢各位创立者先见之明，集结了各方智慧，创建了这样一个组织，来解决全世界的难题。

在维也纳所召开的第一届大会上，创立者们认识到与世界和平紧密相关的有两个问题：军事政治的问题以及经济的问题。因此，将这两个问题优先处理，并且以和平与缩减军事开销，推动世界经济发展为中心而开展各类活动。本次宗政间对话开始之后，我们打算接下来分几个议题，以此为中心进行探讨。首先，在东欧，战争的爆发威胁着和平与安全保障。此外，世界贫富差距使得个人之间、国家之间的关系面临挑战。

1987 年，前国家领导人峰会在罗马举行了宗教领导者之间的会晤，也是历史上首次对话的实现，由此我们开始了针对建立公共伦理规范的活动。今天的会议跟 30 年前一样格外重要。今日能够请来学富五车的专家在维也纳欢聚，我觉得应该特别感谢引领我们的伟大神学家——汉斯·昆博士。（非常遗憾，他今天未能到场）。

第 二 部 分

全球公共伦理

第一分科会　公共伦理的确认

主持人　澳大利亚前总理　马尔科姆·弗雷泽

引　言

数千年以来，世界主要的宗教以及人道主义使得人与人之间基本的伦理规范与道义在生活中起到了重要的作用。OB 首脑峰会也认为，世界主要宗教中相通的伦理观念，正是为和平以及更公正的人道世界打下了最坚固的长期基盘。

第一分科会上，德国的全球公共伦理财团的斯蒂芬·施伦索格博士与阿布扎比大学的穆罕默德·哈巴什博士提出了问题，目的是以小组的形式再次确立公共伦理的形成。

施伦索格博士主张，不同民族、不同文化的人们，应该将注意力放在与自身的共通之处，而不是着重强调不同。犹太教、基督教、伊斯兰教中所倡导的大部分内容也能在东洋传统中看到，并且能在普通的人道哲学中心理论中存在，这并非只是偶然。若全球公共伦理能够在连接人与人的价值观，恒久的规范以及个人态度等方面建立公约并达到基本的认同，无论宗教信徒与否都能共同拥有。施伦索格博士在

OB首脑峰会呼吁，我们必须注意，当今时代的所有重要问题都涵盖了伦理方面的内容，只有当我们深刻认识到伟大的宗教以及人道主义的传统教义之时，和平以及可持续发展的世界才可能存在。

哈巴什教授的论文主要从伊斯兰教的视角进行了讲解。他提到，伊斯兰教宗教领袖的伦理责任旨在伊斯兰世界中强化中道与宽容的力量，在世界良好发展势力与宽容稳健的伊斯兰运动之间建立有效的交流。并提倡开播国际卫星"one god"（一神论）频道，统一所有的宗教经书，同时大力推广全球公共伦理宣言（由世界宗教指导者与政治领导者署名）。

在接下来的讨论中，大家再次确认了对全球公共伦理的理解，讨论了在多样化的生活中全球公共伦理实际上意味着什么，在多样性中如何管理全球公共伦理等问题。讨论还指出，在民主主义世界的选举过程中，因缺乏有力、英明的领导人而出现的负面活动以及诽谤中伤事件等。本分科会强调，在政治、经济、教育等公共领域推广道德观念以及伦理观念十分重要。

第一发言人　全球公共伦理财团（德国图宾根）事务局局长斯蒂芬·施伦索格

关于世界主要宗教与精神哲学的公共伦理的确认

OB首脑峰会将此次会议的命题设定为"决策与公共伦理"是一个正确的决定。为什么OB首脑峰会能够得到这么高的国际评价？正是因为基于它的道德信赖度、权威性和洞察力（OB首脑峰会以此来反复强调在政治、宗教、商业、社会价值方面等的根本重要性）。

随着世界全球化的发展，不仅仅是"国际政策"、"国际经济"等，使用"公共伦理"这样的词汇也变得理所当然起来。这里有两个原因：首先缘于当今世界公共伦理规范的重要性，另外则与瑞士神学者汉斯·昆博士有关。昆博士常年担任 OB 首脑峰会的顾问，我自身也与他一同工作了三十余年，在此也代他向大家表示衷心的问候。

首先我想介绍一下昆博士。20 世纪 80 年代，世界潮流从现代性向后现代性转换，随之也带来了宗教、政治、社会的变化。昆博士对此十分关心，他在所写的 *Global Responsibility：In Search of a New World Ethic* (New York 1991) 一书中提到，全球化环境中的人类，只有在相异、矛盾，甚至对立的伦理没有立足之地时才能够长期存续下去。虽然世界并不需要统一的意识或者统一的宗教，但考虑到人种、国家、文化间的差异我们还是要求将世界通用的伦理价值、规范和态度作为沟通的桥梁，已经进入全球化时代的我们需要全球通用的公共伦理！

尽管当时许多人认为"不同的宗教与文化之间也具有共性"这个观点太过新奇，令人难以接受，但昆教授依旧高举"没有宗教间的和平就没有国家间的和平"这面旗帜，明确表示不赞同那些单方面强调仅宗教易于引起纷争的观点。所谓全球公共伦理这一概念，是建立在不同宗教以及文化的背景下，相对关注"差异"，更应该将目光放在"共性"这一基础之上。因此，我们需要文化间的对话与宗教间的对话，更需要学习和思考文化与宗教中价值与伦理的共同之处。当然如诸位所知，这样的共同价值不仅仅停留在个人、家庭的生活层面，在当代社会的各个领域都能反映出其存在的重要性。

如果宗教、人道主义的传统中存在着各种不同的信仰和哲学，那么我们谈论"全球公共伦理"的共通价值是否具有意义呢？当然需要。那是因为对于变得自私、以自我为中心、有暴力倾向的人类来说，为了生存下去就不得不去学习如何做人。

进化生物学家、心理学家们也都表示，人类成功的秘密并不存在于一直被误解的达尔文的"适者生存"原理，而是存在于人类互相理解、相互帮助的能力之中。

正因为如此，人类才在友好共存的前提下创造了价值与伦理原则，这个原则存在于全世界以及所有的文化范围之中。数千年来，主要的宗教与人道主义的传统促进形成了人与人之间最基本的伦理规范和道理，特别是为他人着想的美德以及相互主义的产生。

"替他人着想与慈悲"意境中的人性是：人道地对待每一个人。

有名的"黄金定律"中所讲到的相互主义是："己所不欲，勿施于人。"

以上两个道理，在反对暴力、崇尚正义与真实、追求性别平等的基本伦理价值中也有所体现。

伦理规范常常是针对处于特定场所、事件、状况之下的人们而制定的，实施的方法也多种多样。它们扎根于各个时代，依存于各种状况，随着时代而变化，也会根据当时的时代环境而决定采用的优先顺序。有些伦理规范会渐渐消失，并被遗忘，甚至可以被忽视（大多因为政治原因）；但是，有一种基本的伦理规范适用于或应该适用于所有的文化范畴。经验告诉我们，同样的生命价值在不同的文化范畴内都是经久反复的。

所以，大部分在希伯来《圣经》、《圣经·新约》、《古兰经》中被视为"神的戒律"，虽然其论据各有不同，但在印度教、佛教、耆那教和中国文化的伦理格言中都可以发现相通的脉络和观点。而且，数千年来这些观点一直作为人道哲学的核心价值而被传承下来，这并非偶然。正是因为这样，对于全球公共伦理的祈求才能够被宗教人士和非宗教人士所共同拥有，人道主义者与不可知论者也能像信教者一样对它产生共鸣。

再者，1993 年世界宗教家议会所采纳的《全球公共伦理宣言》（归纳道理和价值，提炼出人类共通的理论核心），是基于宗教间对话的历史而升华生成的具体体现。对此予以签名赞同的署名者（基本上都是各宗教的领袖）至始明确"全球公共伦理"的意义。

"全球公共伦理并非超越全球化的意识形态，也没有将现存所有宗教统一为一体的企图，当然更不是指某一特定宗教对其他所有宗教的支配。它指的是联结人与人之间的价值、维系规范以及人生态度不得任意涂改，以求伦理底线的基本统合。"

在这里我想要说明的是，全球公共伦理的产生，并非企图取代各自的宗教伦理，而是希望作为各种宗教的后盾。那些妄图改善犹太教的律例、基督教的山上宝训、伊斯兰教的《古兰经》、耆那教的《博伽梵歌》、佛陀的教训，甚至取代孔子《论语》的想法都是愚昧至极的谬误。因为上述经典至今仍被数亿人视为信仰，当作生活、思考、行动的指南以及内容。我们必须强调的是，每种宗教应该保持各自的特点，在社会上维护各自的教义以及宗教仪式，但是，宗教也应该在基本伦理所指明的范围内关注相互的共性，并给予认可。

另外，全球公共伦理在不同的宗教间，或者对同一宗教内的宗教争议不宜作出结论。在不同宗教间，或者在同一宗教内有争论的宗教问题，至少在现阶段是无法成为全球公共伦理的。《全球公共伦理宣言》中提到了一些现阶段无法达成一致的问题，比如避孕、堕胎、同性恋以及安乐死，这也是不能达成一致的原因。宗教以及精神哲学的义务与责任，并不是激化那些常常在法庭上所涉及的社会对立问题，而是进一步对这些问题作出自我反省，并在公共伦理范围的基础上进行讨论，这样既能帮助个人又能贡献社会。

并且，世界宗教家议会的《全球公共伦理宣言》并没有借用神灵之名。如果你是某种神教的信徒，想要学习佛教、儒学、道教的经书与世俗的经典时，也不得利用神的权威来反驳这些教义。

值得赞扬的是，OB 首脑峰会在较早的阶段就认识到超越文化障碍的价值对于我们所处的社会而言十分重要。OB 首脑峰会在这方面也付出了努力，并以《世界人权宣言》为范本，于 1997 年发表了《人类责任世界宣言》。OB 首脑峰会对以下几项内容表示肯定，即"无论国内还是国际，良好的社会秩序仅仅依靠法律、指示、习惯是无法实现的，我们需要建立全球公共伦理"、"对于人类进步的向往，只有在符合所有时代、所有人与组织，在达到一致价值的基础上才能得以实现"。10 年之后的 2007 年，在德国图宾根召开的 OB 首脑峰会"顶级专家会议"中，提出并讨论了"世界政治主要因素之一的世界宗教"这一议题。

所谓的价值，是指引导人们走向成功的理想与标准。当然我们也知道，将这样的价值导入政治与社会中是何等的重要与艰难。我们每天都从新闻上看到那些由于政治、经济、社会伦理的崩溃而引发的危机和丑闻，不难想象本应起到带头作用，并且成为价值与伦理核心力量的宗教自身也被既得利益和丑闻缠身，被内部纷争与失和弄得混乱不堪。无论在会议进程中是好是坏，我想我们都应该对这几点进行讨论。

所以，当今世界需要出现一些人和组织，能够比以前任何时候更加准确、客观地判断世界的正邪与善恶。

也就是说，这些超越政治、社会、宗教、文化框架限制的人和组织，能为我们指明方向，使我们成为真正意义上的人，促使我们建立以敬意、自由、和平为根基，并能反映人性而被全世界认可的价值观。

我确信 OB 首脑峰会正是这样的一个公开讨论会。最后根据一直以来的尝试，我就这个会议接下来的讨论内容提出以下几点建议：

我们所处时代的重要问题中，都包含着伦理方面的内容。

大家必须认识到，正义、和平、可持续发展的世界，只有我们认真思考伟大的宗教和人道主义的传统教义之上才能得以建立。

2003 年，联合国秘书长安南在图宾根大学的"全球公共伦理讲义 3"讲座上进行了演讲。当时正值大多数人都不愿看到的伊拉克战争爆发的背景下，安南问道："如今我们还拥有共同的价值吗？"

在结论中，他这样回答道："对，我们现在依然拥有。但是，并不要把它想成是理所当然的，那样的价值需要我们十分认真地去思考、守护并加强。我们必须拥有坚定的意志，通过自我探讨，按照我们所推崇的价值去生活——无论是针对个人生活、地域社会、国家社会，还是整个世界。"

第二发言人　阿布扎比大学伊斯兰学教授　穆罕默德·哈巴什

决策中的伦理

向在座的各位给予安拉的祝福。

能够在这样一个历史性的会议上，与伟大的精神领袖和政治领袖们进行对话，我感到十分开心。我们曾和那些关于和平与安全、道德性与伦理性的决策决定者进行过对话，并且为共同建立一个更加美好的世界而努力着。我也为能以伊斯兰（那是先知们所讲爱与宽容的证明）的立场发表讲话而感到光荣。这是先知们所说的，由先知穆罕默德宣讲与祝福过的，并且穆罕默德在犹太教的托拉律法、基督教的圣经中确认了这样的提示。信仰有五大支柱（其中两大支柱为信赖其他宗教，以及承认其他宗教所具有的神圣性和信仰），先知穆罕默德这样说道："信仰是信安拉、天使、经典、使者、审判日五大支柱为基础而建立起来的。"

所以在伊斯兰世界，如果一个人不信奉穆罕默德之前的先知——即先知伊布拉欣（亚伯拉罕）穆萨（摩西），或者玛丽娅之子（耶稣）以及其他的先知——那他就不会被承认是穆斯林。就像安拉所说的一样，安拉的使者（穆罕默德）相信安拉给予人的东西。穆斯林相信安拉、天使、经典以及安拉的使者。穆罕默德也命令我们相信包括他在内的所有的先知。《古兰经》、托拉律法，或《圣经》中所没有提及的先知，包括灵魂与冥想之地的东洋先知。"那些被提及的以及没有被提及的（先知）"。

今天，因恐怖主义而让世界对伊斯兰世界产生了厌恶感，伊斯兰教的形象被扭曲。我认为，是自由与民主主义的欠缺，富裕国家没能带动贫困国家的国际社会环境，以及蔓延至伊斯兰世界的独裁统治，才导致了那些企图从统治与迫害中找到解放之路的恐怖主义的出现。所以，迫害与反抗迫害是造成人们厌恶伊斯兰教的原因，今天在伊斯兰世界所发生的一切都能证明这一点。

总之，在伊斯兰世界促进中道与宽容之力，实现良好势力与伊斯兰稳健运动（否定恐怖主义，即使有再多的正当理由也不将其合法化）间的有效交流，是作为我们这些宗教领袖的伦理责任。只有这样，全能的安拉在《古兰经》中所讲的"不义之人，必定不会成功"（6：21）才能达成。在《圣经·新约》中，耶稣也这样说过："说恶会被恶所击退的人一定是在撒谎。两团火着起来，你用一团去灭另一团看能否熄灭就知道了。"恶会被善所击退，黑暗会被光明所击退，所谓神的法则就是这样。

再者，大国若不考虑伦理问题做决策，或者仅以政治利益为目的结盟，最后都不会成功终结争端。加上人与国家机构之间信赖关系的丧失，大部分国家会对联合国、同盟关系在伦理基准与正义方面给予否定。这样的状况无论在大国的政治利害，还是小国的政治利害中都可得以印证。和平与安全在世界各个地方遭受到威胁，人们开始变得依赖武器和恐怖主义。

总体来说，我希望能够发表我们特别委员会所总结的、由政治领袖和宗教指导者署名的《人类公共伦理标准》，可以使用一年的时间，在政治领袖和宗教指导者的助力之下，让更多有国际影响力的人署名。据此，我们可以像为许多国家提供援助的《人权宣言》那样，让《人类公共伦理标准》成为国际条约被予以接受，并且在联合国的大旗之下召开会议。

现在，我站在叙利亚人的立场上与诸位交流，我们经历了因不相信自由与人的尊严而引发的、在人的意志与自由权利的对立中爆发的战争，这场充满血腥的战争充满了苦难与恐怖，深深地伤害了我们。我有责任感谢那些对在悲叹与苦闷中挣扎的叙利亚人民给予支持的人们。实际上，就像安拉所说的，救助那些被虐待的人才是最高尚的信仰。

在叙利亚，人类文明开启于6000年前，在这里诞生了许多种宗教以及先知，他们在世界各地展现着自己的智慧。亚伯拉罕以来，叙利亚成为了世界所有信仰者们的圣地，是世界上探索信仰者们的精神救济，实施善举，和爱安拉、以接近安拉为目标的圣地。

这是世界上所有睿智的人们一致认可的。信道的人们啊！你们当全体入在和平教中，不要跟随恶魔的步伐，他确是你们的明敌。(《古兰经》2/208) 在全能安拉的语境中，我想对今天在这个高贵会议中的各位圣职者表示支持。

我们需要对宗教演讲方法进行彻底的改善，因为在世界各地所进行的宗教演说中，还有人在使用傲慢和排他的语言。我认为这样的演讲只会让人们远离那些本该是产生宽容与慈悲的宗教精神。世界所到之处，有着与那些充斥着政治以及等级划分的宗教演说相差甚远的、信心十足又正直的人。这些人只崇拜神，并向神所创造的人贡献自身。他们将宗教看作初期的，最为平常的爱、自卑与和平。这些人生活在神的精神光明下，不论喜欢与否，人们相信大家都是兄弟姐妹，将先知所给予的、古老的智慧所赋予的一切全部视为友爱的象征。

继承智慧的文化，从一开始便是伊斯兰的高贵传统，《古兰经》有 14 处指出先知们相互帮助的故事。这包括了先知们的预言、后世的智慧，以及对当代的建议。

先知穆罕默德说过："智慧是穆民的遗失物，在哪里遇到，当在哪里捡起来。" 20 年前伟大的叙利亚伊斯兰法学者谢赫·艾哈迈德在鼓舞所有的宗教信仰者时指出，为引导人们走向正路，需整理出大家都能接受的宗教伦理并收集了各宗教经典。

虽然我们相信不论喜欢与否，人与人之间都是兄弟姐妹，但把相距遥远的人们联结起来是神的旨意。各宗教以及各教义间的共性很大程度上依存于先知们与智者们的智慧遗产的一贯性，人类生活在这一坚实的基础之上。

我们必须与所有的独占天堂、独占宗教、独占启示的行为作斗争。我们必须将自身的信仰理解为众多信仰中的一个，而非超越其他信仰的信仰。我们所信仰的宗教，不是超越其他宗教的宗教，而是众多宗教中的一个。我们所在的国家并不是超越其他国家的国家，而是众多国家中的一个。关于这一点，我们可以在《古兰经》中找到许多证据。

我认为，自由与民主主义的欠缺，富裕国家没能带动贫困国家的国际社会和蔓延至伊斯兰世界的独裁制才导致了那些企图从统治与迫害中找到解放之路的恐怖主义的出现。

但是，这并不是伊斯兰教本来的面貌。我们必须在《古兰经》与先知穆罕默德这样的传统中找回伊斯兰。安拉曾经对穆罕默德说过："我将所有的人类交给你。"《古兰经》以"至仁至慈的真主"开篇。安拉并不说自己是"穆斯林的主，信仰者的神或者是安拉伯人的主"。安拉是"人类的主"，《古兰经》最后一句便是"全人类的主"。我们必须找出更多的共通之处，因为这是所有先知们共同要求的目标。

在这次会议中我有三个提议。第一，希望大家一起为世界首个国际卫星频道"One God"的开设而共同努力。向世界传播友爱、宽容与爱，相信主指教的子孙们在一个地方聚集起来，先知们的指导只有一个，他们的指引只有一个，以及先知与智慧将追求人类的幸福、对抗人间罪恶作为高尚的目标。这些，《古兰经》也表示认可："众人啊！我确已从一男一女创造你们，我使你们成为许多民族和宗教，以便你们互相认识。在真主看来，你们中最尊贵者，是你们中最敬畏者"（49：13）。

第二，我希望所有的经典能够被统和成书。所有宗教都需要共通的价值与完善的伦理规则，祈祷就是唯一能够抓住信仰者心灵的方法。《古兰经》也写道："（他是）天地的创造者。当他判断一件事的时候，他只对那件事说声'有'，它就有了。"（《古兰经》2/117）

第三，我想呼吁世界上的宗教与政治领袖共同签署世界伦理宣言。这项活动将在世界各地与联合国共同推进，目前草案已拟完毕。

总结以上的内容，我们在这里聚集，是为了执行我们的宗教以及先知命令的任务，为了寻求宽容而拒绝战争，为了向神祈祷慈悲和对所有人的救赎。与独占救济、独占乐土、独占现实、独占神作斗争是我们共同的责任。我们之间，以及我们宗教方面的方法、对宗教的理解方法之间，有着比我们想象中还要多的相通之处。伊斯兰是爱的指示、谦卑的指示、和平的指示，我希望所有的人都能找到其共性。

神虽然只有一个，但是神的名字有多种。

现实虽然只有一个，但是存在方式有多种。

灵性虽然只有一种，但是宗教有很多种。

讨　论

奥巴桑乔总统：我们所面临的最大问题之一是，穆斯林主张所谓的兄弟只局限于穆斯林范围，即使是同属于一对父母，若不是伊斯兰教徒便不能成为兄弟。这样的解释该如何向国民说明呢？

哈巴什博士：我们知道尼日利亚的穆斯林与基督教徒之间，特别是博科圣地与基督教间的悲剧。我们在理解伊斯兰教的基础上有两条道路。第一是充分观察基地组织等势力所犯下的罪行，并阅读《古兰经》。为了知道这世界上所发生的极端战争在《古兰经》中是不存在的，我们也认为你们有必要阅读《古兰经》。你若没有良好的信仰，没有对耶稣基督以及摩西真挚的爱，耶稣与摩西对信仰者们没有慈爱之心，那我就不能认为你是穆斯林。这就是依据伊斯兰教信仰所持有的想法。但是，可惜的是，极端的运动使伊斯兰变得腐败。

阿尔萨雷尔博士：过去基督教与伊斯兰教有冲突，也有过战争。虽然两个宗教都有伦理性的教典，实际上却受着政治因素的影响，无论是《古兰经》还是《圣经》都可以这么说。我们无法对人们说，若没有知识的话，又该怎样去理解"吉哈德"的相关记述呢？伊斯兰极端派是原教旨主义者，试图原封不动地按照《古兰经》行动。而大部分的极端派都只有这种信仰之心，因此有强有力的论证来接受他们。所以要击退它们，用的不是我们的方法，而必须是沿着他们的做法与他们进行斗争。因为我们推行的伦理对他们而言是行不通的。

阿克斯沃西博士：马加利的博士论文中说到，宽容的本质是尊敬，它创造了共同伦理。巴达维博士的论文将焦点放在了应用伦理的政治方面。最近，在政治论战中，我们所说的，作为伦理部分的尊敬被大肆否定。选举战中考虑的不是候补对手，取而代之的是进行人格攻击。蔑视对手，让选举者得不到尊敬。实际上，利用联合国、同盟关系制造丑闻，我们就会变成对方的敌人。或者，我们对他们的所言所为睁一只眼闭一只眼，并不管他们。

我们一直蔑视政治，所以优秀的人没能进入政界，结果，就像OB首脑峰会所时常感叹的那样，世界变得只剩下无能的领导人了。我们需要更好的领导人，但是像现在这样利用丑闻的选举方法，基本上是无法实现的。我们应该反对当今政党所利用的丑闻与诽谤中伤之类的行为。

古儒吉氏：哈巴什博士所说的对于伊斯兰教的思考，我觉得有必要引入南亚地区。南亚人并不习惯这种思考方式。在伊斯兰教的宗教学校，瓦哈比派教义比苏菲派神秘主义更占据优势，但是应该如何面对不同的宗教被导入呢？在印度有着众多的苏菲派，他们是宽容的伊斯兰。并且，印度的异教没有展开战争以及异教间的对立。在那里有着更多的透明性，人们共同祝福，相互参加各自的节日。但是，随着极端派的出现，开始产生了前所未有的裂隙。OB首脑峰会以及在座的我们，能否拧成一股绳将光明传递过去呢？怎样做才能对极端派有效呢？该怎么努力呢？

赛卡尔教授： OB首脑峰会努力试图在某种程度上缩小异教间、信徒间的距离，并朝着全球公共伦理发展，关于这方面还没有多少成果可言。我在这里说的是关于全球公共伦理的问题，那是因为我认为只拥有一个全球公共伦理是不可能的。但是，朝着促使其向同一方向发展的努力是可行的，这才是真正重要的地方。到目前为止，我们努力将那些拥有不同宗教信仰以及意识形态人们聚集起来，使他们找到共通的理解，但是我们并没有成功地在不同宗教之间建立起信赖感。我期待在这次会议上，创造全球公共伦理这一目标的实际方案能够实现。

巴达维首相： 我不得不讲一下我的祖国马来西亚，因为在马来西亚不仅有多个民族，而且还有多个宗教。我们不得不和平地生活下去，不得不为赡养国民而发展经济。我希望那是实质性的。我希望我们能够找到让大家接受的想法和目标。我们基于信仰与信心的原理，建立公正可信赖的政府、自由并自立的国民，追求和获得知识，平衡综合发展经济，保证良好的生活品质，拥护女性及少数者们的权利，推广真正的文化、道德性的品位，保护环境以及天然资源，加强国防能力等方面不停地进行开展着对话。重要的是，要创造出让人们接受所有宗教的精华，也就是"不只是一部分，而是全部"、"不是对权力的爱，而是爱的力量"。

穆阿迈尔氏：我们在这里相聚是为了搭建相互理解的桥梁，对此我们需要对话。我们的观点在所有宗教中都有支持理论，大家对和平共存这一原理的看法表示一致认同。但是在中东等地方，宗教与政治结为一体，同时许多人为了私利私欲而利用宗教，我们的设想往往不能很好地执行。在西方文化里，因国家与宗教间的成功分离，民主主义得到推广。但是中东基本上是那些充分发挥着宗教思想，受宗教所支配的伊斯兰国家，我们必须做的是，传递知识，帮助他们，这是唯一能够通过对话而达成的事业。

赛卡尔教授：沙特阿拉伯在国家与宗教分离这方面是否起到了向导作用？

穆阿迈尔氏：我并不是说支持国家与宗教的分离。我们应该支持人们自己所做的选择。比如，埃及采用造假的民主主义，并将其与宗教结合起来，但最终失败了。所以我们所要做的是尊重人们的选择。

弗雷泽主席：刚才的意见反映了国际化伦理的思想得到了理解。但是，我想还有很多人会认为不同宗教之间在伦理标准方面有着巨大差异。在我看来，为了让我们的社会理解所谓的全球公共伦理，要做的事还有很多。人们虽然知道伦理应该如何存在，但是这些人对政敌却采取十分无礼的态度。该如何将这些推翻，让人们成为政治的主人呢？在这20年内，澳大利亚存在着为提高自身政治地位而利用民族和宗教的现象，这是作为政治领袖最为恶劣的行为。这样的状况一旦发生，就会引起社会上无知民众的反感，很有可能产生恶性结果。我认为有必要将全球公共伦理进行重新定义，也就是说，不同宗教能够相互支持的共通标准是存在的，要确认的是如何将其在不同国家、不同方案中执行。

汉森教授：我想在今天早上的评论中可以提出三个不同的问题。第一，通过对全球公共伦理以及相关对话理解的重新确认，我们需要更深层次的说明与探索。第二，在各色各样的生活中全球公共伦理到底意味着什么？就像马来西亚首相指出的那样，全球公共伦理如何在多样性中取得主导地位？第三，使我们能够共存的美德，也就是如何追究人类所有美好的部分，如何通过特定的德行和礼节来对抗极端主义。如果实现这些，我们就可以抵抗自身宗教和政治构造中的极端主义了吧。

罗森博士：半世纪以前，成为拉比的我热衷于理想主义。我在信奉正统派犹太教的家庭里长大，在耶路撒冷的正统派犹太教学校学习。我的工作目标是让犹太教原教旨主义者们在某些程度上拥有宽容与理解。但是50年过去后，最终还是失败了。可悲的是，现在不只是犹太教，我所认识的其他宗教，也是原教旨主义者和极端主义占据有利地位。

从前有过"是时代造人还是人创造了时代"这样一个争论，我认为在人类社会所发生的诸种事物中，存在着被政治动向以及自动的历史性、社会性状况所控制的循环周期。英国维多利亚时代狭隘的欺瞒就是对乔治时代自由过度的反动行为。另外，维多利亚时代的科学创造与改革造就了相信精灵、迷信玫瑰十字会的氛围。人类社会呈现出了循环周期，于是循环周期又具备能量与自身规律。一千年前，住在埃及的伟大犹太教学者迈蒙尼德是一位开明的哲学家，他在著书《迷途之人的向导》中谈到了宽容与理解。他的著述被一些人赞赏，又被另一些人排斥。这本厚厚的书与法律、神学和伦理相关，我时常被其中的一个主题——平衡问题的"黄金定律"所鼓舞。

这个 OB 首脑峰会没有解决世界问题，也没有解决中东、非洲以及远东的纷争。但是，当然并不是想要责难谁，找出替罪羊来转嫁责任也解决不了问题。人类有解决人类问题的能力，只是仅局限于是否在诚实与善意的基础上解决这一问题。我们不得不用自己的方法来自行解决纷争，这便是现实。我相信，主张遍及各处的友爱与爱的价值，努力让其存在于公共场所，这才是我们这个 OB 首脑峰会，以及与这个 OB 首脑峰会性质相同的组织的义务。所以我在阿克斯沃西博士提出选举问题时感到很开心。为什么这么说？那是因为政治已经变得比以前更加粗野和残忍。在英国议会上，以前的议员以"阁下"相互称呼，可现如今大部分的会议中这样的礼貌已经消失不见了。

所以，无论是叫作基本伦理也好，还是基本问题也罢，人们努力将其统一起来，并消除憎恶和敌意，即使最终没有结果我也觉得这是非常重要的。即使有人持怀疑态度，我认为在座的我们有责任保持积极的建设态度，并将我们的想法投入到公共领域以至实现。提出问题的人应该伴随行为，否则，我们就无法寄希望于下一代。至于我们这一代，我始终坚信我们有将自己的声音传达出去的义务。

张信刚教授： 我完全赞成罗森博士的观点，他把我想说的都说了。

赛卡尔教授： 我反对使用"伊斯兰世界"这个词，应该说成"穆斯林世界"。

汉森教授： 在不同宗教间的对话中，对本尼德克特 16 世的救赎态度需要进行补充。可能天主教教会曾采取过教会之外没有救赎这一立场，但是幸运的是，到了 20 世纪，这些观点就消失了。当然，法国现法王领导下的改变宗教信仰的劝说也减少了。但是关于救赎，前法王与现法王并没有错误，他们都相信所有善意的宗教都将获得救赎。

施伦索格博士：我们不能犯其他宗教会议中所犯下的错误。我们不能重新去发明车轮，我们应该去确认全球公共伦理这一设想的根据。我们大致上就其意味着什么、不意味什么进行了大致的说明。对此，采用宗教界以及人类社会所制定的材料和文件已经十分充足。我们无需重新制定新的文件，我们应该做的是将这些已经存在的文件传发给大家。

另外，更重要的是考虑如何将这些思想在我们所在的社会具体地执行。我认为必须在政界、经济界以及教育领域三大领域实施。若不进行初级的、被大多数人所接受的伦理教育，我们将无法改变现状。最后，我想我们不应该用宗教的方式进行说教。推行这样的原理，我们有责任与义务找出能够推动这个社会的说教方式。

第二分科会　20世纪以来的教训

主持人　奥地利前总理　弗朗茨·弗拉尼茨基

引　言

　　人类在 20 世纪目睹了两次可怕的世界大战。第二次世界大战夺去了超过 6000 万人的生命。而后，随着世界科技的飞速进步，不论是先行的发达国家还是一些发展中的新兴国家，人们的生活水平都在飞速提高。在本次会议的第二阶段，我们考察了这一系列变化所引发的意义。

　　作为第一位发言人的慕尼黑大学神学、伦理学教授——弗里德里希·威廉姆·格拉夫博士说，第二次世界大战后半期，德国国民都深刻反省了纳粹时期的政策及其反人道的罪恶。既然如此，为什么当时会有那么多的德国人和新旧基督教会接受甚至积极地支持反犹太政策呢？这不仅是人类的失败，也是宗教界的失败。宗教往往呈现连带意识，正是这种意识给社会带来了毁灭性灾难。因此，对人类多元化要素和思想体系进行完美的协调实际上极其困难，世间经常发生的道德对立、差异和分裂本为常态。格拉夫教授认为，相对宗教而言，这也正是我们提倡和推动伦理全球化的原因。

第二位发言人是生命艺术（Art of Living）的古儒吉。作为人性价值国际协会创始人的古儒吉大师指出，莫罕达斯·卡拉姆昌德·甘地曾总括各类宗教信仰并欣赏它们各自不同的差异，使人们众志成城，为 20 世纪最困难的挑战之一——亚洲殖民政策打上了终止符。尽管如此，宗教间的纠纷依然是印度次大陆的一大问题。古儒吉强调为了不重蹈 20 世纪我们所犯下的错误，必须坚定地推行教育事业，促进和平事业的发展，以不受压抑的开放与平和的内心和幸福感，引起广泛的关注，大力开展反对暴力的交流活动等。

约旦前总理阿布德·萨拉姆·马加里博士引用古阿拉伯学者的话，提出了对于解决纠纷，促进和解与推动和平的领导者之作用的考察。独裁的领袖必将走向破坏文明，谙知尊重与自己不同的见解事关重要。马加里博士还强调指出，有必要让年轻的一代接触与自己不同的价值观。

接下来的讨论中还提到了以下观点：来自多神教的东亚参会者们一致赞同境内宗教的包容性和宽容性有益于回避纷争。不过，可悲的是与西方各国一样，东方各国也发生了不同宗教和民族间的纠纷。根据格拉夫教授的观点，与会者们了解到日本的佛教僧侣承认曾经支持第二次世界大战，并对此作出了反省，祈祷绝不允许类似的惨案再次发生。而对于主张理想论的康德理论、霍布斯理论所提倡的现实主义咄咄相逼，表示质疑者不在少数。对于西方世界而言，这场争论是积极的，带有挑战意义的，是经过民主主义的过程获取的成功。

可是，世界上其他地区，特别是将神权和宗教传统与民主主义相组合的伊斯兰各国，至今尚未找到合适的回应方式。同样重要的还有经济开发与人类的生活质量的关系所带来的挑战。因为经济、政治的失策结果，大量移民的增长导致引发了西方各国所产生的反移民情绪。这是接受移民国家的主要课题，更是对人口过剩的挑战。世界不得不正视人口 90 亿的现实以及其对地球生命体所施加的威胁和困难。尽管纯粹的世俗社会的典型并不存在，不过有结论表明，受到法律支配的世俗国家的确存在着。法律的支配保证了康德主义的特定要素能够继续维系。

而人与文化的表现方式不同，愿望渴求也不尽相同，需要我们应避免单一的解决方案，应采用综合性的语境去思考。为什么孕育出坚韧的社会束缚力的原教旨主义仍具有魅力？探究其原委格外重要。不难看出，就像宗教界从基于世俗价值观的诸种目标中获利一样，世俗国家当然也会从宗教界的贡献之中享受恩惠。

第一发言人　慕尼黑大学神学、伦理学教授　弗里德里希·威廉姆·格拉夫

教会为实现和解而实施的先行事务
——一个德国人的见解

神学家的人生经验反映在各个神学中。神学、宗教学及个人体验复杂的融合，以各种各样的形式相互影响。我自身关于宗教的研究，是在某个特别的历史背景下形成的。我出生于 1948 年 12 月的西德，属于最早在联邦共和国生活的第一代德国人。总之我是与这个民主国家一起成长的。

我们这一代关心政治，内心丰富，自发面对一个特别的挑战，那

就是我们必须彻底反省国家社会主义与其可怕的罪行。我们必须回答为何德国最早的民主主义尝试——1919 年创立的魏玛共和国会失败，为何纳粹的反自由主义独裁国家能够成立。由于这个原因，我从小时候起，就开始学习盎格鲁·撒克逊人的古典政治论，特别是自由主义政治论。

因为我对议会制民主主义能够正常发挥作用的条件表示关注，于是强调相对于国家和社会的追求个人自由的愿望。

我 19 岁时参加了日德留学生交换计划，在日本国内旅行了数周，其中有段时间在东京学习。在那时候，我意识到自己母国文化有多么特殊。以其经验为契机，我从很早开始就研究基督教，特别是研究和其他宗教的关系。我主要关心个人自由。我强调个人自由，以促进不同背景和不同宗教信仰的人们之间和平共存的神学传统。

在学生时代，我从图宾根大学转校到慕尼黑大学。在慕尼黑大学我遇见了指引我走进新鲜且魅力四射的思维世界的哲学教授阵容。其中最主要的是自由德国（新教文化）传统。我读了黑格尔、费利德里希 E. 施莱尔马赫、特洛尔奇、哈纳克的著作，尤其关注康德。康德的批判哲学在德国启蒙主义中代表了自由理论中最重要的冥想哲学。总体来说，我意识到自己是新教的康德主义者。我在康德身上学到了批判的自我反省与宽恕，以及应该常常对狭义的、所谓真实的主张提出怀疑性的质问。

我们这一代肩负的任务是详查近代政治的集团主义与其思想体系上的规则，追究为何有那么多德国人，特别是新旧两种教会的人会接纳并积极地支持反犹太主义和种族歧视政策，这对我来说是一个非常重要的课题。我并没有打算读自己的论文，不过是想加上两点与今天上午讨论有关的想法。

首先是关于宗教的。就全人类的宗教传统而言，宗教是相当暧昧的现象。宗教能够给人们带来共识，也可以使脆弱的我们变得坚强，弥补贫穷者和社会底层人士的基本需要。宗教超越国民、阶级、民族等，使人们成为兄弟姊妹，并引导人们互相理解，宗教也可以培养谦逊之心。

另一方面，宗教也是极其具有破坏性的社会势力，甚至可能成为具有极端暴力的要素，不能共有"个人虔诚的信仰之心"，促进人们憎恶与排除那些信奉来路不明的神之信徒，可以说这也是存在于所有宗教传统里的真实。譬如基督教和佛教的历史中也包含很多的暴力倾向。还有像日本的奥姆真理教一样，在东亚地区的新兴宗教也有相当多的暴力情况。总之关于宗教，我们必须比今天上午各位提出的那样进行更加严厉的批判，以更加怀疑性的态度相互探讨见解。

其次是关于"全球公共伦理"这个词汇的探讨。"全世界"或者全球这个概念是18世纪的德国和英国为了传播启蒙主义思想而被创造出来的。有人称之为"世界主义者精神（气质）"，有人称之为"人类的尊严及基本人权的精神"。启蒙主义的哲学家，约翰·洛克和伊曼纽尔·康德经常强调某一点，即对全人类而言普遍的、最重要的和最具伦理性的东西是只基于理性的、非个人主义的努力。引导我们到全球公共伦理原则的东西，是理性而不是宗教的信仰心。

这对于启蒙主义时代的哲学家和神学者来说，一方面是理性和全球公共伦理，另一方面是很多不同的特定宗教传统间的关系极为紧张。根据康德的表达，后者是在特定的伦理观中以宗教的方式嵌入伦理规范或者他律道德。宗教的伦理是基于人们对全知全能的神之依存。与宗教的他律相比，理智的伦理明显是与之相反的，是基于自律与自我决定的。

今天早上，弗雷泽前总理讲述了被世界主要宗教所接受的全球公共伦理。不得不说我表示非常怀疑。在古老的宗教传统中，许多要素与作为全球公共伦理核心的人权观念是很不一样的。举个德国的例子，德国的教会很晚才学习到接受人权的观念，具体是在 20 世纪 50 年代之后的事了。教会自 19 世纪的启蒙运动以来，特别是在 20 世纪 20 年代以后，强烈排斥任何人权思想，完全延后了人权主义的发展进程。我想在我们之中，关于宗教与全球公共伦理之间的关联性有着许多需要协调的见解。不仅是在有着多样性的多种宗教或自治体内部，我们还要更加认真地关注它们之间存在的差异。

接下来让我总结一下。对于基督教神学者而言，和解、宽容、全球伦理或者公共伦理等同于生物化学中昆虫学一类的概念。今世与来世、王国世界等这类完全不同的概念是不能以宗教性的和解与宽容的方式进行议论的，是思想形态化和政治道具化阻止了对它们的议论。在这个世界上不可能有完美的解决方式，经常会不断产生很多伦理的对立面。在世间，经常会因为差别和意见分歧、分割、分离然后发生纠纷。追寻能够涵盖多方面的全球公共伦理社会的人，不论是谁都会带来与其他人不同的人生个人要素和否定个人自由的威胁。越自由就越有多样性，也会不时地产生争论。

弗拉尼茨基主席：我想陈述一下意见。首先是关于宽容和信教的自由，德国最有名的诗人歌德曾经写到，宽容只有在中间点即恰到好处时才有可能。如果不能被接纳，也就丧失了意义，对此我们应该铭刻在心里。其次，弗雷泽前总理和其他几位也说过，要历史性地看待事物的多种层面，我也赞同不能忽略宗教也曾是引发各种纷争、争论及战争的主要原因。

爱尔兰的情况就是其中一例。爱尔兰的天主教并不是因为英国是

新教徒而与之对抗的，而是因为贫穷的爱尔兰天主教被发达的伦敦所
压制才开始战斗的。仅凭这点就成为不能交朋友、打交道的充分理由
了。而且，政治领袖是从各种各样的组织中被选出来的，这些领袖们
也都附议各自所属团体的意愿。北爱尔兰的领导们在局势稳定之后才
觅到回归和平的机会。貌似十分好战的强硬派伊恩·佩斯利则在离开
公职之后，才终于制定出共同协作的方法和路线。

再次，让我来提一个问题。我想也许下午演说的各位都能回答。
在讨论关于全球信誉和信用等问题的时候，众多的宗教和国家将如何
表述对男女共同参与这一问题的思考。我之所以如此提问并不只是因
为下午有印度人的发言，而是因为我能够从您的发言中获益，请允许
我对您提出这个问题。

那么格拉夫博士，您说我们很晚才进入这一学习的程序，那么这
个过程的最终结果会抵达无神论吗？

格拉夫博士：不，我没有这样说。我只能提欧洲社会，关于美国
我也只能涉及皮毛。欧洲社会的很多宗教现状是极其复杂的，特别是
在法国和英国还碰到对世俗主义的趋势带有攻击性的无神论者。不仅
局限欧洲的基督教会，一些天主教会里也带极右翼的攻击性要素和保
守性要素。还有圣诞庆祝集会的虔诚的中产阶级，他们明显地自认为
身为教徒。我不认为欧洲是无神论者的大陆，波兰则不一样。诸位接
触了很多五花八门的事态，目睹了东德的现状，那是难以与德国南部
相比较的。

我认为宗教和政治不能分开考虑。在欧洲，宗教和政治也没有被
分开。19世纪在欧洲各地发生的民族主义是以神学思维和宗教传统
为基础的。他们经常使用神圣的国家、神圣的波兰等类似宗教语言。
不过，把宗教机构、组织与国家分离开来，把教会和国家分离开来也

可能做到，只是那要另当别论了。

....

第二发言人　古儒吉大师（印度）

<h1 style="text-align:center">为差异而祝福</h1>

我想先从日本举办的某一活动开始说起。美国的尼克松总统和日本的宗教领袖曾经见过面。在尼克松右边的是佛教僧侣，左边则坐着神道教的最高神官。尼克松向神道教的最高神官问到，在日本，神道教的信徒有多少？最高神官回答说80%。听到这样的回答，尼克松感到很迷惑。为什么会这样呢？最高神官和僧侣相互看着，微微笑着说："那是因为我们的宗教之间没有明确的界限，所有的佛教徒都赞美神道教，相反也是如此。"

虽然很多人会觉得这个尼克松的故事不太现实，但是也可以说这是一种理想的状态。在印度，刻板的印度教家庭出身的人，不管男女，也必须去教堂或者清真寺。事实上，我们的父母也带领我们去其他宗教场所礼拜。从甘地提出的宗教和平共存扎根于习惯传统的说法来看，在印度，犹太教甚至流传了好几个世纪并且繁荣发展。事实上，印度是世界上没有迫害犹太教历史的罕见的国家。

我117岁的恩师是与甘地交情很深的人。甘地经常说道："我们必须抱有梦想，我们必须马上做事。"甘地的梦想具有包容性，他每天吟唱着《古兰经》中的几个韵文、《圣经》中的几个章节、《博伽梵歌》，之后吟唱着佛教经文。甘地哲学是20世纪南印度发展的经验与进步的源泉。他在20世纪画上殖民统治终止符，完成最具挑战性以及最困难的运动中，让所有的宗教信徒联合起来，一起参与了进来。

当今，印度教和佛教这样传统的和平性宗教，不知不觉也受到了激进主义的影响。我们为什么会逐渐丧失掉包容差异的能力呢？学习甘地的实践，我们要在多样性中找出调和的方法，之后一起参与具有相同目的的宗教集会。我们必须鼓舞信徒们相互学习其他宗教，如果让孩子们对所有的宗教，即使培养出那么一点点的理解，在他们的成长中也不会有认为"只有我的宗教通向天堂"或者"其他的宗教都通向地狱"的观念，广阔的视野将产生完全不同的结果。

20世纪的各国之间军备竞争激烈，导致巨大的财政支出于武器和弹药等制造不幸的行业，一些国家都将大量的经费花在国防事业中。假如政府能够即使只拿出防卫支出的0.1%用于年轻人的和平文化交流活动方面，世界一定会更加美好。宗教团体也要能够拿出勇气和对未来的希望，鼓励发展其他宗教的各类活动，我们必须全力推动和平教育。

在20世纪，暴动、宗教战争、各类纷争以及自然灾害磨难着人类社会。人们明白了依靠外来的和平诉求远远不够，人类精神上的压力是造成危害世界的重要原因，我们会让这个社会变得更加幸福吗？或许我们将更加忧郁不安。世界健康组织公布的数据显示，当今世界最严重的致命伤是抑郁症和精神疾病。统计表明，全球近四成的教师处于抑郁状态。如果教师精神抑郁，那么会给学生带来什么呢？因此我们内心的宁静与幸福必须融会贯通。各种证据逐步开始证明幸福与繁荣是不成比例的，大约38%的欧洲人口有这种倾向，在其他发达国家也可以看出同样的数据，印度贫民区居民的幸福度高于很多发达国家。生活在21世纪的我们要从20世纪吸取经验，就必须研究这种耐人寻味的数据产生的原因。

压力，对于人生来讲，是欠缺广阔视野和理解能力所致，也有社会暴力所带来的交流缺失之原因。20世纪已经告诉我们，因为缺乏友善的交流，才导致了纷争。因此当今社会必须承诺，我们应该从幼儿期开始教育孩子进行非暴力的交流。

现在我想重点提一下主席所指出的男女不平等这一重要问题。男女不平等是一个包容性范畴的问题。包括印度在内的几个国家都有这样的情况，强加于新娘双亲的结婚负担的不断加重，男方期待着女方的嫁妆，使女性堕胎事件成为令人担忧的社会问题。男女不平等也要具体问题具体分析，有时女性比男性更有优先权。例如在请帖之类的开头，常常写着"MRS""MR"，反过来是不行的。印度有两个邦，喀拉拉邦和特里普拉邦是女系社会。在这里，新郎嫁入新娘家，家中财产是传给女儿的。事实上，古代印度是平等对待男女的，但是到了中世纪，女性的地位渐渐衰落，已经无法再度返回到古代男女平等的传统上了。

在印度，前一个政权的总统、议会主席和执政党领袖都是女性。印度很多的邦都是女性在管理。我也同意在这方面，尚需解决的问题还有很多，宗教团体以及相关的社会组织必须行动起来，好好考虑如何改善女性的地位，这不是一件简单的事，有人赞同也有人反对。男女平等是21世纪必须完成的任务，这是如今的思想家和哲学家应当担负的责任。

总的来说，我们必须行动起来，加强对年轻一代的教育。我在开始的发言中强调，如果孩子们都学习到了世界上各种不同的传统与文化，不管男孩女孩，在成长过程中都将生成一个广阔的视野。在这样的视野下，不仅是学会宽容，也会承认差异、欣赏差异的能力。我们已从20世纪的封闭走向21世纪的全球化社会，现在正是我们祝福差异的时候。

提交论文

基于伦理作出决策 在全球化文明中建立归属感

约旦前总理 阿布德·萨拉姆·马加里

当前我们正在讨论如何开展"宗教间对话",但我想问一个问题:开展对话的目的何在?

我想从阿拉伯伟大的学者兼历史学家伊本·赫勒敦那里找到这个问题的答案。致力于研究文明概念和历史的伊本·赫勒敦,阐明了文明与历史的兴衰,且先于欧洲学者多年,发展壮大了"文明开化"这一社会理念。"文明开化"是指"人类的幸福和发展",这对宗教间对话来说同样也是一个美好的目标。

伊本·赫勒敦提出"部落主义"的概念,这就意味着"归属感"。在追求理想的"部落主义"之过程中,领导人必须努力确认能够为人类文明进展作出贡献的哲学、经济、环境以及社会要素。因此,对话最初的目的是为了构建归属感——包括国内以及全球化文明中各国之间的归属感。

伊本·赫勒敦也是领导力之父,他指出,领导力只有在领导人与国民之间建立起既稳固又充满生机的关系时才能得到体现。伊本·赫勒敦认为,一个优秀领导者的基本素质就是愿意尊重他人。这样一来,领导者和被领导者之间就会萌生出长期的集体式归属感。

领导力与统治大相径庭。领导者一旦变成独裁者,就会毁坏文明。这对世界的领导者们,尤其是大国领导人来说的确是一个警示。

我们必须让年轻的领导们认识到，如果变成独裁者，那么他们引导的社会、集体、各个机构，都终将会成为文明的毁坏者——当然，也会毁灭他们自己。领导者们一般不愿意从说教中学习很多强加的知识，他们通常是通过与前辈或同事的接触，进行横向和纵向的学习。我坚信，最好的教育存在于不同职业、不同宗教、不同文明、不同社会部门的人们之间所进行的心灵交流之中，这是未来的领导们做决策时的伦理基础。

为了给所有国家所有境遇中的年轻的潜在领导者们提供一个与他人接触的机会，多年前，我们建立了联合国大学国际领导学院，我也在推进过程中尽过绵薄之力。那些 30—40 岁的年轻领导们为同其他国家的领导人会面和交流，访问了很多个国家，相互影响。同时，他们还从当选的领导人那里得到经验和信息。访问结束回国后，全体成员要将所见所闻所感通过团队报告书的形式提交上来。这些报告书的精华也被结集成参考书出版。这样一个切实可行的方法，既可消除领导者与被领导者之间的隔阂、领导者之间的隔阂，也可以在未来的领导人的心中播下种子，让他们能够基于伦理作出决策。

21 世纪的今天，我们生活在全球化的世界中。实际上，上述这类项目，是建立"全球化文明"归属感的一种方法。此类领导人教育，有助于防止领导们对他人的生活方式和习惯一无所知或带有偏见。但遗憾的是，这个项目几年前被联合国大学的领导层废除了。他们没有选择我提案的计划，而是选择了惯常的领导者培训项目。

"曝光"一词，不单指将那些自私自利的人的思想暴露在别人面前，也意味着向他人展现自身的看法。我们先从"聆听"说起。几年前曾任驻沙特阿拉伯大使的前民主党下院议员威奇·福勒这样说过："在沙漠中，不管夜有多深，不管几点钟，我都可以和阿拉伯人一起开心地喝茶。他们既谈论自己的家人，也听对方谈论他们的家人；他们告诉我他们父亲养骆驼的故事，我也告诉他们我父亲养牛的故事。"这一美妙的例子，也正是建立归属感的共同基础。

宗教中也有相同的例子。穆罕默德说："以爱己者爱人。"耶稣说："像爱自己一样爱邻居。"这是两种不同的宗教，却共同领悟到用相同的态度对待他人。自己希望如何被对待，就应如何对待其他领导人、政府、企业与他人。我认为这个论点在伦理规范中也非常恰当，伦理在所有宗教中都相通。在讨论宗教间对话时，我们的确在讨论各种不同宗教信徒间进行的对话，但是，我们是否想过这实际上意味着什么？有人定义说，信仰就是基于精神上的确信，进而萌生对待特定教义的相信与尊敬。而在我看来，信仰原本上指仪式、法律和价值观。

不同信仰的教徒之间，不能谈论仪式，或自己如何与神进行接触，如何祈祷，男女是否去清真寺、教会、犹太教会等内容。大家应该谈论法典和教义是否是世界性的、是否会被世界所接受，或必须谈论对话的价值，公正、平等、自由、尊重人权的价值。这就是问题的核心。

价值的核心，是我们不把他人当作恶魔对待，而是摸索出帮助他们的道路，建立相通的基础。因此，这里出现一个问题，当国家利益与全球利益相悖时，应该如何正确处理这个国家的领导人与世界其他国家的领导人之间产生的矛盾。就我个人而言，我认为什么矛盾也不会产生，因为我相信这与个人的处理方法相关。个人利益让位于公共利益，国家领导人才可能流芳百世。全球范围内亦是如此。认识到国家利益与全球利益是一致的领导人，才能够最终存续下去。

我想呼吁，我们十分有必要起草国际伦理宣言，这句话当初在起草人权宣言时也曾被说过。因为这种共同的努力,可以将对人类作出贡献的政治领导人与宗教领导人联合起来,也可以促使所有的政策决定都建立在"伦理"的基础之上。

最后,我想引用我亲爱的朋友、OB首脑峰会的创始人之一、20世纪最卓越的领导人之一、刚好迎来95岁生日的德国前总理赫尔穆特·施密特的话。他说:"无论是谁,都希望达成遥远的目标,都必须先迈出小小的第一步。"

关于年龄与德行的关系,我想引用美国华盛顿的华盛顿赫布雷会议名誉司祭哈伯曼最近说过的一句话。

他说:"年长者都是波澜不惊之人。"

"如果你足够幸运,你的期望将在晚年实现。因为那个时候,你已经没有必要通过在重要的争斗中获胜而使自己的想法得到肯定,也没有必要强求,没有必要辛劳,没必要着急了。"

但是说到赫尔穆特·施密特前总理,我与哈伯曼有着不同的看法。即使达到95岁高龄,这位前总理的信念以及对原理原则的热情,与40年前领导德国的时候并无二致。赫尔穆特,不仅是我,全世界很多人都热爱和敬重您!祝您生日快乐!向您献上主的祝福。

2014年3月

讨　论

施伦索格博士:男女平等的问题,不只是不同的宗教或者社会的问题。这个问题已经成为这个会议的论点。因此,我们必须针对这个问题作出相当的努力才行。我还有个看法。因为跟格拉夫教授的发言有关，所以希望大家不要误会。我想声明，像我这样的人以及其他学界的学者们在讨论全球公共伦理时，我们不会议论与天堂或者地狱相关的故事。我们讨论的是世界精神界以及在哲学的传统上所能够看到，在伦理上有可能性的符合论点云云。像世界宗教会议中的《世界伦理宣言》这样的文章，表明了我们时代需要应对的特殊挑战，如果我们想要引起伦理性传统以及伦理戒律的思考，那就要呼吁将其成为解决多种问题的力量。这并不是一本在地球上建立天堂的天真的文章。但是，我们有呼吁的义务。如果我们有信仰的话，那么针对每一个传统的可能性我们都会自发地联想到自己的义务。这与我们是信徒还是非信徒无关，而是每个人都能做的。

张信刚教授：虽然我对于宗教有心理准备，但是我认为在中国，信仰的一般习惯与日本的并无不同。80% 是佛家，80% 是儒家，然后 80% 是道家。之所以这么说，是因为这与教育水平无关，也与性别无关，而是因为这三种宗教在中国人心中所占比例是相同的。在同一个家族中，即使父母是佛教或者儒教信徒，子女成了基督徒的情况也并不罕见。

第二个要点是关于被议长引用的歌德名言："第一是忍耐，但第二个阶段是接纳。"我确信第二个阶段是一种尊重。不仅是一种接纳更是一种尊敬。我并不是表示要"祝福差异"，但是，既然存在着差异，就应该那样，接受并尊重宗教上的差异。

第三个要点是我们能看到个人、部落、民族、国家利益以及经济利益被伪装成宗教上的差异。以我自身举例，我出生的故乡在1894年中日战争中，如果没有英国、法国的介入，大概将被永远割让给日本。但是作为新教徒的英国以及天主教的法国，强行要求神道的日本只能占领中国台湾。现在，大家关注的是 19 世纪作为俄国东正教徒掠夺了伊斯兰教的克里米亚事件。在那里，因为法国和英国的介入，俄军就撤退了。这类情况，不能用因宗教信仰方式而引起夸大的注目从而糊弄过去，我从中意识到的是，人类之间存在着非常深的差异。我们做所有事情首先要考虑的是人类。然后根据哺育我们的社会习惯以及文化，把我们分成不同的群体。我希望我们可以尊重所有可能带有差异的事物。但是，我们必须多创造像现在这样的谈话机会，我们不能忘记，所谓宗教，并不是为了引发纷争而生的。人们欢迎和平的宗教。印度的阿育王时代，阿育王征服了广大土地，并将所有人变成了佛教信徒。

弗朗尼斯基主席：我的母亲是新教徒，父亲是天主教徒。双亲在结婚的时候，并没有因此而改变自己守护的宗教信仰。第二次世界大战爆发的时候，我的父亲作为德国士兵被征用。1942 年，有 9 个月的时间父亲音讯全无。我的母亲很害怕，觉得父亲是不是死了，她责备自己没让自己的孩子接受天主教的洗礼。幸运的是，父亲生存下来了，于 1945 年回到了家乡。母亲对父亲说，我对着我的神明发誓，如果你能从战争中回来，我就让我们的孩子以天主教的信仰为基础接受洗礼。因此，我是少数既接受了天主教也接受了新教洗礼的澳大利亚人。省去冗长的故事，我的父亲后来说了一句"一切都是毫无意义的"之后便退出了教会。

大谷门主：作为日本人，想对已经陈述了日本人的宗教观的犹太教士相哥鲁大师发表点滴意见。他所叙述的日本人八成是佛教徒，八成是神道教徒的观点，基本上属实。对于一部分神道教徒来说可能难以理解，但是在日本老年人中是确实存在的。但是，我的宗派（净土真宗）与日本的其他佛教主流尚存在着些许差异。我们的宗派是超越自然的存在，并且将阿弥陀佛信仰特殊化了。我们虽然与神道信奉者没有争论对抗过，但是我们不参拜神社。在日本的传统中，我们的宗教也比其他的教派更为和平。

虽然这么说，我还想对格拉夫教授提出一点看法。是关于在第二次世界大战中宗教对待邪恶势力的处理方式。实在是非常的遗憾，即使再怎么消极，我也不能认同几乎全部的宗教都支持日本政府的政策，并支持对邻近诸国的战争。第二次世界大战后，虽然花费了40—50年左右的时间，包括我所信奉在内的日本宗教依旧因为意识到无法接受自己而处于深深的痛苦之中。我们发誓，绝对不能让战争再度发生，现在我们要学会如何为世界和平作出贡献。

弗朗尼斯基主席：世界化统合曲线的上升以及连带意识曲线的下降，并不值得让我们十分惊恐。如果欧洲各国能够直面移民、流亡者以及其他所有问题的话，连带意识就会下降。基本上所有的政治领导人在选举活动时都做过"与外国贫民的连带意识道别"这样令人惋惜的发言，我不得不这样报告。

赛卡尔教授：在阿拉伯世界中，因为一个意识而招致不安、导致分裂的不是连带意识。我想把问题拉回到"来自20世纪的教训"。我想请教格拉夫博士，我们既能看到20世纪宗教与政治紧密结合的时代，也能看到因两者间的密切关系所产生的相互作用。您是否认为是因为被放在美国和欧洲部分的世俗社会里，神权与人权之间会产生严重的紧张关系，而被赋予的知识是人类主权的尊严？这是极其重要的。

但是，如果在那里秉持宗教的话，神权就会变得重要起来。原因是，在伊朗伊斯兰共和国，神权代表了最高指导者，而人类的主权是由选举选出的总统和议会所代表。像伊朗这样的，如果两者的关系能有机结合的话，应该会很好地发展吧。来自 20 世纪的教训之一就是，一旦宗教与政治相结合，我们就会看到神权与人权之间的概念产生冲突。这难道不是我们必须要解决的问题吗？

我觉得我们应关注的第二点教训是，我们真的想把康德的世界观放入世界并给予赞赏吗？一旦我们要推崇康德的哲学，我们便会失败的，因为我们所面临的不仅是世界而且是世界各国的国内政治被持续统治的客观现实。这是从 20 世纪中必须学到的主要教训之一。实际上我们推动连带以及全球理论概念，不就是将客观世界转变为康德的世界秩序的机会吗？

库苏罗博士：我想解释一下神权和人权的概念。我想就伊斯兰社会与政治发展的前提下，如果我将这个哲学的意见提出，伊斯兰教是否会成为一个成熟的宗教，并与 50 年前相比在现代社会中起到重大作用呢？伊斯兰教是影响社会和政治生活的首要力量。但是，宗教也有必要考虑根据每个人的意志而加入应有的条件。找出主权正当性源泉中的两个均衡点，是一个挑战。只要伊斯兰教发展，人们的意志就会加入，这才是两者融合的途径。

这涉及了关于民主主义和宗教更加广泛的问题。宗教发展时，如果它的范围扩大了，就应该以民主规范为条件。民主主义表明的是人的意志，伊斯兰教表明的是神权。所以，将两者结合起来是当今伊斯兰世界需要挑战的课题。如果完全无视人类意志，只讲神权，那么就会形成宗教独裁主义。而且如果统治者将伊斯兰教从社会中驱逐出去的话，那将形成世俗性的社会！我们都亲眼目睹，这种状况发生在伊斯兰诸国后所造成的极端暴力事件。应该如何巧妙处理人权与神权的关系成为了眼下需要挑战的课题。

汉森教授：我想对之前在 OB 首脑会议宗教对话中提出的两个问

题作再次的陈述。其中一个是对于纳入全球公共伦理的项目数量是否有所限制。正如施伦索格博士所指出的那样，如堕胎、避孕等问题，是有意避开人类的责任吗？古儒吉大师刚才关于男女平等作出了陈述，我也尝试着把一些可能比较困难的问题作为讨论对象罗列出来。如男女平等、避孕、堕胎、同性恋的权利、人工授精、死刑，等等。我将尊重其他诸位的意见，以解决问题为目的进行交流。

第二，关于伦理教育问题。有关人格培养的问题在美国议会中常被提起。那虽然是传统宗教领域，但是也存在着社会责任，因此被纳入世俗领域中的讨论逐渐多了起来。对于公立的世俗学校，要求不断增加有助于人格培养的课程，对于道德教育必要性的认识得到了提高。

瓦西利乌大总统：此次会议的主题是"来自20世纪的教训"。我绝不会忘记的教训之一是经济发展与危机之间的共性关系，以及伦理标准和连带意识的尊重等。我们绝不能忘记的是，比如在20世纪30年代，我们以经济危机为借口，将反犹太政策与反纳粹政策等严重扩大化。

现在在我们生活的国家中，虽然有黑人、白人、黄种人，但还是存在反移民问题。这些对于政治家而言，把问题归结为他人的过错恐怕是最方便的。而且对移民的贡献方面视而不见，随意说"问题是因为外国人和移民"恐怕是最快捷的处理方法。所以，我虽然不知道能否解决这个问题，但是我认为最重要的是要找出经济发展和伦理规范间的关联性。即使是与移民和犹太人，即使是跟极端派穆斯林和基督徒斗争，也无法解决那个国家的问题。

克雷蒂安首相：因为加拿大没有宗教问题，所以我想我可以发表一下意见。在我国，任何人都不知道他人的政治倾向与宗教，这个不是问题。曾经也有过非常时期，那是因为根据宗教划分了政党。现在已不成问题。因为关于移民问题，在加拿大没有任何一个政党视其为问题，所以不存在任何问题。据我所知，反对移民的政治家一个也没有。也许是因为我们国家就是由移民所建的关系吧。如今加拿大 50% 的人口被移民第一代、第二代、第三代所占据，所以过去的50—60 年间新的国民全都是移民。

我认为政治上人口增长的 1% 应该为移民所占有。而且如果无法达成的话应该受到责备。应该把移民作为积极要素而非消极要素的哲学理念作为基础，因为我们认为人口增加是必要的。但是像之前那样新生儿没达到标准，因此确保发展移民是必要的。加拿大的移民其实是消费者，有时，接受良好教育的人们会选择一门相关职业就职，如今形成了一个鼓励多样化的社会，我们向所有的移民表示赞赏，他们教育中的一部分是由其母语构成的。

我们的社会经验让我们所认识到的最重要的态度是宽容，因此接纳是非常重要的。对于我来说，我是说法语的，我没有正式学过英语，经常会遇到一些问题。我是唯一一直用法语口音说英语的法系人，因此常常闹笑话。我刚成为国会议员时一句英语也不会说，但是这并没有关系，大家都接受了这种差异，并让我成为了首相，因此宽容是尤为重要的。为了宽容，知识也是必要的。我们首先要了解他人，接下来再去接受，为此交流和教育是十分重要的。

今天我们生活在与过去完全不同的社会，现在的交流也与过去不同。我甚至认为，全世界的孩子们都不用开口说话交流了，他们虽然只能看到一个小小的道具，但也许正是这个道具给了大家能够相互更好深入了解的机会。现在的学生会使用我不会的东西，通过那种新技术能与国外的学生相互进行交流。在当今，所有的人类价值不会涉及宗教和种族，因此在全世界接受教育也是可能的。我们要接受大家都是人类的事实，而且我希望大家能如以下所说那样去思考，"神明？她是伟大的"。神在我们的常识中一直是男性，但也许是一位淑女，可能有一天我们会知道真相，但在知道之前我们不能随便下定义。

弗朗兹首相：有关加拿大的所有叙述，都正确描述了1990年左右的澳大利亚。澳大利亚也是由移民所建并开发的国家，而且在越南战争前后，与加拿大共同接收了数十万的流亡者。但是我也要提供澳大利亚是如何产生变化而导致其不幸的教训。

过去，有一个政府认为自己在选举中失败了，他们一直在探寻能够支撑其存在价值的理由，于是他们拒绝了一艘有200名沉船流亡者搭乘的挪威船进入澳大利亚港口。这个被命运操纵的政府，为了不让那位船长靠近澳大利亚，而命人全副武装地监视那艘船。当时的照片传遍了全世界。为了阻止一艘货船靠近澳大利亚港口只需要派出警员就足够了，根本没有必要派出精锐部队去监视，结果那个政府在选举中胜利了。

我把政府所暴露出的恶劣本质写了出来，但之后我收到了好几封信，主要内容都是"我是这个政府的代表，然而我却把政府的恶劣本质展现出来到底是怎么回事！"这里的"我"指的是一个乖僻、冥顽不灵、心胸狭窄的人，总认为与自己相异的都是坏人，可能指的是种族与宗教的相异。虽然当时的在野党应该对这个问题进行激烈的论争，但他们最终没有与之斗争的勇气，他们认为只要躲在桶里参与选举之战就可以了。从那之后，澳大利亚的主要政党都在不断地走下坡路，数十万的澳大利亚民众都为以政府名义、以他们自己的名义所采取的行动而感到深深的羞耻，在野党也因在其名义下曾经获得的支持而感到羞耻。曾几何时，我们也像你们一样开放而有过包容心。

　　我想起了 1980 年自己的一次演讲。回想起来，我当时说了"战胜了偏见"这样愚蠢的话。但是以后我认识到，如果有持不同政见的政治家的话，也会是一次很好的学习机会。若我们的社会不理解斯里兰卡、阿富汗又或者伊拉克民众的话，官僚们就很容易向人们灌输"他们不善良，没有必要将他们当人看"的思想。并认为依据所发生的事实，采用这种说法是可行的。实际上，这种说法和实际造成的伤害相比还算是温和的。所以要让政治家采取应有的态度，我们该怎么做呢？就这一点，我们不仅需要政治家的相互尊重，还需要对国民的尊重。但可惜的是，我的国家还没有试着接受此项任务的领导人。

　　关于汉森教授指出的有一些要素被有计划地排除在宣言草案之外这一事态，虽然也想发表一下意见，但我当时就坚信宣言草案中存在的重要因素已经很充分了，现在我也这么认为。我依旧秉承当时的期待，希望能让人们理解宗教间的和平共处，以及接受所有宗教类似的愿望。除了所有宗教都存在的原教旨主义者以及敌视和平与进步的人之外，我希望大家能够理解任何人所信奉的宗教对于他人而言并不是一种威胁这个普遍的道理。

　　虽然以往也存在引起问题的宗教，可是许多人如今认为伊斯兰教是最大的问题所在。但那也已成为过去，将来也会有其他宗教发生这种问题。宣言草案中所排除的问题是不会波及作为全体的宗教间以及各国间关系的社会问题，至少不会要求让其他宗教信徒采取与自己同样的态度，或者让其他国家的人像自己国家那样行动。应该着重强调的是"无论是对于宗教还是国家，在和平、协调、合作之下才能共存"这种不可缺少的价值观，这便是略去了一些许多人所考虑的因素之理由。我确信宣言草案会发挥巨大的力量使这个世界更加和平与富裕。

罗森博士：托媒体的福，在哪里发生了什么事，我们比以前知道得更多，于是我们逐渐定居在一个信息与意见过度泛滥的混沌世界。实际上，因为我们只在反映自己意见的博客和频道上进行交流，所以会排除其他人的意见。当然，那是我们生活中充满魅力的过程。

美国因为是移民社会而常常被认为是移民之国，但是作为美国的一个很有趣的特点，第二次世界大战之前也好，之后也好，美国对于移民都有着严格的限制。过去到美国的移民需要适应美国的生活，因为没有其他的选择余地，所以他们不得不学习英语。近几年如果要说发生了什么的话，那就是"非法移民"这个大问题了。非法移民基本上都是拉丁系的，信奉中美以及南美的天主教徒。但是，原本不问移民背景的学习英语规定发生了变化。试看当今美国的电视，西班牙语的电视台就有五十多个，不需要学习英语也能成为美国社会的一员。

举个欧洲的例子，移民本来被视作二等市民。大量的犹太移民19世纪从东欧过来的时候，不要说大部分的英国市民不欢迎了，就连那些已经过上舒适生活的犹太系英国人也都觉得他们会威胁到自己的生活而对他们不友好。我所成长的20世纪50年代也已经成为了能够隐藏自己身世的社会，犹太人想要在欧洲社会中以犹太人的身份舒适地生活需要花好几代的时间。（可悲的是，现在虽然发生了逆转了，对于这一问题，我们在其他的地方展开讨论）。

我记得在30年前，当时我在与第一批来英国的穆斯林移民的议论中，劝他们"不要去模仿犹太人，不要去隐藏你的身份，请对自己的身份保持自豪感，去表现你自己吧"。与英国一样，法国、比利时所在的欧洲大陆，仍然存在着将那些因移民潮过来的移民送到一些不好找工作的废旧产业城市，或者生活不方便的郊外等现象。突然，移民就要面对经济问题和多元文化主义两个因素所引发的问题。解决方法是什么呢？强迫难民去适应新的国家吗？还是就这么认可他们所拥有的一切？还是去改变这个移民国家的特性？

像这样的问题，正是我们现在需要奋斗解决的问题。在不能好好赚钱，又被降低身份，价值不被认可的社会，该怎样舒适地生活呢？同时我们也直面着过去无法想象的崇尚物质主义与消费主义的社会。这里只有能赚到钱、有雇佣者、有车的人才会被认为有价值。所以他们（不只是难民，还存在没有获得相应待遇的高龄者）沉浸在被排除在外的痛苦之中。

这不仅是宗教问题，也是经济与政治问题。我们必须去改变那些社会统治者的态度。为什么这么说？那是因为存在着我们每天都能听到"政治是游戏，是强权，是堕落的，不管是谁都在明目张胆地夺取人性，我们的敌人到底是谁"这样的话，已成为一种风潮。如果不着手解决这些问题，我们是无法前进的。

所以我认为有两个问题是不得不慎重考虑的，培养领导者的问题，以及成立领导者研究机关和为培养下一代领导者而举办的研讨会都是不可欠缺的。我想起了经济伦理中所发生的事情，我还在读大学的时候，经济伦理还不是什么值得研究的课题。主要大学也没有相关的专业，也没有关于这样问题的议论，但是现在，经济伦理变成了重要课题。领导能力也是同样，价值观作为我们议论的核心，再次强调OB 首脑会议的创设所包含的价值是十分重要的。

巴达维首相：我简单地讲一下。我想强调，确立以保障人类安全和构筑和平为基准的安定的国际秩序是十分重要的。重要的是，国家存在全心全意为国民的原则原理，并且国民也能遵从它。美国人也好，欧洲人也好，中国人也好，日本人也好，都有各自不同的概念，不能说让大家都遵从自己的方式，但是保障人类安全和构筑和平可能会成为共同的基准。"你也要遵从我的做法"是不正确的。

施密特前总理：我想就不是今天主要讨论方向的几个副标题发表一下意见。这次会议的主题是："从 20 世纪起我们必须学习的课题是什么？"某一个课题我们至今都没有接触到，这个问题其实是 20 世纪所带来的核心课题。距今 115 年前的 1900 年，即第一次世界大战爆发前的 14 年，地球人口是 16 亿，115 年之后的今天，增加到了 70 亿人。我记得曾经尼日利亚人口是 1.2 亿。奥巴桑乔说现在会达到 1.8 亿人以上，但是实际上快超过 2 亿人了吧。人口统计学者说 35 年之后地球人口会达到 90 亿以上。

到现在为止，只有两个国家采取了限制新生儿数量的政策，一个是中国，一个是印度。在这一尝试中，印度失败并放弃了，中国则收获了一定成果。虽然中国没有在全国范围内采取独生子女政策，但其结果的确控制了中国人口的增长。我们这个组织成员需要着手的是接下来这个课题。仅仅 100 年前地球人口只有现在 90 亿的 1/6，在这样可能还会超过 90 亿的情况下，该去想象如何才能过上正常的生活呢？或者我们该从中国那里学习些什么呢？我知道中国现领导层正在深思是否应该继续执行独生子女政策，因为他们明白到了 21 世纪这个重要阶段已经无法预测经济增长了。且不论中国怎样，世界其他国家在做些什么呢？

我想谈谈今天本分科会所说的移民问题，我们真的想抑制接下来的移民风潮吗？逐渐壮大的民族到底是什么？就像罗森祭司所指出的那样，21 世纪重要阶段的美国有权者，是由美国的西班牙语系居民和他们的孩子或还没出生的子孙，以及非洲系的黑人和他们的孩子或还没出生的子孙组成的。但是他们的内心被国际问题以外的东西所占据着，不是构筑世界秩序与和平，他们的脑子里有着其他目标。移民们为了社会保障，会寻求社会主义或者福祉国家吧。这 35 年内，中国人也能建成福祉国家，双方都将改变世界吧。我真正的疑问是，我们到底能不能支撑这 90 亿的人口？我们能把哪一种宗教正当化？又或者禁止所有外部介入的宗教？在我思考过程中，这些问题变得不得不应该更加认真地、有深度地、严谨地去思考，但是我没有答案。我只是从侧面发表了一下我的意见。

阿尔·萨雷母博士：在阿富汗，宗教曾被利用过，我们看到了结果，宗教是极其危险的工具。为什么宗教领袖与政治家同席是一个良好的构想呢？我们不希望他们从清真寺以及教会中走出来，也不希望他们来到国家性的场合。所有利用宗教的政府就像我们在阿富汗所看到的一样是极其危险的。我们与基督教徒是不一样的，为了达到目标我们会找到其他的工具。那是基本的方法、基本的理解。

梅塔南特博士：曼谷遭到了洪灾，也有受灾较轻的地区，那里有天主教、穆斯林以及佛教徒所组成的三个地域社会。他们一起生活，相互间往来了二百多年，有着快速克服问题、相互帮助的习惯，这是宗教互助社会的一个缩影。当遇到困难的时候，大家共同协调，并给予我们都是人类的同一分子的希望和能量。泰国的教育要求年轻人要使用道德做决定。我们利用通过计算机联网的社会 ID 卡，给所有的社会贡献打分，并给予他们社会信用。根据学习以外各种贡献，他们也会有获得奖学金的资格。如果这个概念被推广，让大家都接受这种教育的话，年轻的一代就能具备道德素养了。

格拉夫博士：因为出现了太多的意见，所以我想要得出一个怎样的结论是非常困难的。首先我想从赛卡尔教授所提出的关于世俗社会的问题开始。我不认为世俗社会是这样存在的，大部分的社会是由具有较强信仰的人与具有较弱信仰心，甚至是过激的无神论者所交织而成的。但是，当然也存在着典型的世俗国家。我想一个个区别开来，几乎所有的欧洲人以及西欧社会一直有着世俗国家的概念。

也就是说，国家对于宗教及道德的事所采取中立的态度。对于道德性问题的理解因人而异，有赞同人工流产的人，也有反对同性恋婚姻的人，我们只要接受了某个原则就没有问题了，那就是法律的支配。重要的是社会上所有的人都对法律支配表示认可。

我的第二个结论，教授对康德的模型与霍布斯的模型进行了评述。从某种意义上来讲，我们一直追从着霍布斯模型。请看国际资本主义中，充斥着大量的竞争。不只是企业家的竞争，社会也在相互竞争。经济方面正发生着许许多多的竞争与战争。另外，如果坚持世俗国家的概念，那么在这个游戏中我们就能看见康德的原理，特别是法律的支配与伦理规范问题。康德的原理是存在着的。我们只要接受法律的支配，就有可能掌握不同的规范。

眼前的第三个重点，就是伊斯兰不应该与近代化对立这一主张，我认为那是完全错误的。我想和以色列社会学者西蒙·诺亚·艾森斯塔德氏就多元现代性问题进行交谈。日本是现代化社会，美国也是现代化社会。但是，他们又是不同的社会。去中东，建筑也好，飞机也好都是现代化社会的表现。但是当前，在某些领域和1945年以后的欧洲主要世俗社会还是非常不同的。

我认为，"神的主权是政治基本原则"这一概念是不能统治多民族社会的。但是，这不只局限于伊斯兰甚至穆斯林，比如在美国也能看到同样的状况。有许多年轻美国学者赞成列奥·施特劳斯的"政治神学"这一概念。然而，这不是追求自由的模式，而是一种关注的倾向，他们试图以神圣宗教作为替代，以此来促动现代化社会的统一。

最后是关于20世纪以来的教训。若要举出20世纪以来的教训的话，我想我们都有着各自特别的体验。就我自身经验而言，我是在国家社会主义所引发的第二次世界大战阴影之下出生的德国人。20世纪以来对我的教训是，要更加充分理解特定的发展。为了去理解法西斯领袖，作为历史学家，我花费了许多时间，并走访了相关中心地，探寻20世纪20年代中期的历史，也去过欧洲的各个大学。相信议会制民主主义的学者并没有那么多。虽然在英国的大学里有几个支持者，但大部分欧洲学者更相信有可替代的模式，他们相信具有坚实支撑的共产主义，甚至对法西斯的强权也表示一定的理解。这些人的数量超过了支持自由民主主义的学者。

我想再度声明，我没将宗教的原教旨主义与20世纪我们所目睹的政治全体主义混为一谈。但是，我们需要再去理解为什么所有的宗教信徒都会被原教旨主义者的思想所吸引。在美国市场，比起稳健自由的基督主流教会，有着坚硬支柱的宗教显得更加重要。扩展规模并不是我们很多人所期望的状态。大家应该可以看到在特定的穆斯林社会中也有着同样的进展。我们的重要责任是，具备强大的约束力，并认真去理解为什么能让社会拥有坚固团结力的宗教如此有魅力。当然，这也与经济与权力机构有很大的关系。请将目光放到北非社会贫困的年轻人群身上，他们为什么坚信解决自身问题唯一的方法是在特定的宗教之中呢？我现在可以理解了。

第三分科会 宽容的美德

主持人 尼日利亚前总统 奥卢塞贡·奥巴桑乔

引 言

我们可以教授他人宽容的美德吗？这种场合的宽容并不是那些勉强被看作施与恩惠以求回报的态度，而是毋庸置疑的尊敬。在珍惜我们自身的宗教、文化和文明统一性的同时，要尊重来自于其他国家或民族的这些宗教文化，对于这一挑战我们能够应对吗？

在第三分科会中，三位发言人讲述了关于这一课题的思索和回应。第一位发言人是杰瑞米·罗森博士。在向维也纳的各位伟大哲学家表示敬意的同时，他指出语言中包含着许多含义极其微妙的区别，而且随着时间的推移，语言也在变化。"宽容"一词的含义便是其中一例。在过去，"宽容"一词常常被认为是权力者给予人们的礼物。虽然我们会尊重不同的宗教，可如果只能定位为劣等的尊重，这难道就是今日我们所理解的宽容吗？可悲的是，在世界上很多地方，某些特定的宗教一直主张着这种优越感。更有甚者，在我们的时代，一种宗教对其他宗教或是同一宗教中不同宗派的相互压制是非常严重的问题。如果"宽容"一词不是徒有其名的话，那么我们必须站在平等立场上，真正地实现对不同信仰或宗教传统的尊重。如今，在世界上可以看到的憎恶和纷争，大部分是因为缺乏宗教或政治上的宽容而导致的。关于这一点，罗森博士之前也提交过论文。

第二位发言人是阿里夫·扎姆哈里博士，他介绍了伊斯兰教关于宽容的观点。伊斯兰教主张宽容是在宗教层面上被赋予的道德性义务。《古兰经》认为宗教信仰是个人的问题，无论怀抱怎样的特定信仰都是自由的，并对有关不同信仰的侮辱或诬蔑的行为表示了指责。扎姆哈里博士留意到所有宗教传播的都是宽容与美德，他主张应将宽容作为伦理基础，以便对其他国家或民族表示更好的尊敬。然而可惜的是，由于对其他信仰的误解，很多社会问题都是由宗教信仰者而引起的，这不仅影响到信徒，还将作用于社会全体，甚至扩大到造成国家间的纷争。他强调，非宗教性的得失也常常被粉饰成宗教性的得失。

第三位发言人是保罗·M.楚勒纳教授，他在提交论文之外，还进行了口头发表。宗教大多倡导和平、正义、慈爱、慈悲的理念，但他分析了为什么有些宗教的特定信徒会使用暴力的原因。这不是宗教的问题，而是个人的问题。他的研究有利于将这些暴力行为引至和平发展的方向。楚勒纳博士认为，欧洲关于权威主义的研究，向世界提供了不安定因素。伦理的真正目的是减轻人们的痛苦，大多数宗教是在慈爱的基础上，协调世界的和平与公正。楚勒纳博士的论文阐述了15、16世纪欧洲和平协定的订立以及之后的历史性进展，他的结论是现在出现在欧洲的不是世俗化趋势，而是正在实现多元化。

日本前首相福田康夫在其提交的论文中指出，亚洲的多神论社会及其多元论的价值观，可能是对其他价值标准或不同信仰所表示的宽容。他还提出，慈悲、对于其他文化的感受性，以及构建信赖关系组成了伦理的公分母。

托马斯·阿克斯沃西教授在《宽容：派系斗争时代中被过小评价的美德》这篇论文中提到，宽容是扎根于谦逊之中的个人态度与美德，是不排斥其他文化的一连串习惯。

与会者们都赞同仅靠宽容不足以实现世界公正和平的这一说法，对于自身而言，同样不能缺少他人的认可、互惠及尊重。有些与会者还强调多元主义、相互作用以及理解的必要性，也有人提倡民主主义、自由、尊严和信赖的观念。

可惜很少有人能够真正实现这种价值观。宗教是失败了吗？如果没有精神的内容，宗教就无法带来宽容，那人们最低限度的期望就应该是将宽容这一价值观融入我们个人的态度之中吧。但是无论在政界、宗教界，还是各种社团中，都需要一种有道德的、可作模范的领导力。

⋯⋯⋯⋯⋯⋯⋯⋯⋯⋯⋯⋯⋯⋯⋯⋯⋯⋯⋯⋯⋯⋯⋯⋯⋯⋯⋯⋯⋯⋯⋯⋯⋯⋯⋯⋯⋯⋯⋯

第一发言人　犹太教拉比、卡梅尔大学前校长　杰瑞米·罗森

语言变迁的意义

我为能在思想领袖路德维希·维特根斯坦的出生城市维也纳参加会议感到光荣。维特根斯坦是一位让我们思考语言意义的哲学家，他举例证明了我们不光要学习语言特定的意义，而且应该学习如何使用语言。语言的意义存在于其使用过程中，例如我们通常无法概括"游戏"这一词汇的定义，而且我们通过经验和错误来学习如何使用语言。事实上，我们使用同样的词汇，表达的却是不同的含义，但是如果要期待有效的谈判，那就必须要保证所表达的意义相同。宽容就是一个很好的例子，施与宽容的人常常认为这是一种善意的对待，但是接受宽容的人总是愤慨地将其理解为想要求得回报。

还有一位维也纳出身的重要人物理查德·克布纳曾书写过关于帝国主义的讲义。"帝国主义"一词原指伟大帝国的法律及其有秩序的统治，是一个高贵的词汇，但是随着时代的变迁，我们不知如何将其变成了一种轻蔑的词汇。如今，这个词语是指让不情愿的牺牲者们强行接受那个迟钝并具有压榨性的统治者。

同样，"人道主义"一词本来用于对神的否定，而后来的概念变成了人们能够掌握自己命运。我们想要将"人道主义"定义为表达关心他人、具有人情味及注重人与人之间关系的词汇。但是如今存在的是世俗、社会的关系和与神相连的关系，这是两种不同层面的关系，也是由二分法划出的层面。就如同丹尼尔·C.丹尼特在其著作《神的概念》中所提到的那样，无论怎样的团队，让他们来定义一下神（会使用什么样的名字），将会出现数量多到无法想象的解释。

但是，关于人文主义和神灵定位的相通之处存在于以下共识中，即最大的善良指的是能够给予他人最温柔的关怀。即使对完全世俗的人来说，也被要求作为神、佛的创造物来对待。即便认为我们是单一进化论的产物，我们也拥有所有的人性，拒绝人性的态度可被看作是人类最大的犯罪。

过去，著名的德系犹太人马丁·布伯在其著作《我和你》（*I and Thou*）里区分了人称代词 Thou 和非人称代词 Thee。虽然英语用 you 代替了这些词，但是在大部分的欧洲语言中，还是能够看出这两个词汇的区别。布伯讲到，表达和神的理想关系时，用的不是非人称代词"I-Thee"，而是个人代词"I-Thou"。同样的，表达人类之间的关系时，不用非人称代词"Thee"，而是使用表达个人相互作用的"Thou"。换句话说，成为人性的核心、宗教的核心的是发展的关系（这是和神也好，和真主安拉也好，和佛也好，或是和其他人类也好的关系）。

因为我们居住在这个具有戏剧性变化的社会里，在享有特权的同时也肩负着重任。历史存在着周期循环，是具有长期影响力的，"法国大革命"从进行到稳定为止花了100年的时间，仍有人说至今尚未完成，也有人主张美国革命从当初的意图开始至今也还在进行中吧。英国不成文的宪法正在被欧洲法侵蚀，我们正在目击各种事件非常急剧地或是戏剧性地发生，我们对于应该如何前进也没有信心可言。

我们正在把我们的人性转让给政治家。确实也存在着非常好的政治家，就像在座的各位一样，因此必须注意不能污蔑全部的政治家。但是，就如在今早的讨论中所听到的那样，看一下世界政治的过程，我们已经非常狼狈了。比如看一下中东，我们是惊慌失措的，无论是哪里，怀抱所有主义的政治家都处在混乱中，他们将变得越来越复杂，变得无法预测，这便是我们现在所处的混乱。

大部分的犹太人在19世纪都住在东欧。名叫伊斯雷尔·萨兰塔的犹太教士不认为人类是宗教性的，他们做的是被仪式所要求的事，住在宗教生活的躯壳之中。他们并没有被团结在一起，也没有考虑应该如何对待他人。即使现在，这也不得不说是对于我的宗教信仰最大的挑战。这不是神学，本质上是与宗教指导者们的态度——由地位所决定的态度相关的问题。

伊斯雷尔·萨兰塔决定开始展开"穆萨"这一运动，这虽然意味着"道德性教育"，但也是在倡导道德性的自我约束。他的目的是让人性的自觉和更大的责任回归的宗教生活之中。他选择了 18 世纪居住在意大利的神秘主义者摩西·卢萨多的著作作为第一本教材。卢萨多是一位有才华的人，但由于信奉神秘主义，而被犹太教权威人士所驱逐。他写了有关如何成为善人的小册子——《正义的前进道路》，这本小册子的"序言"中有这样一句话："我不是在描述什么新事物，不是在讲述你从前不知道的事，只是希望大家坚持每天早上读一章，来反复温习这些告诉我们应该做什么的众所周知、简单的教训。这是因为即使我们知道道理，也几乎没有将其实现。"

这次会议的主题是有关宽容的，我们已经讨论过它实际上意味着什么，以及如何被误用的。我所期望的宽容不是现在通常意义上的宽容，不是"拥有权力和权威的我，给予你作为二等市民在我国居住的权利"或是"作为移民，即使从事肮脏的工作也可获得良好权利，无须期待平等"这类的含义。我所希望的是对于与自己相异的一切表示感谢与尊敬，这是对所有人的感谢和爱，这是"人类能够相生共存"的原因。

我们需要考虑的是，应该如何使用自己所说的词语，这些词语的含义是什么，然后语言才会成为建筑未来的基础，我们在这里进行讨论也需要这样。

提交论文

公共伦理：其目的及意图

犹太教拉比、卡梅尔大学前校长　杰瑞米·罗森

我们经常说"爱人类比爱邻居更简单"，过去三千年里，所有伟

大的宗教或者人道主义运动都提倡爱与理解，但是由于过度的提倡而使实际离理念越来越远，恐怕目标范围过大会削弱付诸实践的热情吧。面对外部的竞争，人们制定的宏远目标从来无法实现，即使是在内部，由于教派、宗派的分裂引起了比对外纷争更悲惨的流血事件。能够阻止我们对意见不同的人们产生偏见或采取暴力的因素是什么？这是我们自身存在的命运缺陷吗，还是因为被赋予了文化条件而导致的结果呢？

经历了惨绝人寰的第二次世界大战之后，我们应该团结一致，决心"不再重蹈覆辙"。但是，人类间的犯罪仍然在柬埔寨、南斯拉夫、卢旺达等地继续着。现在，伊拉克、黎巴嫩、叙利亚、苏丹、克什米尔和中非等国家地区的内战仍在制造人间悲剧。然而在很多的纷争当中，世界上的大国都是使痛苦延长的一方。联合国是在人类对和平的强烈希望下建立的，但是因为没有遵守约定，联合国并不被伦理所支配，而代表的是政治得失关系。为了改变这一状况，我们能够做的是什么呢？这是我们要直面的最重要的道德问题。我们擅长起草那些陈腐的惯用语句，或是宏大的道德声明，但是对于实现它们，我们非常无能为力。在这次的对话中，我们应该去解决这些问题。

我个人的习惯是，首先正式确立"爱你的神"（《申命记》6.5）这一原则。比起努力向神学习，并把人与神的互爱作为人类最高目标，我们应该制订更加宏大与更具普遍性的目标吧。但是，爱神好像比爱其他人更为容易，去问一下被背叛过的丈夫或是妻子吧，问他们原谅对方是一件多么艰难的事。在2500年前左右，犹太教将"爱你的神"（《圣经·利末记》19.18）作为最初的教义，之后，世界上大部分的宗教都采纳了这个概念。但是我们没有发生改变，因而好像离这一目标的实现还遥遥无期。也就是说，若没有某些神明的介入，我们就无法达成这一目标吧，或者也可以断言，我们还有继续努力的义务吧。

从最初提出这个概念，到现在仍在继续的讨论中，人们一定会问神和人之间，谁的位置更高这一问题。在 2000 年前的犹太法典（犹太的法律和注解的集成本）中，犹太教教士们就埋头要解决这一问题。从原理上，非常明显的是，神明比人更伟大，但是实际上，圣书里记载，如果旅行者发生紧急事件，亚伯拉罕对他的指示是让他等待神明。（《创世纪》18.3）

犹太历史书中记载着，在罗马时代，人们讨论过应该将"自身所处的地域社会"和"全体人类"中哪一个摆在更高位置的问题。拉比·阿科达主张应该把"爱邻居"这件事摆在最高的位置上，另一方面，本·亚什主张所有人类都是神的孩子，都是从同一个起点生出来的，因此比起特定的人类，应该赋予全体人类更高的重要性。这一讨论进一步发展到，"应该将最高的位置让给你镇上最贫穷的人"（《塔木德》21a），但是"为了强调世界和平，必须把食物给予全国所有的贫穷之人"（《塔木德》61a）。为了实现人类更远的目标，我们需要努力抑制发生在自身地域社会中的自发的保护主义倾向。这个结论非常明显，因此无论再多的疑惑都是可以打消的。

1966 年，我开始在南罗德西亚为协调那里宗教间的关系和地域社会关系付出努力，从那之后，保守地说，我进行过大约半个世纪的宗教间对话。在这期间，我获得了以下两点体会：第一，与犹太教的狂热教徒相比，我更容易对包含其他宗教感受的普遍心理抱有同感；第二，我们还没有找到，能使我们所向往的目标变为现实的方法，一部分原因是我们一直无法说服内部的狂热教徒们"还存在其他的道路"。同样，回头看看我自己，我也没有成功说服他们暴力和偏见在解决普通民众或是世界性的问题时毫无用处。

　　为了治愈他们，若能将在攻击别人（对内也好，对外也好）时使用的能量聚集起来的话当然是最好了。但是，如何才能够成功呢？我想起了19世纪居住在著名都市布拉斯洛夫的拉比·贝克汉姆的话。

　　　　自我开始成为老师，我就梦想着改变世界，但是因为我知道无法改变世界，所以我才为改变我的城镇而努力着。很快，我也明确知道了自己无法改变城镇，此时，我决定改变自己的家族，但是这也失败了，于是我认识到，我唯一能够真正改变的就是自己。

　　这是极具安慰性的话，但同样也是悲伤的事。我们难道只能做到这一点吗？但是，回想一下人类史，即使这句话没有给他们带来所期望的结果，但那些善良的人们，又是如何在世界上作出那么多善举的呢？

　　能够参加这个会议的我们作出实际行动也好，即便我们的结论只是表达一下希望也罢，稍微加上一些爱意，除了将世界变得更加美好以外，我们也没有其他可以做的了吧。尽管我们无法立刻获得具体的结果，伟大的希勒尔在2000年前说过："完成这一事业的不是你们，但是我们不能从继续努力这一义务中解放自己。"（《犹太圣书续篇》第二章）

　　改变世界所使用的工具到底是什么？是宗教性的、政治性的、社会性的，还是文化性的呢？所有东西都有各自的极限。但是，这些都是在人类相互的行为行动中所形成的，无视或者回避它们其中的某一个都是行不通的，否则，那样的努力就会白费了。

对于我们来说,大概以下两个议题尤为重要:一是无论是否有界限,所有媒体都应该播放受到大家称赞的,具有理性和正义感的道德节目;另一点同样重要的是,我们可以接受简单、容易又有说服力的指示,"爱你周围的人"便是过去 3000 年以来我们所选择的口号。

我的青年时代,正是世界尝试着向"非战而爱"转变的时代,在这个时代,我们应该找到更适合的、愿意为之奋斗下去的方向,作为向人类和平的未来发出的助威声。

2014 年 1 月

于纽约

第二发言人　穆斯林神学觉醒研究所秘书长　阿里夫·扎姆哈里（印度尼西亚）

宽容的美德:来自宗教的挑战以及对不同民族的尊重

今天我想就宽容的特点、来自宗教的挑战,以及对他人的尊重这几点谈一下看法。在这地球上,各个宗教存在的理由在于强化人的价值与尊严,促进世界和平与进步。宗教是为了启发人类,而非反对人类发展而存在。但是在现实中,地球上的许多人类问题都是由宗教信仰者而引发的。不仅如此,像这些问题,并不是由宗教自身的原因所引起的,而是没能使教徒们理解真正的宗教与全体性的教义,没能对他们进行全方位的教育。

全方位理解宗教教义的不足,不仅包括信徒们只理解了部分教义，也包含他们没能完全理解宗教与宗教间的合适关系。宗教理解方面的错误，无疑导致了对宗教的错误运用。对宗教传统的错误运用，必将造成不良影响。某宗教团体对自身宗教仪式与神学的错误理解，不仅会影响到信徒们，还会让整个社会充满紧张感，甚至产生对立，这样的社会对立甚至会扩大到国家间的纷争。

世界上的各个宗教，虽然在教义上各不相同，但是存在很多的类似之处。对于伦理与社会态度，任何宗教都鼓励那些能够促进人类和谐、希望、正义、繁荣与高水平生活之事。正因如此，为了实现宗教之间的持续和谐与共存，我们不该将相同点歪曲为对立点，这是万万不可的。只有尊重这一点，才能确保宗教团体中的信徒们按照各自的信仰去生活，保证宗教之间的和平共处。

除了对宗教的误解，还有几个因素也引起了我们所目睹的那些异教徒间的社会冲突。有时非宗教利益的得失，也搭上了宗教这趟"顺风车"，人们为了达到非宗教性目的而利用宗教。说到明显不属于宗教目的，或者潜藏于宗教之内的利益得失，我们可以举出一些政治、经济、文化性的事例。这种非宗教性的利益得失，也会被伪装成宗教性的东西。他们会以宗教之名在演说中包藏动机，甚至还有非宗教团体盗用宗教的名义进行活动。作为宗教团体中的一员，我们的责任便是让所有信徒真正理解他们的信仰，给予他们自由，以消除能够引起他们与别人产生社会对立的宗教上的误解。

更重要的是，我们要有能力识别属于宗教的问题，或者被歪曲和伪装成宗教的问题。虽然，政治权力的得失时常会被贴上宗教问题的标签，但是事实上在其他领域的问题反而更多。哪怕只是为了接受这样的挑战，我们也必须确认什么是真正宗教性的东西，并将其放在任何利益的首位。若将宗教问题放在其他利益问题之上的话，那么我们祖先的传统希望之火就会永远照耀下去。

另外，若将对宗教的关心降至其他利益之下，那么宗教集团内部就会反复发生不和与对立。因此，信徒之间的和平相处是宗教走向和平的基础，为减少世间的对立而被组建起来的宗教团体，就不得不和平共处。于是，我们不得不充分利用所有宗教教给我们的宽容之美德，让它作为尊敬他人与民族的伦理基础。

宽容是必须的条件

在宗教对话中重点讨论伊斯兰教是如何看待其他宗教的，是一个意味深长的话题。那么，伊斯兰教是如何看待其他信仰的呢？在进入讨论之前，我想向其他宗教的信徒们解释一下伊斯兰教的宽容原理何等重要。宽容原理，当然包含了宗教自由这个观点。

阿拉伯语中将宽容叫作"Tekamah"，这与祝福、智慧、公众性的善行、正义等一样都是基本原理。像这样的伊斯兰教原理原则，是普遍确实存在的，与文化背景无关，不管何时何地，穆斯林都应该履行实践。换句话说，这是宗教所命令的道德义务。所以，如果能够正确理解到这些原理是依据宗教而存在的道德义务，就不仅仅要促使穆斯林去履行这些原理，还要让穆斯林在合适的场合中呼吁其他宗教的信徒们也去实践。有了这些原理，穆斯林就能与其他宗教教徒们和平共存了。有了对宗教间差异的理解与认识，穆斯林也就不会妨碍与其他宗教信徒之间的和平共处了。《古兰经》中强调了宽容，尤其是对其他宗教的宽容。比如，就像下面所说的那样，无论《古兰经》以怎样的形式出现，都指责那些侮辱其他神灵与信仰的行为。

你们不要辱骂他们舍真主而祈祷的〔偶像〕，以免他们因过分和无知而辱骂真主。我这样以每个民族的行为迷惑他们，然后，他们只归于他们的主，而他要把他们生前的行为告诉他们。（6：108）

上述的经文，是在穆斯林受到其他宗教信仰侮辱的时候，为保护信徒而存在的。

《古兰经》所讲到的宽容的其他形态便是遵从自身信仰（即便不是伊斯兰教）的自由。所谓的信仰，应该是在良心的基础上所创造出的，因为选择不是强制性的，穆斯林不能强迫其他人皈依伊斯兰教。所以实际上，若谁被强迫皈依伊斯兰教的话，他或者她对伊斯兰教的信仰都不会被认可。也就是说，伊斯兰教完全包容所有的人类宗教与信仰的自由，这是伊斯兰教的基本原则。《古兰经》中常常提到皈依特定宗教的行为是个人问题，但是还有一些误导人们的宗教选择。若人们选择了真实，那对他们来说是一件好事，即使选择了错误的，那他们也不得不接受这个结果。这些概念在《古兰经》中是这样写的：

对于宗教，绝无强迫；因为正邪确已分明了。（2：256）
真理是从你们的主降示的，谁愿信道就让他信吧，谁不愿信道，就让他不信吧。（18：29）
我确已指引他正道，他或是感谢，或是辜负。（76：3）
如果你的主意欲，大地上所有的人，必定都信道了。（10：99）

伊斯兰教中所有教徒都享有宗教礼拜自由的权利，伊斯兰教认为所有的礼拜堂（不论是犹太教、基督教，还是伊斯兰教）都是神圣的。所以，伊斯兰教指导教徒们应该保护所有人礼拜自由的权利。为了让所有人都能享受到安全、平等的宗教自由，伊斯兰教提倡建立普遍性的自由社会。《古兰经》中这样说道："他们被逐出故乡，只因他们常说：'我们的主是真主。'要不是真主以世人互相抵抗，那么许多修道院、礼拜堂、犹太会堂，清真寺——其中常有人记念真主之名的建筑物——必定被人破坏了。凡扶助真主的大道者，真主必定扶助他；真主确是至强的，确是万能的。"（《古兰经》22：40）

总结以上内容，《古兰经》促使我们去理解的是，人类的宗教性应以诚意与意识为基础，无论强制与否，我们都该追求自由。所谓宗教自由这一原则，与某种特定宗教的真理无关。《古兰经》认为伊斯兰教是正确的宗教，但这也不妨碍穆斯林对其他宗教的尊重。正因为人们被赋予了选择特定宗教的自由，所以作为对自由的保证，其他的宗教选择也应受到尊重。

伊斯兰教对"有经人"（Ahl-Kitab）的理解

我们应该特别留意《古兰经》中对以"有经人"为代表的其他宗教的描述，《古兰经》将其表达为"有经人"。"有经人"在《古兰经》前7章中出现了31次。《古兰经》还用"有经人"来表示继承亚伯拉罕传统、遵守经典的教徒们。这个概念认为伊斯兰教以前的基督教和犹太教，以及他们的圣典都是真实的，并将对这一些圣典的信任视为伊斯兰信仰的支柱。

并且，《古兰经》指导穆斯林们去相信耶稣基督、摩西以及其他经典中出现的先知们，因为那些都是作为神的慈爱而给予人类的启示。比如说，《古兰经》中不仅记载了所有的摩西律法和与耶稣福音相关的基本教义，还提及了许多圣书中出现的先知们的人生故事。安拉在《古兰经》中这样说道：

> 我降示你这部包含真理的经典，以证实以前的一切天经，而监护之。(《古兰经》5：48)

> 在他们的故事里，对于有理智的人们，确有一种教训。这不是伪造的训辞，却是证实前经，详解万事，向导信士，并施以慈恩的。(《古兰经》12：111)

虽然《古兰经》、托拉律法这些圣书的信徒们原本就了解他们之间的相异之处，《古兰经》强调遵从这些圣书的人更应该注重共有的相似点而不是相异点，并证实了穆斯林、犹太教徒和基督教徒之间存在着特殊的关系。所以《古兰经》命令教徒们在人与人之间开设共通的讲坛，那是因为他们的信仰都基于主的启示，都是有着共同语言传统的亲族。(参见《古兰经》3：64)

> 你说："信奉天经的人啊！你们来吧，让我们共同遵守一种双方认为公平的信条：我们大家只崇拜真主，不以任何物配他，除真主外，不以同类为主宰。"如果他们背弃这种信条，那末，你们说："请你们作证我们是归顺的人。"

伊斯兰教学者们对共通的讲坛持有不同的意见，主张共通的讲坛包含了基于平等的、正义的、和平解决纷争的、有信仰的、拒绝杀人的教义，所以在多元文化社会中，伊斯兰教强调找出社会共通性与共识非常重要。

除强调启示性宗教间的共通点之外,《古兰经》也承认高举圣典的许多人有着不同的性格。有些人对穆斯林不友善,还强行推广自己的信仰,指引穆斯林走上错误的道路,让其陷入失去信仰的境地。

犹太教徒和基督教徒绝不喜欢你,直到你顺从他们的宗教。你说:"真主的指导,确是指导。"在知识降临你之后,如果你顺从他们的私欲,那末,你绝无任何保护者或援助者,以反抗真主。

蒙我赏赐经典而切实地加以遵守者,是信那经典的。不信那经典者,是失败者。(《古兰经》2:120,121)

信奉天经的人中有一部分人,希望使你们迷误,其实,他们只能使自己迷误,他们却不自觉。(《古兰经》3:69)

信奉经典的人当中,有许多人惟愿使你们在继信道之后变成不信道者,这是因为他们在真理既明之后嫉视你们的缘故。但你们应当恕饶他们,原谅他们,直到真主发布命令。真主对于万事是全能的。(《古兰经》2:109)

但是《古兰经》也说到,并不是所有信奉经典的人都是那样。信奉经典的人群之中也存在着研究神的话语、鼓励善行和劝善惩恶的团体。所以主在《古兰经》中这么说道:

他们不是一律的。信奉天经的人中有一派正人,在夜间诵读真主的经典,且为真主而叩头。

他们确信真主和末日,他们劝善戒恶,争先行善;这等人是善人。

他们无论行什么善功，绝不至于徒劳无酬。真主是全知敬畏者的。(《古兰经》3：113—115)

从对信奉经典的人对穆斯林的态度并不相同这点来说，《古兰经》关于与这些信奉经典之人如何相处的问题，对穆斯林进行了不同的指导，这取决于他们对穆斯林们的态度。所以，《古兰经》不会指导大家作出将这些与伊斯兰冲突的人们赶出祖国这种事情，它命令大家不仅要对这些信奉者表示尊敬，而且还要亲切公正地对待他们。《古兰经》还要求在社会关系方面，也该与那些信奉经典之人和平相处。若与他们发生了争论，穆斯林也必须以最佳的方式与他们进行争论，但若是那些信奉经典之人将穆斯林驱逐出他们的国家，并让其陷入危险境地的话，那么与他们的友情将会结束。

未曾为你们的宗教而对你们作战，也未曾把你们从故乡驱逐出境者，真主并不禁止你们怜悯他们，公平待遇他们。真主确是喜爱公平者的。(《古兰经》60：8)

第三发言人　维也纳精神神学研究所会长　保罗 M. 楚勒纳

如何让大家以及领导人们变得更加宽容

1992 年以来，我一直从事欧洲价值观的调查。众所周知，几乎所有的欧洲人都对宽容给予高度的评价。但是，当问及他们是否以宽容的态度对待实际生活时，统计结果的数据却非常之低。这就使我们产生这样的疑问:"为什么欧洲人没能像自己所希望的那样变得宽容?"

本次会议的第一个问题应该是:"该如何让大家以及领导人们变得更加宽容"。可以说这是这个会议上最具有政治性的一个问题。

关于这个问题,我想简单地表达一下我的观点。倘若有人能够研究涉及本次会议的所有相关宗教圣典的话,那么他就会知道,几乎所有宗教圣典都在教导我们和平、正义、慈爱与慈悲。这是所有宗教主要的正能量特征。

宗教界的重要领袖们并不会主张战争的爆发,而是支持和平。其代表有如:圣·方济各·阿西、甘地、苏菲派教徒、佛教的许多代表,当然还有耶稣基督。但事实上确实出现了"为什么宗教的特定教徒们会走向暴力之路"这样的问题。答案是,其原因不在于信仰,而是根植于人性之中。

我对欧洲的"权威主义"进行过分析调查。"权威主义"这个概念是由德国著名的社会学家狄奥多·W.阿多诺提出的。他在20世纪就对很多人为何支持全体主义制度进行了研究。他得出的结论是:他们因"领导都是对的"这样单纯的概念而顺从权力。比如,艾希曼、赫斯这些人在受到审判的时候,他们是如此为自己辩护的:"我们只是履行了自己的义务。"

根据我的调查,权威主义的人是柔弱不安的。因为柔弱,对其他人就会极其暴力。这内心的柔弱便是对其他人暴力的真正原因。这些权威主义者无法接受大多数人。他们不具备我们德语所说的"对大多数的宽容性"的能力。所谓其他人,指的是犹太人、穆斯林,有时候指的是女性,也可以指吉普赛人或其他外国人。这些"其他人",常常被视为威胁、看作敌人。所以权威主义者不择手段地以各种形式的暴力来抹杀他们。就具体手段而言，如中世纪的火炙，现今的"媒体血祭"（media stakes）、恐怖主义以及战争。所以，排除宗教性暴力，以真诚的和平信念追求建设性对话的人，就必须抑制权威主义倾向的发展并改变其个人的暴力倾向性格。

在这里大家可能会问："那么，方法呢？"已经有人在教育、信息还有全球公共伦理方面提出了一些对策。但是，我并不认可仅仅从伦理方面来进行约束。为什么这样说呢？因为对于陷入不安的人来说，只谈伦理是不够的，权威主义本身就是基于一种不安的状态。对容易感到不安的人说"不要感到不安"，是没有意义的。

那么，其他的方法呢？我认为必须去治愈这些人。那么，治愈的方法是什么呢？在我所属的天主教中，神的指示由神秘主义变成了道德。宗教怎样才能治愈那些容易感到不安的人呢？若从不安中被解放，他们也会变得宽容，变得容易与集体一起行动。我并不是在向大家推销关于治愈问题的个人意见，我只是想在这里提出这是个重点问题。这也是因为，在我面前谁也没有就不安提过只字片语。我们议论了权利和伦理规范，但是也不得不考虑当今社会中不安给人们所带来的后果。

我们可以从世界主要宗教的所有核心部分中找到力图解决问题的前提条件，那便是慈爱、慈悲。慈爱是满怀慈悲的安拉的特点。《古兰经》所有的章节都以安拉的名字开始。慈爱是犹太教雅赫维的真髓，耶稣基督也是充满慈爱的神。而在三大佛陀中，一位是保护，一位是智慧，一位就是慈爱之佛。世界主要宗教，都将慈悲作为基础，为了公平、和平的宇宙而紧密的合作。我是考虑到宗教具有强有力的治愈能力才提出了这一点的。这是所有宗教的使命。

提交论文

宽容和理解

日本前首相　福田康夫

本次会议的召开有一个特殊背景，那就是为了庆祝 OB 首脑峰会名誉议长施密特前总理的 95 岁生日。对于我已故的父亲也是峰会创立者之一的福田纠夫来说，施密特前总理是他最尊重和敬爱的朋友之一。日本和德国都是第二次世界大战的战败国，都是从战后的灰烬中通过国民的勤奋和努力完成了奇迹般的经济发展，从这一方面来看，两国具有很多共同点。

和在座的各位一样，我也非常荣幸能够从施密特前总理对国际政治及哲学的深刻洞察和预见中学习很多东西。号召召开今天这次会议，也再次证明了他在预测未来方面深刻的洞察力。我们应该感谢本次会议的确符合时宜。

从施密特前总理那里学到的一条重要规诫，是下面这句康德的语录："和平的维持并不仅仅是根据人性内部的本能构造予以体现的，不是的，和平在一定意义上，是有意识的，不止一次性的，是在长期反复的积累之中所形成。"

作为施密特前总理在政治界的前辈，奥托·冯·俾斯麦总理曾说过这样的话："愚蠢的人从经验中学习，智慧的人从历史中学习"。我认为在 21 世纪的现代，我们有必要去思考如何重新从历史中学习。

包括我，以及今天出席会议的大部分人，对第二次世界大战都没有亲身经验，有亲身经验的人正在逐渐减少。我们大多数人都生活在战后，即 20 世纪后半叶到 21 世纪初的这段时间。从时间跨度来考虑，在一定意义上可以说，这 70 年既短又长。本次会议的主题也是在国际社会的背景下讨论国际社会共通的所谓善良、正义、道德这些全球化的伦理标准，或者说考虑普适性的价值观，而引发会议召开的契机就是世界历史上发生的两次大事件。第一次是 1989 年冷战结束，第二次是 2001 年的"911 事件"。

在冷战结束后不久的 1989 年，日籍美国人弗朗西斯·福山先生发表了著名的论文《历史的终结》。其内容大体如下，冷战的终结证明了人类意识形态的发展。而意识形态发展下去的终点，或将是西欧国家自由民主主义的普遍化，这可能是因人而异的政治最终形态。

1993 年，美国的塞缪尔·亨廷顿教授发表了截然不同的论文《文明的冲突》。论文中，他这样介绍自己的主张："在世界政治中，虽然国民和国家是最有力的行为持续者，但地球上主要的大规模政治斗争都是在文明相异的各个国家和团体之间引发的。文明的冲突或许被认为可以统治全球化的政治，文明直接的断层线也可能点燃未来的战争线。"

根据这些论点，在 1998 年的联合国大会上，伊朗的哈塔米总统呼吁为了防止亨廷顿所说的"文明的冲突"而展开"文明的对话"。

然而，极具讽刺的是，在"对话之年"的 2001 年的 9 月，美国全境同时发生多起恐怖袭击事件。纽约的世界贸易中心被恐怖分子挟持的飞机撞毁时，"文明对话年"这个论调或许也同时烟消云散了。然而，我觉得或许这个会议的参加者们大多数都认同，如今，"文明对话"的重要性不但没被削弱，反而被加强了。

21 世纪已经过去 10 年了，国际社会中依然存在大量的纷争，紧张的气氛一直威胁着世界的和平稳定。虽然随着全球化发展，国际社会的经济在乍看之下逐步发展，但是由此而获得利益的人非常之少，世界的差距持续拉大，不平等、贫困和不幸的程度日益深刻。

当然，正如福山先生所说的那样，在自由民主主义的旗帜下，国际社会并没有逐渐融合。然而，亨廷顿先生所主张的"文明的断层线"也并未在世界上有明显表现。在国际社会中，国家作为统领人类的集体单位，依然发挥着重要的作用。国与国之间超越单纯的形式关系，固有文化、民族、宗教、地域社会及主张和目的相同的非政府组织，在世界各地强力地活跃着，发挥的作用也越来越大。另外，由于信息技术的飞速发展，Facebook 和推特等超越国界和地区的个人之间的联系正在急速扩大，给国际政治和社会带来了巨大影响。总之，与福山先生和亨廷顿先生所考虑的相比，世界难道不是逐渐变得更加复杂起来了吗？

然而遗憾的是，2001 年的"文明对话年"之后，国际社会并没有加深对这个重要问题的讨论。特别是目前，世界大多数发达国家，因为面临着如何处理目前的纷争，如何渡过当前的经济危机，或者说如何扩大自己国家的影响力这些问题，正在消耗着自身的智慧和能量。同时，由于这些发达国家中的民众，比起 IT 产业相对不太发达的其他国家国民获得了更多的信息，结果导致他们的领导人更多地忙于如何讨好舆论、如何持续得到民众的支持等这些事情。但是现在，毫无疑问我们应该看到，世界的领导者们和知识分子们有必要对全球化公共伦理和文明的直接对话进行充分的思考。

我们看到，大部分世界宗教界领袖都出席了本次会议，21 世纪，国际社会中的混乱从未停止过。在这个背景下，世界各国人民的价值观变得越来具有多样性、流动性和扩散性。针对这一现状，宗教应该被置于何种地位、被赋予何种意义，成为了本次会议的重要课题之一。

2001 年的"911 事件"，犹如投入了一块大石头，打破了宗教界和国际政治界保持的理想而平静的关系。因为伊斯兰主义极端分子所犯下的罪行，国际社会对伊斯兰教本身的批判日益激烈。不仅是伊斯兰教，连基督教、犹太教等"一神教"，以及"一神教"的价值观也都似乎被世界推翻。可以说，这也是导致"文明冲突"和"文明断层"的部分间接原因。我想在这里提出的问题是，这些间接原因中，是否有一部分是正确的？还是全部都是错误的？反过来说，以日本为例的大多数亚洲国家推崇的是"多神教"社会，根据自身多元的价值观和伦理观，我们能否给予"一神教"社会些许启发呢？

对这个问题，我自身的答案是，一半"yes"，一半"no"。

日本是"多神教"国家，很多国民信奉发源于古印度、后经中国传入的佛教，但同时，从古至今，日本独有的宗教——神道在国民中也具有根深蒂固的基础。此外，认为所有生物——别说生物，甚至连石头和瀑布这样的无生命的"物体"都有精灵和生命寄生其中，这种"万物有灵论"的宗教观在日本也具有深远的影响。日本人宗教观的独特之处在于，佛教、神道、万物有灵论的宗教观虽因人而异，但却综合融入到每一个日本人的精神之中。因此，在日本有"八百万神灵"的说法，以此表达万物有灵的信仰。

大多数日本人会在新年的 1 月 1 日去参拜神社，也会在 12 月庆祝圣诞节，会在基督教堂举行结婚典礼，在佛教的寺庙里举办葬礼，这些却感觉没有丝毫冲突。作为日本人，我想强调的是，看到保持着这样宗教观的日本人，希望你们不要误认为日本人没有宗教或是宗教心态很弱。如果非要简略概括日本人整体的宗教观的话，那就是，我们大多数人企图超越人类的知识和经验时，同时也感到还存在着许许多多未知的东西。于是，不论是呼唤神、呼唤佛，还是呼唤天，日本人相信通过这样的方式，可以发现那种超越自己认知的道路，那条路即将在眼前展开。也就是说，通过佛教、神道，或者自己身边的花花草草，使得探究未知成为可能。这是我的看法。

在《圣经》和《古兰经》等神启经典的指导下，"一神教"社会或许存在难以理解的东西，但我们日本人却自然接受了这种复杂、灵活而又不明确的宗教观。这种宗教观的社会特征是可以成为参照，以此为鉴，我们可以更容易地接受其他价值观和不同宗教。为了达到超越我们认知的世界，我们必须承认差异。

因此，理解日本社会的一个关键词，就是"宽容"对待他人不同的价值观。所谓"宽容"，也可以说是对他人的"体谅"。"体谅"一词就行动而言，便是更进一步地考虑他人的行为，就是日本人最拿手的"接待（款待、待客、服务）"等词。日本拥有多元的宗教观和多元化价值观，相对比较容易地接受那些和自己持有不同价值观的人们。从这样的"宽容"之中，"一神教"社会的人们多少能获得某种启发吧。在一定意义上讲，对前面我所提及的内容，大概可以回答说"yes"了。

但同时，如果因此就认为"日本这样'多神教'社会比起'一神教'社会来说更加宽容，所以为了追求世界和平与稳定，远离纷争，'一神教'社会应该向'多神教'社会学习"，对于这样的短络式单向主张，我感到极为偏驳。理由有三：

第一，"多神教"的价值观经常陷入相对主义，可能会认为"文明对话"只有在"文明不一致"和"不同文明并存"情况下才会成为可能。真正意义上的"文明对话"，也就是本次会议的主题，可以说是为了探寻全球化伦理标准，换言之，也就是共通的价值观。为了达到真正的相互理解，在拥有不同宗教和价值观的世界，人们有必要对理论进行切磋琢磨甚至激烈交锋。然而，与智慧和智慧通过碰撞达到融合这一情况相反，"多神教"社会却在倒退。"宽容"这个词乍听上去很美，但反过来说，对和自己不同的价值观和伦理观不能真正地"理解"，只是一味地避免摩擦，表面上作出理解和接受的样子，实际上却不理解现实，这样的结果难免会产生隔阂。从一定意义上说，我们"多神教"社会的人们使用"宽容"这个词时，必须在明确其相当严格的意义的情况之下才能够恰当地使用。

第二，持有"多神教"价值观之人的"一神教的价值观是狭隘的，多神教的价值观是宽容的"的看法是片面的。"多元的价值观是单方面的强加"的主张和行为本身也是一元式的，有其盲点和局限。"一神教的社会和一神教的价值观阻碍文明的对话，助长了世界文化的断层"，类似这样的观点和"国际社会的不稳定主因是极端派的穆斯林"的主张一样，我难以从中感受到较高的理论水平。

第三，如果多神教的社会真的接受"宽容"作为普遍理念，为什么作为多神教社会代表的日本却未必可以成为对世界开放的社会呢？比如，日本在世界的主要发达国家中，是接受外国劳动者最严格的国家之一。日本人有着宽容的精神，并把对他人的理解和宽容作为自身的行为原则。然而面对不同价值观的外国人或他人时，尽管通过自我克服，跨越困难和摩擦，可以做到将他们接受到自己的社会和圈子，然而这对于日本人来说是一个极其艰难的过程，仅靠"宽容"难以完成。

综上所述，我认为，多神教或者说多文化主义的社会价值观和伦理观，像"宽容"一词所代表的那样，促进文明间的对话，是追求全球公共伦理、价值观的入口，或者说是最基本的态度，尤为紧要，因为它将对人类提供参考。但是探其究竟，为了进行文明间的对话，推行全球化公共伦理，我认为只靠"宽容"是不够的。通过不加掩饰的讨论而得出的真正意义上的"理解"，在此共同理解之上而得出的超越不同文化与习俗的共同体验，以至实际"行为"，我想只有共同拥有这样的平台，我们才可能进一步去追求公共伦理。

除施密特前总理、吉斯卡尔·德斯坦前总统、弗雷泽前总理之外，这次会议中还有许多站在国际政治前线的大政治家们前来参加。所谓政治，指的是倾听那些各自拥有与自身不同利益与价值观的人们的意见，进行调整，指明方向，然后获得人们的支持，并将其融入到与现实社会相结合的行动之中，而且不断地使这一行为循环往复，持续下去。作为这次主题的"政治决策中的全球公共伦理"，正是在全球化层面上，探索广义上的政治决定这条道路的最大公约数以及相关行为。作为政界的一员，对此我想提出三点推动其发展的要素：

第一，对他人的恻隐之心（Compassion）。若没有恻隐之心和共鸣，那就不可能寻找到不同文化间的相互理解与全球公共理的规范。我的父亲福田纠夫1977年作为当时的日本首相访问东南亚的时候，提出了之后以"福田基本原则"而命名的日本与东南亚国家联盟（ASEAN）合作的三项原则：（1）对包括东南亚在内的世界和平与安全作出贡献；（2）构建与真正的朋友——东南亚以心交心的相互信赖关系；（3）站在"平等的合作者"的立场来强化关系。这三项原则中所使用的以心交心，因其新颖而富有含义，成为流行一世的话题关键词："heart to heart"。当时日本正处于高度成长的鼎盛时期，东南亚诸国对日本企业的攻击性经济扩张抱有反感，贸易摩擦成为一大问题。在这样的情况下，造访东南亚的日本首相将"heart to heart"作为日本外交的首要原则而发布，受到了来自部分人的"情绪化的外交词汇"的指责。但是，作为非外交词汇和政府用语，将其还原为毫无修饰的浅显易懂的生活用语，它打动了许许多多的东南亚人。我至今依然认为，所谓的"heart to heart"，不正是表示为对方着想的侧隐之心吗？

第二，就是对于其他文化的感受性（Cultural Sensitivity）。即使拥有了再多的学问与智慧，我们自身也无法从我们使用着的、养育我们的文明文化之水中获得自由。在审视拥有与自己不同文化背景的其他人的时候，我们总是会用自身的价值观以及培养我们的文化积累的有色眼镜去看待对方。事实上，某个国家以及文化圈的人可能会不喜欢其他国家和文化圈的人，此时我们应该注意到的是，在责备对方的很多场合，我们所批判的对方的形态像一面镜子，正好映出了我们自身的丑陋。基于对文化差异的理解以及对言表敏锐的感受性去接触他人，这就是一种能够推进文明对话的行为，求索全球公共伦理的决定性的重要能力。为此，我认为应该从孩提时代开始，或者趁年轻之时就和不同文化圈的人们交流，积累经验，了解对方是极其重要的。

第三，构建与对方的信赖感（Confidence）。在与拥有不同利益与价值观的国家间，或者以外的任何组织间进行价值利害关系的调整时，政治领导者们有必要总结与对方的交涉内容，并承担起说服民众使其认可而存在的风险。倘若交涉没有风险，极端地讲，那是用计算机和电脑就能解决的问题，所谓的外交与交涉、调整都必定伴随着风险。那么，交涉者们应该如何以及承担多少风险？归根结底要试当事人与交涉对象间的关系，基于两者之间所建立的信赖关系之程度。为了推进探求全球公共伦理的课题，作为前提条件，我们需要构建极其透明的个人间的信赖关系。在此意义之上，这次 OB 首脑会议中所体现出的襟怀坦荡的讨论对于生活在 21 世纪社会的我们来说，意义深远。

如前所述，日本和德国一样是第二次世界大战的战败国。日本战后经历了美军占领时期，后因 1951 年旧金山讲和条约而回归国际社会。当时，日本还未从战败的阴影中走出来，日本国民还在为如何从日复一日的饥饿状态中活下去而苦斗。另外，对曾是大战中的侵略国以及战败国的日本，国际社会的目光是极其严厉而冷漠的。为了不让日本再次死灰复燃，多数意见认为应该严厉惩罚与牵制日本及日本国民。在这种背景下所召开的旧金山对日媾和会议中，斯里兰卡的贾亚瓦德纳财政大臣（后出任总统）出席了会议并表示：

"憎恶不会因憎恶而停止，而是因为爱。"这是佛教创始人释迦牟尼的话。我想用这句话来结束本篇论文。

2014 年 3 月

提交论文

宽容：派系斗争时代中被忽略的美德

OB 峰会事务局长　托马斯·阿克斯沃西

我们生活在宗派时代。对于宗教、宗派或者集团教义的过分信赖是当代的一种现象，它威胁到了国内外和平与秩序。只需简单浏览近日报刊就可以看到，缅甸手拿斧头的佛教徒团体袭击了伊斯兰教徒，造成死伤四十余人的惨案。他们还将一万三千多人从住宅区和商务区中驱逐出去。

尼日利亚北部的伊斯兰教分支——包克·哈拉姆（禁止西化教育之义）几乎每周都在基督教会安置炸弹，仅 2012 年就杀害了九百人之多。在利比亚，激进派视十字架为目障，便因此而践踏和损坏了英联邦军的墓地。在伊拉克，反对萨达姆·侯赛因、支持美军的著名记者：卡楠·马基雅感叹地说道："阿拉伯的春天正在演变为阿拉伯的冬天"。侯赛因在力量薄弱之时，曾经高举宗派主义与爱国主义的旗帜，对国内的政敌进行了镇压。现如今，伊拉克的什叶派更加残忍。他们将宗派作为基盘，以强化自身统治的正当化。

类似问题不仅仅限于穆斯林对基督教、伊斯兰教内部的什叶派对逊尼派，伊斯兰教过激派中的分裂也十分明显。比如，埃及穆巴拉克政权瓦解之后，赛莱菲派在军队的最高会议中弹劾同胞逊尼派，视其为背教者。赛莱菲派的阿尔·奴鲁党脱离穆罕默德·穆尔西总统的穆斯林政权，并就 2013 年 7 月所发生的打倒穆罕默德·穆尔西事件持支持意见。在埃及，世俗的埃及人与伊斯兰教人之间存在着明显的裂痕。不过，即使是在伊斯兰教徒的运动中也几乎难以看到意见统一的局面。

类同当今的宗派主义现象，在欧洲史上也有过先例。与今天的尼日利亚、缅甸一样，在进入启蒙时代之前的西班牙，民众时常会去袭击其他宗教的信徒。(1391 年，约 1/3 的犹太人被残忍地虐杀。) 今天的叙利亚亦如此。在 15—16 世纪，统治者们都乐于使用宗派这张牌。比如，西班牙的费尔南多国王与伊丽莎白女王就实施了大规模的民族净化运动，1492 年强行逼迫 7—10 万犹太人改变宗教，或将其驱逐到海外。1609 年，30 万穆斯林教徒重蹈了同样的命运。

在利比亚，亵渎墓地的事件接连不断。其实，在宗教改革的时代还发生过更加惨不忍睹的破坏行为。比如，西蒙·沙马在电视系列"英国史"的节目中感叹地说："天主教之邦的英国究竟发生了什么啊！"狂热的新教徒们将彩色玻璃窗、礼拜讲台、雕像，甚至连做礼拜的桌子都砸得破烂不堪。1647 年，清教徒的会议甚至禁止祝贺圣诞。

什叶派与逊尼派之间为什么发生了暴力呢？

那是 1572 年的圣巴托罗缪惨案。五千多名新教徒被天主教徒所杀害、割裂、亵渎。本杰明·卡普兰将其称为"近代初期最臭名远扬的插曲"。

赛莱菲·逊尼派与穆斯林同胞的对立呢？

在英国宗教战争中，英国教会的信徒们与反对国教的清教徒展开了战争。新教的宗派如同对待罗马天主教一样，对其他新教徒抱有偏见。在长老占据大多数的英国议会，1648 年公布了"处罚不恭异教徒法令"，1662 年监禁了 4000 名贵格会教徒。历史学家 C.V. 韦奇伍德在描写迫害贵格会教徒的事件中说："非暴力的信条常常会激愤暴力的人们"。

但是，16—17 世纪的欧洲即使存在过比现在更大规模的宗教歧视、不宽容、暴力等现象，却也时常展现勇敢、理解、爱的行为。由此而滋生的情怀一点一滴，极其缓慢地孕育出了宽容的观念，进而推进欧洲的宗派时代被启蒙时代所取代，支撑着启蒙的支柱之一便是曾被忽略的宽容美德。借用尤尔根·哈贝马斯的话来说，它最终形成了一种观念，被接纳为宗教中的宽容，造就了"文化权利的主导因素"。

安德普·墨菲将宽容定义为"承认貌似矛盾的见解中所存在的正当的可能性的一种意识或者态度"。伏尔泰在《哲学词典》中指出"不一致是人类的重疾，唯一的治疗方法就是宽容"。的确，宽容是基于认知的美德。杰·纽曼则说过："宽容在人类宽容时出现，信教的自由在人们表现出宽容时出现"。信教的自由是一系列的惯行，它意味着"对偏离社会规范的人施加处罚性制裁的自制行为"。

　　宗教性的自由是使和平共存成为的一系列惯行，或者说是制约。我们的分析是，它与相关者的态度与动机不同的概念。我们需要区别对待。也就是说，所谓的宽容是根植于谦虚的个人态度（我们谁都会犯错误的）。它的反面是狂言主义，约翰·玛丽对此是毫不留情的，并解释为令人愤慨的偏见。因此，无知、迷信、误解、懒惰、优越感等个体性宽容中存在着很多障碍。

　　不宽容可以从玩笑、中伤、语言暴力、歧视、暴力等窥测得到。比如，在苏格兰，为消除足球比赛时天主教徒与新教徒之间的敌意，最近专门开设了宗教咨询团。

　　若宽容是以教育、劝导、相互理解等为条件的人生态度或者美德的话，宗教性的宽容就是有意识地选择的不干涉他人行为的一系列实践。欧洲在从宗教战争时代到启蒙时代转移的时候，存在着许多为法律所承认的教会以及允许对社会上多数信仰的反对而采取的行动。但是，进展缓慢的宗教性宽容体制并非意味着对于个人性宽容的跃进毫无意义。

　　韦奇伍德写道，即使17世纪的欧洲领袖们在不得不面对与基督教相异的宗教这一现实时，他们所有的目标也都集中在普通的教会（当然是他们自身的），宗教自由依旧局限在"让似乎有节度的人感到狼狈"。因此，宗教自由是为了达成和平共存的实践运用。与宽容的进步大概没有多大关系。为了与宗派主义作斗争，改变个人态度以及调整制度的适时运用势在必行。

讨　论

奥巴桑乔主席：话语给予人的感受会发生变形，今天高洁的话语，明天可能会变得不高洁；今天不高洁的语言，明天有可能变得高洁。不论我们位于何种状况或者信奉哪一个宗教，我们都被赋予了特权，然后又在这些特权中担负起重任。这便是杰瑞米·罗森指出的要点。他总括了共通的人性要求我们做到宽容这一概念。那么问题是，共通的人性要求我们应该宽容的原因是什么？我们就政治、经济性要因进行了讨论，同时我们也必须考虑这将会给共通的人性带来的影响。

在我的祖国，就像穆斯林与基督教徒间进行的战争一样，关于博科圣地的争论正愈演愈烈。但那并不是事实。大约三年前，我去考察了位于我们国家北部的博科圣地中心，因为我想知道以下的内容："博科圣地这一组织存在吗？若存在的话，到底指哪些人？有领导吗？他是谁？他们有意和我们对话吗？他们的目的是什么？他们的不满是什么？有与外部的接触吗？如果有的话，是什么程度的交流？"

我寻找到的一些答案是他们基本上都不是坏人。他们面临最大的问题是贫困与失业，毒品交易、偷运枪支、复仇、原教旨主义的影响等，这些问题都是附带产生的。由于存在多种社会问题，我便询问了他们的目的和标准。他们回答说是"伊斯兰教教法"。他们理解共通的人性是什么，但是，在通向宽容的道路上有很多因素阻碍了他们。

古儒吉大师：我想补充一下保罗·楚勒纳氏的发言。引起纷争的是存在于人们内心的不安与不幸。幸福的人不会和别人发生任何争执。人在感到不幸，并因焦躁感和压力而感到苦恼的时候，宗教就会成为纷争与战争的借口。就我而言，不能接受的是压力、不安、团结意识的缺失，和对他人理解的缺乏。我们总能从很多集团和社会中看到，它们是引起纷争的主要原因，这些也是日常社会生活中常见的现象。在适合人们幸福生活的地方，大家都幸福地生活着，宗教、种姓、集团、人种，没有任何东西可以成为障碍。

穆库提博士：在这个复杂又骚动的世界，光靠宽容是不够的。我认为必须超越宽容。为什么这么说？那是因为所谓的宽容包含了许多的现实问题，有时还掺杂了对他人的无知。所以事实上，我们所需要的首先应该是多元化的共存。我将多元化的共存理解为面对他人的世界观，展现共识的公共性宗教。在某种程度上，比起那些被叫作"人类信仰"的世界观所反映的态度，我们可能更喜欢通过观察而感觉到的态度以及由此而产生的非宽容性。其次，当然，当我们在讲多元化共存的时候，对话变得很重要。有时人们会将对话只看作从宽容转向多元化共存的进步台阶，那是因为对话中存在着相互倾听、相互理解与相互尊重。但是实际上更重要的是，接纳与我们不同的人，能够适应他人，并具有愿意和他人协作的团队精神。

宗教拥有相异的同时，也存在着类似点和共通点。为了建设更加和平与宽容的世界，我们必须有效利用共同之处。宽容也并非轻易之举。为什么这么说？因为为了追求宽容，会有很多成为阻碍因素的价值观被牵扯进来。

关于这一点，尽管伊斯兰教和其他宗教存在差异，我也看到了很好的示例。去年，我出席了在荷兰海牙召开的宗教间对话。穆斯林和犹太教徒围绕着《古兰经》和《圣经》进行了各自的信仰研究。尽管有差异，通过共同点和共有责任的理解，我们能够看到相互尊敬和相互理解。也就是说，我们可以怀着诚恳的态度去尊敬对方的宗教。

张信刚教授：关于宽容的美德与它所欠缺的，可以与刚才会议中讨论的"领导人起到了重要的作用"相结合。我想到了我个人所熟知的两个案例。一个就是，我想大家都非常熟悉。中国人常常很重视与邻居和同事间的关系，即使宗教、民族、语言上存在差异也没有将其分割，但是在"文化大革命"这一特殊进程之中，出现了以往没有的敌对现象，背信弃义，强烈的敌意超越了相互理解，数亿人被卷了进去。这并不是在小村庄里某个干部煽动着说"抄家"这么简单的事件。所以我在想，我们必须更加深层地考察人性到底是什么，领导者的命令与大众间的关系是什么样的。

第二个例子，是我在吉尔吉斯斯坦亲眼目睹的。我去过两次吉尔吉斯斯坦，分别是在总统选举前和选举之后。虽然选举活动选择在吉尔吉斯斯坦人和乌兹别克斯坦人所共有的奥什（Oschi）市举行，但是对于他们而言，无法识别宗教信仰。虽然某些人属于苏菲派，某些人属于其他宗派，却与民族性差别没有任何关系。在选举过程中发生了打砸抢烧的残忍事件。即使语言不同，吉尔吉斯斯坦人也无法从乌兹别克斯坦人之中识别出同胞，这与民族性差异没有关系。深究这次事件，可能和宗教、民族、领导人的洗脑有关联。但是那是一场突发事件，我想其根源并不是由于宗教差异所导致，而是因为领导人的失败。

哈巴什教授：我给予宽容极高的价值定位。我想谈谈我所在的国家叙利亚，在那里光有宽容是不够的。曾经有一位著名的欧洲哲学家说过，谁都希望有两个国家。这种情景，在叙利亚的先知们的历史、宗教史、文化史中也能读到。我们曾经拥有理想的状况。在叙利亚居住的有基督教徒、穆斯林和犹太教徒。在伊斯兰社会，虽然存在很多宗派，但是大家相互为安，过得相对开心，总体都很和谐。伊斯兰教、基督教、犹太教的领导者们平时经常召开会议。

但是，光那样是不够的。若没有民主主义与自由、尊严、相互信赖、宗派间的理解，就无法达成正能量的目标。在这里，我想说的是并不是唯有宗教指导者在承担这些责任。就现在的状况来说，是政治领导者的责任。政治领导者也跟宗教指导者一样拥有宣传宽容与和谐的责任。就像奥巴桑乔总统所说的那样，许多问题都可以在穆斯林中看到。这是宗教指导者、政治领导者双方的责任。若没有民主主义、尊严、自由与信赖，无论在哪里，都有可能随时陷入像叙利亚一样的境地。

奥巴桑乔主席：我注意到了阿里夫·扎母哈里讲话中的一点，也就是他所指出的宗教失败这一点。我们常常会听到宗教在增多，但是精神性却在减少这样的说法。没有精神性的宗教是无法达成我们所讨论的宽容的，不论是宗教家也好政治家也好，所谓的指导者指的是在某一程度上起到模范作用的人。他们是教师，是传道者吗？他们在实践或者实际解决问题中并没有值得称道的表现。本次会议中已经提到光有宽容是不够的。即便可以做到宽容，接下来的从宽容到接受，从接受到相互影响依然不足以应对现实。状况是在时常变化的。叙利亚有过剧烈的变化，但是这并不只是局限于叙利亚。所以不管在怎样的情况下，不要把它想得理所当然。不论是在怎样的状况之下，只要存在和谐与宽容，必然像爱那样温柔地缓解现状。否则，它就不会是理所当然地存在，今天存在的东西明天就会消失。总结三人所发表的，我想人性才是问题所在。

阿克斯沃西教授：我们从应当正确理解和使用概念性的话语开始

讨论。在我看来，信仰的自由体制是对纳税的忍耐，强制是不能存在的，那是我们所达成的最低底线。就像刚才所介绍的那样，这是在欧洲进行的一场重要游戏。这就是人们所说的"自己活，也让别人活"。可能我们会厌恶他人的宗教和思想，但是为了使我们的信条具体化，诉诸暴力的行为也逐渐消失了。到现在也没有引起重视。

曾经有人说过："所谓的宽容就是在其他权力与人类社会中的领跑者。"在宗教指导者、政治家、教育者所聚集的地方，至少保证宽容的行为是最基础的实践性目标。图雷纳教授指出，我们在保持伦理性谈论宽容时，还是有很多人就连最低限度的价值也不顾。很多人拒绝宽容，所以若没有关于宽容美德的教育，直接升级到人权问题，那么只会以失败收场。这会在我们体内产生很大的问题。所以，在深思我们应该做什么之前，我们首先应该认真学习宽容的价值并摸索制定出现实的对应方法。

克雷蒂安首相 1982 年就宪章的权利进行了交涉，其实首次提出是在 1950 年，用了 30 年的时间。为欧盟作出许多贡献的让·莫奈首相和吉斯卡尔大总统出席了这次会议，让·莫奈提出统一欧洲的概念是在 20 世纪 20 年代。实施那个概念花了 30—40 年。OB 首脑会议也提出了将连接不同宗教与伦理基准作为人类责任的《关于人类责任的宣言》，但这也只是刚刚起步。从 1996—1997 年开始，没能受到人权拥护者及联合国的认可。但是，我们没有不继续坚持下去的理由。更何况那是一个强有力的概念，所谓强有力的概念指的是最终达成目的需要数十年的时间。为了 OB 首脑会议，我主张，我们的努力才刚刚开始，该做的事堆得跟山一样高。但是不要感到悲观。我们正在正确的道路上行走着。

赛卡尔教授：我对"宽容"一词感到非常不舒服。在特定的情况下可能好一些。但是大部分感受到的是它所带来的负担。我更喜欢推进相互适应的观点，认为这个方法更为恰当。还有一点，古儒吉大师就关于焦躁与自由的剥夺进行了发言。还提到了那种状态会令人走向使用暴力的道路。但是，还存在其他的理由。社会上被剥夺生命和自由又或者被外部施加暴行的时候，人们也会使用暴力。在这里我想提问的是"存在正当化的暴力吗"？

尼芬大主教：读了大家的论文，听了大家的议论，我就某一方面开始自问。那就是谁也没有使用近似"爱"和"宽容"意思的词汇。为什么呢？在爱之中看不到宽容吗？在爱之中看不到合作吗？在爱之中看不到尊严吗？在爱之中看不到自由吗？在爱之中看不到相互支援吗？不该使用这个词吗？

弗兰茨首相：我想举一个我所熟知的例子，第二次世界大战以前，我们的社会曾经有过"想要成为优秀的澳大利亚人，就必须是盎格鲁·撒克逊人"的社会风气。以至于出现了假装充当，以求方便。尽管19世纪的时候有很多阿富汗、中国以及其他国家的移民。但是战后，移民来自世界各地二百多个国家。在我们的社会，所谓的宽容就是，为了成为优秀的澳大利亚人，无须忘记自身的宗教、历史、节日和文化，可以继续保持自己家乡的习俗。这与优秀的澳大利亚人的文化基因并不发生冲突。所以宽容、接纳意味着将保证新移民"无须忘根忘本的澳大利亚人"以及为此而付出的努力，这与克雷蒂安刚刚说明的内容保持了一致。宽容是最小公分母也好，还是更广义地去解释也好，都是根据对于宽容所持的经验而加以规范的。我想，大部分人都从广义的角度取义而理解的。

张信刚教授：就我对词语的理解，"爱"应该更加崇高。为阻止社会的混乱，促进理解，奖励社会安定，都需要宽容。但是若超越了这些，就会需要接纳与相互主义（用我的话来说就是带有积极意义的尊重），并从而更加向爱接近了吧。所以，所谓的宽容就现在而言是最基本的出发点。

古儒吉大师：关于暴力应该被接受到什么程度，以及什么程度为正当范围？我想说的是战争是最恶劣的。至于发起战争的人，恐怕谁都可以拿出某种理由。然而，因为沟通受到了阻碍，他们丧失了人类间沟通所必须拥有的恻隐之心。暴力不容被修饰美化，更不容许正当化。

梅塔南多博士：我认为"宽容"是在伦理中排在正义之后位列第二的原则，若什么都可以正当化的话，虐待孩子的行为也能正当化吗？在那种情况下，我们不会使用宽容这一词汇吧？相反，我们会说这种行为自私、任性、没有责任感，更谈不上正义感。当然，也许在哪一个角落还存在有行使暴力的背景。但是我想，在判断什么是正确的，什么是错误的，寻找特定场合的深层理由时，我们应该坚守正义这一原则。

在无法保障自己的孩子所面临的暴力行为时，救助孩子的方法应该成为你的第一反应。你不会说"因为宽容而放弃行为"，那是没有责任感的，是对他人的存在以及生存权利的否定。所以宽容是排在正义之后位列第二的原则。关于他人的权利与尊严，只要正确地行使正义的原则，把握前因后果，正确判断事态的公正公平，才能够考虑容忍。否则，何以论及宽容。

奥巴桑乔主席：我认为只有宽容是不够的。我们必须留意不断变化的背景状况。但是不管我们想要做什么，对于我而言相互性是极其重要的。共同的人性、共同的价值观、共同的安全感、"你若不得不考虑你的安全，那我也不得不考虑我的安全"、共通的繁荣、共通的爱、共通的接受、共通的容忍，当然还有相互理解的社会，也就是共通性与和谐。这些都与卓越的领导能力有关。不管是政治方面，还是宗教方面或者是交流。我认为只要具备这样的领导，我们就会步入新的社会通道。

第四分科会 "吉哈德"与西方国家的认识

主持人　荷兰前首相　德里斯·范阿赫特

引　言

"吉哈德"这个词语是闻名于世，且被世人热烈谈论的为数不多的伊斯兰语言。第四分科会讨论了"吉哈德究竟意味着什么"、"如何阻止以吉哈德之名施加暴力的行为"这两个议题。

第一发言人阿卜杜拉·穆迪博士，以《古兰经》中指出的"吉哈德"伦理意义和当前应该如何进行诠释为中心进行了解说。他指出，"吉哈德"原本只是为了强化信仰，并没有强迫追随的含义。《古兰经》的概念涵盖了从宗教式自我完善到保护自我信仰的方法，涉及范围很广。"吉哈德"就是为了追求"安拉之道"而奋斗。

第二发言人阿明赛卡尔博士，介绍了伊斯兰教中的两派对立的理想。一派的理想是改革派穆斯林，他们相信随着时代和条件的变化，可以让伊斯兰适应个人及区域生活；另一派是伊斯兰国家的政府和主战派穆斯林。从这两大派中又分化出四类团体：除了受到威胁之外否认任何暴力的穆斯林派；信奉伊斯兰原教旨主义的极端派；

恪守伊斯兰教旨,在改革与统治中不惜利用暴力的新原教旨主义者;此外就是那些不懂伊斯兰教的基础知识,被动员当兵的一般群众。恐怖主义的战争致使规模原本极小的暴力派极端分子和新原教旨主义派不断壮大,博士呼吁西方国家停止从少数派的行为来判断大多数伊斯兰信徒的行为,而应该拿出实际政策和行动帮助改革派教徒扩大权利。

格拉马利·库苏罗博士在他提交的论文中分析了三种暴力形态——物理性暴力、机构性暴力和反自由性暴力。他认为取而代之的方法是对话、正义和自由。

在一般讨论中,来自中东的穆斯林参会者解释说,《古兰经》里对非信徒的处理方法按照级别细分成十七条,而第十七条内容完全抵消了前面的内容,明确指示"与一切非穆斯林作斗争"。他们还指出必须恪守《古兰经》的教义。对此,稳健派的穆斯林和基督教徒则表示经典固然重要,同时他们也呼吁有必要顺应时代及状况作出改变。什叶派教徒主张摆脱暴力和极端派的方法并不是否认宗教,而是必须认可民主主义的原则。部分到会者还指出通过努力实现自我分析、自我坦诚、追求真理是非常重要的事。理解他人,向他人表示爱心,聆听他人倾诉,以设身处地的姿态去认识问题。加拿大前首相让·克雷蒂安主张伊斯兰国家也应该像西方国家一样采取政教分离的政策。

....

第一发言人 印度尼西亚穆罕默德协会事务局局长、国立伊斯兰大学
讲师 阿卜杜拉·穆迪

伦理概念中的"吉哈德"

几十年来，"吉哈德"成为伊斯兰世界最有名的词语，引发了广泛而激烈的讨论。它真正的含义何在？它不具有什么含义？对此，人们已经反复讨论至今。无论是穆斯林还是非穆斯林，都从自己的立场出发，作出各种努力使"被劫持"、"被利用"、"被歪曲"的这个词能够回归本意。但是，其中也有一派到处宣扬自己的独特解释，以便进一步与被武装的"吉哈德"加强关联。

在这里我不打算把演讲的中心放在反驳"吉哈德即暴力"这种误解上，因为很多穆斯林、非穆斯林的学者以及宗教领袖已经对此进行了批驳。我倒是打算把重点放在弄清"吉哈德"包含的伦理意义上。如何联系我们今天的生活实际，解释《古兰经》的韵文中所说的"吉哈德的道德"，这是我今天演讲的重点。我之所以以伊斯兰中最重要的《古兰经》为中心，还出于一个考虑，即不想将《古兰经》之外的无关概念带进对"吉哈德"的理解。当然，非常不幸的是，这种做法非常普遍。

《古兰经》中"吉哈德"的含义

《古兰经》的各种经文相互译解，因此各种解释都不算错。那么，我们必须根据讨论的议题，查阅与之相关的所有经文。无论采取何种

方式，首先为了避免误导，将《古兰经》作为最高指针，《古兰经》专家们一直主张对《古兰经》不同的内容应予高度重视。因此，为了理解《古兰经》以及涉及"吉哈德"的真正意图，就必须仔细研究讨论"吉哈德"的所有相关经文。

参照《古兰经》来解释《古兰经》，这意味着需要把整个《古兰经》作为背景来读解其中的各个细节。我们想讨论关于"吉哈德"在《古兰经》里是如何定义的，那么就要对《古兰经》里关于正义、和平、保护生命、服从神意，以及其他的相关教义进行研究。虽然不是我的主要论点，但有必要指出的是，关于"吉哈德"的解释只要与《古兰经》相矛盾的就是不正确的。

另一方面，在《古兰经》里，充满一种细微含蓄的文章表达风格。但是，一句话或一个单词都是独一无二的，绝不能代替换用，尽管它们完全是同义词。例如，"吉哈德"这个词，近义词有 judo，含义是"能力"、"发挥"、"勤勉"；再如，mujahidin，含义是"致力"、"战斗"。有关的词语还有 quintal（斗争）、data（说教）、infer（义捐）等，这些都是不能换用的。这种文风也有另一个表现特征，即《古兰经》中的某个特定词语或类义词，有可能在别的章节中含义却出现了微妙的差异。如果从这种角度看，《古兰经》里不同篇章所示的"吉哈德"，其含义是有细微差别的。按照这种方式，我们除了理解《古兰经》的整体风格以外，也应该理解个别词汇的表达方式。但是，找出这种微妙差异是一种学术挑战，需要专家学者们的相互合作和积极参与。关于这一点，我想声明一下，我关于《古兰经》中"吉哈德"的看法并非全面。

有时，人们将"吉哈德"与战争紧密联系在一起，那是因为把它与"神圣之战"、"正义之战"或"防御之战"视为同语，这在某种程度上来说是不正确的。我想强调的是"吉哈德"与战争即使有时存在关联，但是它们是两个根本不同的主题。我想与大家讨论的是伊斯兰的"吉哈德"，而不是伊斯兰的战争。应该将为了反抗压制和攻击进行的战争以及作出的牺牲，和伊斯兰教关于战争的伦理规范区别对待。所以，在我的论文中提到的"吉哈德"，与战争、暴力的相关性始终保持在最低限度。

《古兰经》里出现的与"吉哈德"相关的三个词根（j-h-d）共计41处，其中，作为动词出现27次，其原义暗示着不辞辛劳的努力、抗争、拼命地努力、认真、能力、势力、战斗等。《古兰经》里提到的"吉哈德"，基本都不是号召穆斯林去战斗。

在信徒间以及异教徒战争产生之前的麦加时代，已经出现了数条包含"吉哈德"一词的经文。其中的一句是：凡奋斗者，都只为自己而奋斗，真主确是无求于全世界的。（《古兰经》29：6）正如《古兰经》注释者主张的那样，这里所谓的奋斗，是指克服困难、排除迷茫、坚持信仰而付出的努力。还有一句是：众人以为他们得自由地说"我们已信道了而不受考验吗?"（29：2）谁是真正的信徒谁是伪信徒，谁是努力尽心的信徒谁不是，都得经受真主的考验。（29：3；9：16；47：31）捍卫我们的信仰往往需要巨大的努力和忍耐，尤其是对麦加（圣地）先知的追随者来讲更是如此。

当代什叶派优秀的经济学家塔巴塔巴伊暗示，这个经文中所指的"吉哈德"，全带有应当执着地保全信仰的含义。同样，当代逊尼派学者伊本安萨里（Ibn, Ashur）主张，此处"吉哈德"的本义，即一旦成为穆斯林，就必须忍耐困难痛苦。另一位当代学者噶希姆（al-Qāsimi）则把它理解为除了面对考验忍辱负重外，还需要一种坚持真理的努力。

实际上，在《古兰经》里，是将"吉哈德"、"信仰"、"忍耐"这三个带有类似性的概念排列在一起来表述"吉哈德"一词的。信仰排在"吉哈德"前面的例子有 10 处，随之加有忍耐一词的有 3 处。"吉哈德"一词带有真正信仰者标识的色彩（49：15；8：74），和"吉哈德"频繁地联接在一起的另外一个概念，仍然表示真正的信仰者的一个词——Healer（一般是指超脱），这一词用在"吉哈德"之前的例子有 7 处。在《古兰经》里不时有把"吉哈德"理解为 quintal（战斗）的例子，但是，却没有一个例子同时使用或者把这两个词排列在一起。

根据一则圣训，quintal（战斗）本身（有时称为带剑的"吉哈德"）往往被理解为"小吉哈德"。与之相对，"吉哈德"是指为了自己的欲望而战的"更加重要的斗争"，这是为了营造正确的精神生活而作出的内在努力。"所以，不要跟随无信仰之辈，而要以借此《古兰经》而与他们努力奋斗"（25：52）。根据塔巴塔巴伊的解释，就是把《古兰经》念给他们听，向他们作完整的解释，继而与他们进行透彻的讨论。

这种解释在别的地方也能见到。比如伊斯兰法学专家奥力斯（Al-Aulis）将含义扩展，指出"最大的吉哈德，是由精通《古兰经》和与敌对抗的乌里玛（伊斯兰教奥力斯学者）发起的'吉哈德'"。由此可见，这个经文所暗示的含义就是，"吉哈德"是在真相还没弄清楚之前，以合理性的理论为武器，积极说服无信仰之辈而作出的努力，正如经文开始部分暗示的一样，是一种说服无信仰之辈服从信条的尝试。这是《古兰经》里提到关于"吉哈德"的唯一经文，其他关于"吉哈德"的经文，则多数是通过"财富"和"生命"的相关内容来表现的，强调了真诚与努力，提倡应该尽最大的努力，哪怕牺牲自己的财产或生命。但是，伊斯兰教并不是无视财产和生命的宗教。事实上，沙里亚教法（Shari'a）的目的就包括保护财产和生命。那么，是哪一种解释将牺牲财产和生命合法化了呢？

《古兰经》里有 11 处在"吉哈德"一词之后接续了"安拉之道"这一表达。这似乎暗示"吉哈德"与"安拉之道"的关联，那就是"吉哈德"应该为宗教而展开。所谓"安拉之道"并非"以安拉的名义"或"为了安拉"。《古兰经》里有 13 处在 quintal（战斗）后面紧跟着"安拉之道"这一表达，这也许是因为 quintal（战斗）和"吉哈德"被解释为类似词语的缘故。另有 7 处是用在"金钱的支出"之后，有 4 处是用在"摆脱不利状况"之后。关于"安拉之道"本身，有 23 处表示无信仰者试图努力将信徒劝离"安拉之道"，有 11 处表达已经脱离"安拉之道"的人们的情况。虽然两者存在微妙差异，但都暗示着"安拉之道"就是他们的宗教（或称之为"正道"）是最好的理解。

除此之外，圣训（al-hadith，穆罕默德的言行记录）也暗示过"吉哈德"的必要性。那里面写道"最优秀的'吉哈德'是在暴君面前说实话"，这样一来"'安拉之道'需要'吉哈德'"这个说法就容易理解多了。例如迫害、压制和 quintal（战斗）之间的这种关系在《古兰经》（2：216—218）里就表达得很明确。

这些经文明确地表明，"吉哈德"是指坚守自己的信仰，而不是为了世俗的目的破坏他人的宗教。"吉哈德"并非以自己的宗教来强制他人。因为，如果坚信自己的宗教完美无缺的话，就根本没有必要去强制他人接受了。在无意识中确信自己的宗教不完美，在这样的状况下才容易采取强制行为。

提及 quintal 部分里"吉哈德"的含义中，包括《古兰经》中指出的"在适当的范围内可以发动战争"这些经文，表达的都是真主允许信徒战斗，但不能超越适当的界限。而且，战争的唯一正当目标是针对压迫者，而一旦压迫不存在了，就必须停止战争。

当今世界对"吉哈德"的固化理解

《古兰经》里关于"吉哈德"概念的范围很广，解释多种多样。下面归纳反映基本性质的几条内容：

（1）志诚勤勉、孜孜不倦；

（2）消除对内外两方面的干扰，守卫信仰和真理；

（3）克服"吉哈德"打响后带来的所有困难和不便；

（4）勇于面对因反压迫、反对不义而失去生命财产的危险；

（5）最大限度利用智慧、体力、财富等所有资源；

（6）顺应宗教规律的良好意图和行动。

将"吉哈德"的含义限定在本国防卫战之内，只限于战士参战。虽然这种限制缺乏合法的依据，但是只要我们的行动包含上述因素，那么在我们从事的领域或者自身所及范围之内是可以进行"吉哈德"的。我们可以以教育者、活动家、作家、新闻工作者、科技人员和专家学者等身份进行自我的"吉哈德"；我们可以通过自己的技术、声音、知识、财产、行动和投票开展自我的"吉哈德"；可以用发展教育、保护人权、环保、改善贫困、创造和平、争取男女平等理论来武装自己开展自我的"吉哈德"。

但是，"吉哈德"应该来自良好的动机，自己的行为或者决心不必对别人宣扬，重要的是一边期待着真主的慈爱和嘉奖，一边把"吉哈德"融汇到自己的人生之中。正如《古兰经》中所写的那样，不论我们是否要进行"吉哈德"都得经受真主的考验。因此，我们当中谁在进行真正的"吉哈德",真主自然看得清清楚楚。我们没有权利宣称自己是"吉哈德"的执行人。我们必须保持"吉哈德"的精神,但是公开宣称自己是吉哈德的执行人,那就证明是在自欺欺人。这种人想得到别人的承认,但是他们只能收获失望。

而且,我们应该对那些声称自己是"吉哈德"执行者、主张"吉哈德"的人,或一味想把"吉哈德"的含义限定为战争的人表示怀疑。"吉哈德"跟 quintal 是不同的两个词,要记住《古兰经》并没有写着"吉哈德"就是"神圣之战"。从以往多次的讨论中我们已经知道,从历史上来看,最初的伊斯兰教中连"吉哈德"这个概念都不存在,把"吉哈德"与"神圣之战"牵涉在一起完全是现代的事。"吉哈德"就是追求"安拉之道",而自诩"发动吉哈德"只是一种霸权主义的行为罢了。

......

第二发言人　澳大利亚国立大学阿拉伯·伊斯兰研究所所长、政治学教授　阿明·塞克尔

"吉哈德"分子、伊智提哈德以及西方的认识

西方对伊斯兰的认识并不明确,反倒经常因多种多样容易招致误解的表达方式或称呼而令人印象深刻。此论文从历史观点对这种表达方式和称呼加以验证,探索出一个统一模式,以对多种多样的现象加以分析。有关穆斯林社会中伊斯兰教的作用之争,可能是来自两大对立的理想。各自拥有众多宗教派系的两大理想,都是在先知穆罕默德离世后不久出现在穆斯林社会的。

最早那些见解中，对于什么叫伊斯兰政府、单一的伊斯兰领导下的统一穆斯林将由什么构成之类的问题并没有一个蓝图和理论。这就是此种宗教的特征。但有一个前提，根据《古兰经》里的暗示、戒律所显示的道德伦理的教义作为一种丰富而不可挑剔的遗产，由先知留给了人们。而且，它们显示随着时代和历史条件的变化，可以改变穆斯林的生活以便顺应社会发展。也就是说，并非把穆斯林"固话在时间"内，而是提倡顺应"时空"。这些专家们认为可以通过有学识的穆斯林对伊斯兰作出创造性的解释。在个人人性合理性的基础之上，建造一个有道德的伊斯兰社会，而这样一个社会所需要的最佳方式就是专心致志进行革新。这种见解被认为是伊智提哈德或改革派穆斯林的构想。

第二种见解认为，并不一定要把宗教与政治加以分离，它们是一枚硬币的两面，所以提倡在已经确立起来的伊斯兰模式之内完全按照经文字面意义来理解和运用。持有这种见解的领导者们认为，在大多数国家中穆斯林能否发挥最佳作用，取决于是否有一个伊斯兰政府。虽然也有人承认"跨国界伊斯兰交流"这个概念很神圣，但同时也有人只承认独立的政治、领土赋予国家的合法性。尤其在第一次世界大战奥斯曼帝国崩溃后，这一点被视为接受伊斯兰团体或机构统治的条件。他们促使穆斯林顺服地接受真主的唯一性和统治权的概念，主张《古兰经》、圣训（先知穆罕默德的言行录）、先知的指导模式以及他们创建的虔诚而辉煌的乌玛（麦地那公社），是伊斯兰国家政府之典范。他们提倡大多数地区的穆斯林应该生活在沙里亚教法（Shari'a）的统治之下。从一般人当中分化出来的"伊斯兰主义者"拒绝接受国家的合法性，主张独自领导下的民族共同体（Uma）之复活。一般为人所知的"吉哈德"分子就是基于该思想产生的。

这两种见解，让一般非穆斯林社会，尤其是对西方持有不同观点的四种穆斯林的范畴得以扩大。他们是伊智提哈德、"吉哈德"分子、新原教旨主义者以及基层群众团体。让我们看看他们的意识形态和实际行动吧。

最初的范畴是稳健的穆斯林改革派。他们的意识形态显示他们认为伊斯兰是政治社会变革的动力，主张抵抗国内的独裁政府。但是，不论是个人还是社会，只有在自己的宗教、生命、自由以及土地遭到严重侵犯的情况下，才认同暴力。否则，应该拒绝使用任何方式的暴力。这种意识形态中存在着各自不同的类型，从大体上来讲稳健派支持"伊斯兰自由主义"和"伊斯兰多样化"，坚持《古兰经》所记述的宗教不存在强迫的原则。他们主要的活动方式是在松散的组织内，由非正式的小团体甚至是个人进行小规模的活动。属于这个圈子里的著名团体有由穆罕默德·哈塔米领导的伊朗伊斯兰改革派、由已故印度尼西亚前首相瓦希德（Abdurrahman Wahid）率领的 Nahdlatul Ulama（现在有一部分被政党 KBJD 吸收合并），还包括 20 世纪 90 年代由 Necmettin Erbakan 领导的现已分解的土耳其福利党和 2002 年以后组成的其继承组织由埃尔多安（Recap Tayyip Erdoğan）领导的正义与发展党。

众多的有识之士都集中在这个范畴。他们对 2001 年 9 月 11 日发生的美国"911"事件以及以伊斯兰名义犯下的恐怖事件都持否定态度。他们知道那是由本·拉登和伊拉克基地组织指挥的，为此感到痛苦。他们脱离伊斯兰极端派，并痛恨那些打着伊斯兰教的旗号在伊斯兰各处进行包围战，从而剥夺国内外众多无辜生命的人。

不论是在阿富汗还是在巴基斯坦，只要属于自己的统治范围之内，他们就将见缝插针的极端分子拒之门外。把他们的想法归纳起来就是，穆斯林极端分子制造"911"事件所犯下的罪行以及其后连续的恐怖行为，引发了一种危险的局面。

这种危险的局面就是，让西方国家站在优越的地位上，大谈人道主义，对伊斯兰社会指手画脚；让美国及其同盟国得以找到借口指责穆斯林在政治上的傲慢，从而对穆斯林国家进行封锁。他们认为，不论出于什么原因，本·拉登及其信徒们的恶劣举措把那些为了争取国内改革、摆脱外国的干涉、争取独立、争取得到在国际舞台上的发言权而奋斗的穆斯林之努力成果毁于一旦，让历史倒退了几十年。他们强调以和平方式实现逐步性的变化，希望在实行机构改革中获得现有国家及国际组织的支持。他们赞同现代化，相信进步的必然性，以积极的态度对待不同宗教之间的对话，不反对运用西方国家的知识和成果造福于他们自己所在的已成为国际化的社会。

另一方面，这也是可以理解的。在多数伊斯兰改革派看来，在促进对伊斯兰的信仰和规范、价值观、惯例加深理解，以及为了建立一种互利互惠的（而不是单方面榨取关系）而需要建造一座以相互理解为基础的坚固桥梁方面，美国及其盟国的表态是消极的。他们对此持批判态度，指责对方忽视巴勒斯坦人民的困境和痛苦，选择在有意污蔑穆斯林的形象时，把伊斯兰激进分子作为特写镜头加以大肆渲染，把最强烈的谴责矛头直接指向美国。他们对美国及其盟国的态度是褒贬不一的。改革派一方面对来自美国及其西方盟国的教育、科技及市场经济所带来的益处非常感兴趣，设法确保一条作为移民或访问者的门路。另一方面，面对西方国家对穆斯林社会采取的政策、态度以及仗其优越性而表露出的傲慢，他们又深表担忧。伊斯兰国家把这种稳健改革派称为伊智提哈德。

　　第二个范畴是让我们称为激进派穆斯林，他们中存在着多种多样的意识形态倾向和实践活动。在有些特征上，尤其是关于信奉伊斯兰原则这一点，他们与稳健派是一致的。但是，与稳健派不同的是，他们带有清教徒的倾向，而且重视亲自参与传统的政治社会的运作。甚至，在希望制定沙里亚教法并以此作为建国支柱这一点也与稳健派不同。只是带有讽刺意味的是，他们关于国家的概念以及实践活动是符合当代意识的。他们认为在特殊情况下如果出于政治和社会需要使用强制和暴力手段是正当的。所谓特殊情况是什么呢？比如，涉及对宗教的解释和主张，坚守宗教文化本质的时候，或在创造伊斯兰的政治形态的时候。虽说他们并非完全反对现代文明，但是，他们希望得到一种佐证，那就是现代文明及其征兆与他们所理解的伊斯兰式价值观、惯例是不矛盾的。

　　为了纠正由穆斯林外部造成的历史问题和当今仍未得到解决的弊害，他们往往会采取极端的行为。但是，他们关于穆斯林对穆斯林，或穆斯林对非穆斯林所犯下的错误却采取区别对待的态度。他们敌视的对象是非穆斯林或者被他们视为假穆斯林的外部势力，否认其合法性。而且，他们对受这些势力统治、影响或者对伊斯兰社会面临的内外问题处理不力的政府，同样采取弹劾措施。他们把西方国家，尤其是美国视为造成伊斯兰社会政治性、社会性上经济贫困和文化衰退的罪魁祸首。甚至，他们认为自己是曾经企图把伊斯兰国家变为殖民地的西欧各国以及1945年以后的美国强权主义的受害者。同时，造成伊斯兰服从于西方国家的真正原因是由于穆斯林脱离了伊斯兰教的教义和教法。因此，他们屡屡主张，要想让伊斯兰得到真正的复兴，就必须打破西方国家的全球范围霸权。他们往往使用反对势力作为战胜对手的更加有力的抵抗方式。这比国家的独裁政权发挥的作用更大。

穆斯林社会的很多组织都有这种特征。这一特征广泛涉及，追随 1978—1979 年伊朗革命领袖霍梅尼的保守党（他们获得了超过拥护者带来的强权）、埃及的穆斯林兄弟会以至苏丹的伊斯兰解放阵线。尽管是暗示性的极端行为，包括凯达基地组织的许多将领和战士，甚至连偏向稳健派的巴勒斯坦的哈马斯、黎巴嫩的武装组织（这两个都是以色列被占领后的直接后果）都有可能属于这个圈子的成员。因为这些组织的多数成员认为穆斯林对美国及其同盟国家所采取的暴力行为是对美国的正当反击。他们把美国视为最危险的敌人，那是因为美国不仅对占领巴勒斯坦人土地（包括最为重要的东以色列）的以色列提供无偿援助，并且在穆斯林世界建立多个邪恶的独裁政权。他们主张这正是妨碍穆斯林世界发展的原因，是美国企图霸权于世界政治舞台的战略性诡计。

伊斯兰激进分子认为，"911"以后出现的国际危机，尤其是伊斯兰社会发生的混乱局面是由冷战时期的顽固现实主义者、新保守主义者、基督教原教旨主义者出于战略目的蓄意制造的。他们还认为，在老布什掌权时产生的这些组织总喜欢把伊斯兰视为敌人以取代以前的苏联。与受庇于小布什政权的新保守主义结成同盟关系的犹太人一样，以色列文化复兴运动者也遭到伊斯兰激进派的憎恨被列入黑名单。他们当中的一部分人认为，美国及其文明带来了对穆斯林和伊斯兰生活习惯的屈辱，因而对其感到厌恶。按照伊斯兰的解释，他们进行的社会改造，以及采取的外交政策途径比伊斯兰改革派显得更加好战。

第三个范畴是由特定的伊斯兰学者组成的，我们就称之为伊斯兰新自由主义者（Neoliberalism）吧。他们严格遵守伊斯兰教义，完全按文字意义解释伊斯兰。在他们看来，最重要的是本来的含义，而不是通过上下文的关系附加的解释，他们不承认多样化、多重性的解释。从所有的方面看，他们比伊斯兰极端派更加带有以下色彩。那就是，更为严谨，宗教色彩更浓烈，更加刚愎自用、自以为是、狭隘强横和歧视排外。他们推崇的政治体系是由单一的领袖或集团掌握绝对权力，保持完全的独立封闭状况，排斥来自国内外的刺激，拒绝任何多元化的共存。他们不仅要进行改革，而且为了维护其统治也实行暴力。仅就这一层面而言，有说法认为他们与集权主义相似。他们所理解的宗教虽然单纯，但是在特定的宗教环境下，即使没受过理论教育也具备社会传播性。人们往往把他们解释为极端派或超级保守派，就新原教旨主义的意识形态与古典伊斯兰思想相去甚远这一点加以思考的话，他们更加容易造成误解。

塔利班的民兵、基地组织穆斯林兄弟会、伊斯兰复兴运动会等都可以说是这个范畴里的著名组织。伊斯兰新自由主义者（Neoliberalism）与伊斯兰极端派因为在思想上有着相同之处，因而双方之间时常保持着有机性、组织性的连带关系，后者对前者能在以下方面加以充分利用：它们包括执行恐怖活动的人才来源、保护的动机、济贫等，这正是凯达基地和塔利班的关系。凯达基地提供资金和阿拉伯士兵，作为回报，塔利班则将之作为多国联军加以庇护，并暗中提供资助。这成为一种阿拉伯主导与非阿拉伯主导两组织之间非常少见的有机配合，其原因就是他们拥有的相同部分让他们团结起来，可以为了达到目的相互支援，共同强大。

第四个范畴是由只具备一般初步的伊斯兰知识之村落或学校的基层群众网络形成的。从原则上来讲，他们是皈依伊斯兰教的，但是否带有政治色彩，就要看他们是否觉得自己的信仰和生活习惯受到敌意的威胁。他们当中大多数人有可能成为伊斯兰战士——潜在的伊斯兰战士，他们的弱点是容易受到伊斯兰新自由主义者（Neoliberalism）与伊斯兰极端派的剥削。造成这种脆弱性的原因是，这些村落缺乏对新闻时事的了解与理性分析的能力，因而无法获得外界的信息。正因如此，关于对自己造成影响的政治问题或事件，他们无法形成独立准确的见解。虽然他们自己拥有颇多的信息，但却往往不懂得如何利用，他们更多依赖带有政治偏见的穆斯林的信息。

这个范畴的团体多半是普通的穆斯林。尤其在贫困的国家，只要不去影响他们，他们只会忙于自己的生计而无暇顾及其他。但是，不管他们是住在埃及或巴基斯坦的城市还是农村，都容易受到伊斯兰新自由主义者（Neoliberalism）与伊斯兰极端派的煽动和操纵。比如，由于军事介入、政治干涉、制裁的影响或者文化经济的发展，还比如遭到西方（或非西方）势力在政策性上的直接或间接干扰，在这些情况下就容易发生上述事情。因受到"外国人"的操纵，为了摆脱困境的穆斯林，本来属于非政治团体的却采取了政治性行动，至今为止，这种事情屡见不鲜。

塔利班的士兵大多数是从这些人中招募而来的，他们当中多数人是苏联侵犯阿富汗战争的直接受害者。他们体验过被强制遭送、被战争夺去父母或财富的痛苦，经受了战争结束后的贫困生活。他们对"911"以及此后的趋势发展所持的见解，完全是根据当地的煽动者或激进派，或者伊斯兰新自由主义者所灌输的思想而形成的，后者更有资金和动机对他们进行教育。然而，这种思想涵盖范围很广，既有憎恨美国的，也有对美国毫无兴趣的。

西方对伊斯兰和穆斯林，穆斯林对西方，尤其是对美国抱有的种种不一致的态度，是造成双方混乱和误解的原因。虽说"911"悲剧发生后这种现象更为明显，但是这种态度的源头，还根植于历史和当代社会中。这些问题，既包括西欧国家对穆斯林执行殖民地统治时期的遗留问题，也包括社会性的限制、束缚以及美国霸权主义的国家干涉问题。如果对这些问题没有一个明确的理解认识，就容易疏忽 20 世纪 70 年代后穆斯林激进派是如何得以壮大的这一论题。不解开这个谜团，就难以做到客观看待西方和穆斯林的关系，并找到一条有建设性的改善方案，使这些问题永远得不到解决。

由美国总统布什发起的，又被奥巴马总统否认的"反恐之战"对改善这种局面毫无作用。相反地，它扩大了在世界上本来只占极少数的、带有暴力性质的伊斯兰激进派和伊斯兰新自由主义者的势力，也同时抹消了稳健派的呼声。现在，用西方以及其他大国少数派的行为来判断多数派穆斯林的做法已经过时了，应该予以摒弃。并且，应该采取政策和行动，着手扩大几乎代表所有穆斯林立场的稳健派势力，让稳健派在进行社会改革中发挥更大的作用，以此促进与西方关系的改善。这种做法会使穆斯林稳健派通过对话加深理解，并将敢于同"吉哈德"信徒抗争到底的信念当作自己的义务来执行。这也是作为逊尼派的印尼已故总统瓦希德和伊朗前总统、作为什叶派的穆罕默德·哈塔米一直呼吁的做法。这两位既是学者又是政治领袖的人物，都主张除了死刑之外，伊斯兰与民主主义及国际人权宣言是可以相容并存的。

提交论文

宗教与暴力

伊朗驻联合国大使、穆罕默德·哈塔米总统助理
格拉马利·库苏罗

在今天这样一个危机蔓延全球，只有通过互助合作才能得以生存的时代，安全保障成为大家最为关注的问题。任何大国或任何一片大陆都无法逃脱来自暴力和恐怖分子对安保的挑衅。军备扩张、政治联盟、增加军费开支，这些都没能够给世界带来和平与繁荣。事实上，由于用于安保方面的巨大支出，反而使世界陷入一种不稳定的紧张局面。因为人类在历史上目睹过多次战争，其原因不过就是为了战胜恐怖和危险而爆发的。

因此我们必须要用新的眼光看待问题。《联合国宪章》提出，既然战争缘于内心所惧，捍卫和平的长城亦可建在心里。另外，仅仅依靠政府的政治、经济手段是无法得到持久和平的，人类用智慧和道德打造出的纽带才是坚实可靠的和平基础。

全球化发展，既给我们提供了发展知识科学、联通信息科技、参与世界事务、促进经济发展的平台，同时又让我们丧失了自己的人文个性，忽视了可持续发展，扩大了贫富悬殊和暴力行为的范围，甚至还加速了大规模杀伤性武器的使用，出现了恐怖活动网络及他们有组织的监控和黑色恐吓。世界还没有成立一个机构可以来对付这些极端分子、暴力、军备扩张以及霸权单独行动主义者的挑衅。

在这个全球化的时代下，暴力以多种形态出现在人们面前，带有不同的含义和方式。下面讲述的是现代的暴力具有哪些相关的内容以

及其方式。

A.肉体暴力，即伤害对方，虐待其肉体的武力行为。不分公私内外均对其进行压迫和伤害。不论从国家规模还是全球范围来看，这种暴力已经开始威胁安保，造成政治社会纷争。

B.结构暴力，这种暴力来源于社会经济不平等。它是可以加以预防的，是一种可以阻止的，是某种社会制度的产物。这种暴力中包含穷困的因素，是国内外不平等现象的加剧和社会制度无力带来的恶果。

C.反自由暴力，它反对个人竞争，阻止新团体的形成。对于汗纳·阿勒特来说，暴政就是最最脆弱，而又最具有暴力性的政府，它剥夺了个人的发展机会。

针对上述的各种暴力，我们应该摸索出来一个可供选择的和平方式和解决方案。我认为可供选择的方式就是进行对话、主持正义和追求自由。通过这些手段让世界从暴力中解脱。

1. 对　话

不进行有意义的对话就无法实现安全保障与和平。并且，对话必须基于双方拥有强有力的道德和精神约束和共识，还要有敢于牺牲自己短期利益的胸襟，否则难以成功。今天，观察中东和世界政治、文化倾向以及变化过程，都可以发现一个明确的事实。那就是，文化与宗教之间的对话已经把道德模范作为必不可少的内容了，而不仅仅是停留在建议的程度。

"对话"是通过语言、理论、共识来实现的，它需要我们发挥运用对现实的观察、智慧和洞察力。在对话中，关注共同的基础、相同的出发点以及现实中的差异性是不可或缺的。在当今这个多元化的世界里，对多样化人文标志的接受就是对不同文化的认可，对文化、宗教的归属感刺激了我们的自我认知。它要求我们要想丰富自己的生活，就要打开自己的世界。人的生活具有多样性，要想健康地生活，获得人生的成功，谁也不可能仅凭自己的力量就可以实现。实际上，个人的幸福与他人的幸福是紧密相连的。

2. 正义

正义是世界的共同祈求和普遍愿望，追求正义是我们群体全方位的意识核心。对社会经济不平等的不满，包括对西方民主主义政治体系的缺陷的不满已经蔓延全球，我们对这种世界性的不满急需采取共同的对策。这种方法需要群体的智慧，因此要求多种传统、文化、政治体制从多方面发挥积极作用。

对各种条件尽量不加约束，宽容地对待发挥当地特色的议案，而不是独裁，以此来满足正义的一般定义标准，但这并不是对任何人都能见效的灵丹妙药。

3. 宗教和民主主义

在全球化时代里，宗教上的纽带感填补了原来由传统关系孕育的社会归属感和由社会组织的衰退而产生的空隙。宗教在体现其意义和促使社区形成方面发挥了卓越的实际作用。宗教有信奉和归属两个方面，相信至仁至慈的真主安拉，会让人们拉近彼此之间的距离。

这几十年以来，极有政治影响的伊斯兰复兴运动，在伊斯兰社会和西方国家的关系中起到了很大的作用。在全球化趋势中，这种广泛的基层社会运动与世界社会经济发展的关系非常敏感。同伊斯兰社会打交道就要采取更为有效确凿的方法，遵守相互尊重的民主主义的原则，尊重和强化伊斯兰社会里的稳健力量。另一方面，伊斯兰社会中的狂妄信徒团体和极端分子仍在晦涩肤浅地诠释圣典，主张通向真理的路只有一条。无论穆斯林还是非穆斯林，他们都极不信任，嘴上对人们承诺要建立天堂，实际却把人间变成了地狱。不仅和异教徒之间发生冲突和纷争，在同一宗教之内也因派系之争而大开杀戒，这些都是由于他们的特性造成的恶果。

按照伊玛目阿里（什叶派第一位宗教领袖）的教导，所有的人被分成两类。一种是在宗教层面上的兄弟，另一种是造物主创造的同胞，世上只有这两种。这里面充满了真主的慈爱和慈悲，可作为启蒙读物。神圣的先知和伟大的哲学家、道德思想家们在整个人类历史中为了消灭利己主义、攻击性和暴君作出了不懈的努力。尽管如此，在权力和眼前利益面前，人的欲望一直都是人类史上导致破坏和战争的原因。

应该超越原教旨主义和世俗主义相互对立的二分法，促进伊斯兰社会的宗教民主主义。使用极端分子为了封锁伊斯兰复兴运动制定的政策，以及为了达到政治目的而采取的手段，只会起到挑唆作用，会加剧暴力，助长极端行为。这种倾向威胁到安全保障的局势稳定，导致社会道德的基础越发薄弱。

4. 面对暴力和极端主义世界所作的反应

注意到这种紧张局势，联合国总会采纳了伊朗鲁哈尼（Rouḥānī）总统起草的议案。这个议案中不仅对暴君文化、独裁主义和极端主义（包括领土、国家的政治性的独立）的所有方法进行了驳斥，同时，谴责了因出于民族、种族和宗教的敌视而进行的煽动行为。

总而言之，通往摆脱暴力的和平世界之道路，必须经过对话、伦理规范的共识，追求正义和自由而积极开拓。对所有民族或国家来说，在发展社会经济方面应该机会均等。为了建立和平的国际社会，每个国家都有经济上的自主权以及把握自己政治命运的决定权。事实上，任何形态的经济制裁和军事威胁都不能促进和平与安保，它只会造成人性丧失，加剧纷争，致使脱轨行为进一步恶化。

由此可见，排除相互怀疑，增强信任，促进以互相尊重平等的方式进行建设性的对话是确立和平与稳定的必要条件。那么，在精神意识方面，那些思想家、宗教领袖们肩负着神圣的义务就是引导人类建立对话、友谊、和平、正义、自由和互相援助的新关系。

2014 年 3 月

讨　论

哈巴什博士：我想对穆克蒂博士关于"《古兰经》里提到的'吉哈德'"所做的演讲做一点补充，那就是划分其他宗教信徒的阶段有 17 个。不论在《圣经·旧约》还是《圣经·新约》甚至其他经典里都有一段英明的见解。在《古兰经》里是这样写的："要原谅那些不信教的人，爱他们"。这与耶稣在《圣经·新约》里所说的"要爱敌人"是一样的。第二个高度是"原谅不信教的人，善待他们，不要攻击他们。你有你的宗教，我有我的宗教。"其次是"如果有人攻击，你可以反击。"然后是"允许对敌人采取自卫"。接着是"如果遭到不信教之人的攻击必须加以反击。"最后阶段才是要和不信教的人斗争到底。从开头到结束划分成 17 个阶段，它说明了什么呢？

我们可以在几乎所有的圣典中找到反击侵略者、积极抗战的经文。在《圣经·旧约》里这种描述很多。比如，主请摩西袭击某个地方的某个城镇。《圣经·新约》里甚至写道："我不是为给予你和平而来的，是为了授剑而来的。"我们必须要理解这些经文中所指的对象是什么。这则经文可以有两个解释。把整个伊斯兰社会定为攻击对象的十字军的解释就是"吉哈德"思想，不过也有其他的解释。但是我要直接说一句，所有的伊斯兰领袖们都相信，提及"吉哈德"的经文只限于应对战争时为了摆脱自身危险才能使用的，在寡不敌众或为了逃生的情况下才允许我们拥有自卫权。

德理斯·范阿赫特主席：人们的生活方式以及处世态度，在和平时期与战争时期是截然不同的。有一个问题就是，即使在战争时期，被称为"红十字协定"的一系列条约几乎全是有关人道主义的法律。对于如何展开战斗、战争时期应该采取什么行动、占领敌国后应该采取什么样的态度都有规定。战争时期即使敌人不把这些放在眼里，也不允许无法无天。

哈巴什博士：我反对一切战争，甚至包括被合法化的战争。因为任何战争都带有非正义的因素。伊斯兰的战争方法及作战方式与国际法中的方法是一样的。砍头、割喉、烧毁村落，这些做法在任何宗教里都没有。按照伊斯兰的法律这些都是违法的。穆罕默德在将士兵送往圣地麦地那（al-Medina）时叮嘱道："不许杀妇女，不许杀儿童，不许杀僧侣，在遭到士兵袭击时你才有反击的权利"。

阿尔·萨雷姆博士：不论是基督教还是伊斯兰教都涉及"吉哈德"，这一点是大家都知道的。历史上，基督教徒远比穆斯林残忍。但是，自从政教分离以后，他们发生了变化，不再把宗教当作战争的手段，不再以基督的名义进行战争。我们穆斯林明确受命于《古兰经》，要对所有的非穆斯林进行战斗。但这是《古兰经》里被规定为第 17 阶段的，即最高阶段的行动。伊斯兰教中分 3 个阶段，是这样命令的，不在圣地麦地那（al-Medina）开战，在圣地麦加只开展自我防卫战，最后与所有的非教徒战斗。因此，任何一个穆斯林都能由此看出，最后一条把前面的内容全部抵消了。为了解决问题就必须说实话，大家都认识到的问题就应该摆到桌面上来，无须遮掩。

赛卡尔教授：我完全不能赞成阿尔·萨雷姆博士的意见。与其他神学一样，伊斯兰教的教义解释也是广泛开阔的。如何解释完全来自受教育的方式。我们不能忘记《古兰经》是针对 7 世纪的人们想法的经典，现在环境已发生了巨大的变化。虽然，经典的原文很重要，但是，必须与时代的变化结合起来加以运用。至今为止，伊斯兰教是一种处于变化状况中的宗教，你这种对伊斯兰教采取狭隘解释的方法不光会制造穆斯林社会与西方国家的紧张和纷争，而且还会成为导致穆斯林内战的导火线，我们必须真正脱离它才行。

奥巴桑乔（尼日利亚前总统）主席：在座的我们这几个人已经受到很大的影响，已不仅仅是旁观者了。我来自于一半是基督徒、一半是穆斯林的国家。我认为这个问题应该由他们自己来解决才是最重要的。在我们国家，有众多的基督教徒生活在穆斯林世界里，同时，又有很多穆斯林生活在基督教徒的圈子里，因此很多人蒙受其害。引导双方进行对话是绝对有必要的。既然《古兰经》命令："必须同不信教的人作斗争"，那么，像我这样的基督徒对于穆斯林来说自然就是斗争的对象了。昨天我曾提到过，比如，血缘上是兄弟，一个是基督徒，另一个是穆斯林。按照我对穆斯林式的理解来说，在穆斯林看来这两个不算兄弟，因为兄弟不是由血缘关系而是由宗教关系来决定的。因此，站在穆斯林立场那边的一个人可以向基督教徒的另一个人发起"吉哈德"。这对于大多数非洲国家是一个非常大的问题，必须得加以解决才行。

梅塔南特博士：关于少数派与多数派的问题，我想向穆克蒂博士和赛卡尔教授请教一个问题。世界上有些地方，少数派宗教教徒为对抗占多数派的政府，不惜采取伤害自己的方式；而在另外一些地方，占多数派的佛教徒却给人以好战的印象，以至于对穆斯林造成伤害。这是为什么呢？难道这是因为不同的宗教所持有的不同价值观造成的吗？

库苏罗博士：在这个全球化时代，为了加深社会间的联系而出现了宗教回归社会的现象。而且，宗教对社会起到有益的作用表现在两点上，即自信和归属意识。问题出在西方国家与伊斯兰的关系上，至今没有伊斯兰与西方国家采取对彼此有建设性的行为，却指责穆斯林社会的世俗性，这只能起到反作用。

至于对"吉哈德"的解释，我们对暴徒们把其他宗教的信徒视为不信教者加以排斥的做法深表失望。他们所做的是，将改革派拒之门外，无视潮流现实，对经典加以狭隘肤浅的解释，是一种很可怕的行为。这还不仅仅限于对经典的解释上，他们将与自己不同的穆斯林或非穆斯林都视为不信教者，他们嘴上承诺的是天堂，然而实际上把人们的生活变成地狱，导致宗教之间的暴力和屠杀就是这种思想造成的恶果。而且，这种思想在向我们的社会蔓延。很多人或为了宗教或出于宗教原因在自相残杀，这实在是太危险了。

怎么解读经典呢？我认为应该抱有接受启蒙的态度来感受真主的慈悲。也就是说，不应该把宗教用于政治目的上，那是一种误用。只是，在为了建立宗教或宗派之间的和平关系的时候，宗教可以起到建设性作用。促进友谊和相互尊重的对话本来是我们宗教的共同点，摆脱暴力和激进分子并非是要拒绝宗教本身，而是公开向人们表示我们迈向民主主义的承诺和决心。

罗森博士：展开关于"吉哈德"及其整体概念的讨论，我听后受益匪浅。作为到会者中唯一的犹太人，在人数上绝对处于劣势的我，通过这个讨论给我的感觉是，必须站在自我分析的原则上，实事求是地认识自我，并且努力追求真理。所有的宗教都有各自的方式和途径。比如，基督教里就有传道的概念，所谓传道，就是必须把自己的口信（想法）传达给别人或异教信徒。但是，证言是保持这一概念均衡感的重要内容。它是一种誓言，体现为"理解对方，人道的，像神主一样对待别人"是一条以身示教来影响别人的传教之道。这是一种不同的模式，正如有神秘的途径和合理的途径一样，这种不同的模式以前就常有。而且，当然也有发挥政治作用的政治性途径。通过听取不同的见解让我感到的是，来用"吉哈德"追求真正的自我，其唯一方法就是尽量站在对方的立场上看待问题。事实上，昨天，尼芬大主教就指出："在这所有一切之中，哪里能够感受到爱的概念呢?"《圣经》中有"像爱自己一样爱邻人"的概念。《圣经·新约》将之作了补充："要爱你的敌人。"爱是无法命令的，同样去爱谁也是无法命令的。但是爱心是可以鼓励的。并且，我期望大家都有爱心。其实，希伯来语的原文中没有"像爱自己一样爱邻人"这个说法，而是说："要爱邻人，为什么呢? 因为他或她就是你自己"。我们本是同根生，通过这个讨论，让我们了解到在我们这个世界上有太多的地方缺乏真正的自我审视，从而无法理解对方。

比如，我在这儿提出一个也许会引起争论的意见。我个人饱受中东战乱、巴以战争之苦。尽管备受创伤但是我仍站在左派的立场上，期望双方都作出让步走向和平。但是，任何一件事情都不是非白即黑那么单纯。中东问题不单是纳粹大屠杀的产物，也是"穆斯林以前谁在那儿？那儿本来是什么颜色？"这个问题的产物。因此，能单纯地说："我是出于保护自己才与侵略者作斗争的"这种话吗？也许那个侵略者并不是最初的侵略者。我们似乎背负着相互残杀的命运。但是，必须与非白即黑地单纯看待这个问题的倾向作斗争。而且，还要显示出我们的爱心和理解。实话说，与会的各位，和我谈过话的人没有一个不是可爱的。为什么这么说呢？为了寻求一条正确的道路与妥善的解决方法，他们也在作相当大的努力。如果想要成功就要按尼芬大主教指出的那样，向对方表示我们的爱心。在付出这种努力的同时，我们也要对各种其他的情形有所认识。而且，尽最大可能找出一个彼此靠拢的方法。

克雷蒂安首相：我要提出一个问题。我一边听讨论一边想，为什么没有一个人提出政教分离这个主张？一百年以前，我的国家就曾经是由宗教控制政治的，但是，今天在我国，宗教与国家是绝对分离的。听了你们的发言和讨论让我感觉有一个印象，似乎宗教与社会是一回事，宗教对政治的运作过程起决定性影响。依我之见，那是一种滥用。因为个人的灵感是带有强烈私人情感的东西，那是一种发自个人对造物主的信仰。虽然那很重要，但是一旦把信仰和政治掺和在一起就会产生许多矛盾。今天早上我没有听到有谁说政教分离这句话。不管在哪儿，尤其是处于严重封闭状态的国家认识到这一点是非常困难的。这不就是尼日利亚总统的问题吗？为什么宗教团体不理解国家的政治活动和他们的信仰是两码事这个道理呢？

张信刚教授：让世界伦理从宗教信仰中获得独立是我们该做的基本努力。但是，今天早上的讨论给我的印象是，仿佛看到了今日世界的快照图片却配搭着一个不般配的解说词。我认为，为了理解当今的世界是如何形成的，有必要回顾一下历史，这也许有助于我们了解他们是如何理解"吉哈德"及其相关问题的。

现在,我们在维也纳,所以我想以1530年奥斯曼帝国的军队撤退维也纳的历史作为话题。当时,奥斯曼的苏丹们不用"吉哈德"这个词,而是用"加迪斯"这个字眼。"加迪斯"是指战斗在扩大伊斯兰前线的战士们。按照你们的定义,扩大前线也许并不是目的,但是,"加迪斯"是苏丹们方便的工具。今天,我们常常看到有关新疆的新闻报道,在11世纪由于"吉哈德",新疆被伊斯兰化了。今天的乌兹别克斯坦、土耳其袭击了东方。同一种族里面既有佛教徒,也有土著信仰者,还有基督教徒等。但是,从11世纪到15世纪展开的"吉哈德",把新疆的大多数人变成了穆斯林。所以,我认为一个国家如何发展,和宗教信仰一样,历史原因起到的作用相当大。

奥巴桑乔(尼日利亚前总统)主席:所谓宗教,不论它出于哪种政治见解,也不论它属于哪个宗派、社会,它不仅向人们指明一条人生的道路,而且,把遵守教义作为承认对方是信徒的条件。不论是基督教、伊斯兰教还是犹太教,都有人死后生命犹存的思想,活在世上的所作所为决定死后的待遇。像印度教或佛教等其他的一些宗教,不也有善有善报、恶有恶果、来生转世的说法吗?这也是对信神守教的一种认可,否则将受到惩罚。我是接受这种思想的,并相信在座的各位抱有同感的也是绝大多数吧。

但是,从其他宗教信徒的眼中看来,我被视为无信仰之辈,他们会按照应该与无信仰之辈战斗到底的最高指示来对待我。但是,这种主张在我的出身地点、国家以及我的出身地区被视为重大问题。实际上,使我忧心忡忡的是这个问题已经扩大至全世界。自由地解释也好,合为一体也好,先知穆罕默德所说的与现在的状况已经发生了翻天覆地的变化。我毫无冒犯各位的意思,如果穆罕默德能够看到今天的世界，我确信他一定会另有一番教诲。

我曾对基督教徒的兄弟姊妹们说，如果耶稣能够活到今天，他去耶路撒冷就一定不会是骑着驴，而是乘坐直升飞机了。环境发生了巨变，对这一点我觉得需要加以重视。我担心的是，如果按照《古兰经》所教导的要与无信仰之辈决战到死的话，那么，非洲尤其是在西非几乎所有国家的人们都无法活了。如果是那样的话，和平绝对只是痴人说梦。引导双方进行有诚意的对话也不会是像我这样的人能够做得到的，这一切都是在骗人。我相信你们是可以帮助我们的。

阿尔·萨雷姆博士：首先，根据《古兰经》以及逊尼派伊斯兰教稳健的理解可以看到，实际上，宗教领袖们的思想已经从中世纪跨入到现代了，他们对《古兰经》以及逊尼派伊斯兰教抱有现代式的理解。如果有新的理解，为何还需要宗教领袖呢？那是因为，在新生活、全新的世界中，经济学家、科学家们的理解力要高出宗教家。

这是一个需要正确理解的问题。我们无法找到一所教堂或一个僧侣让所有的人都成为他的信徒。伊斯兰中谁都可以成为宗教领袖，这是我们的问题，我们有 1400 年的历史，而且在不断地发生变化。如果可以按照经典的文脉加以理解，那么我们谁都可以按照自己的愿望和思路来创造出一个宗教。各路军队也可以按照各自对经典的理解大动干戈。这样一来，势必造成毫无规则、一片混乱的局面。所以说，我们必须回到经典的原文中来，不得恣意附加任何解释。

赛卡尔教授：您的意思是谁都应该按照 7 世纪的状况来恪守 7 世纪写下的经典，对吗？我却认为，应该注意到经典里教导伊斯兰要适应不断变化的时代和形势，也就是说要有应变的思维。先知们所说的并不是僵化生硬、千古不变的，而是允许信徒根据时代和环境随机应变的。

第五分科会　伦理的再发现及其
在决策方面的作用

主持人　塞浦路斯前总统　乔治·瓦西利乌

引　言

世界上的主流宗教都有相通的全球化伦理标准，这一概念是由世界行动理事会在 1987 年开始推广，是一个激进的想法。但是，这个想法被当今社会所接受。问题是这个想法在政治和经济决策中很难被活用。

第一位发言人，柯克·O. 汉森教授概述了公共伦理标准在是否能左右政治和经济决策这个问题上的复杂性和困难性。在商业世界里，利益和道德的斗争一直存在。公司在尝试应用伦理标准时遇到的主要问题是，竞争劣势、金融市场的压力以及缺乏法律权威来保证社会福利等。对于政府，人道主义、国家利益、领导者自身利益这三者之间的冲突一直存在。汉森教授表示，如何将全球化伦理标准运用到政治和经济中去这一问题从来没有人作出过确切的答案，这一点很令人担忧。

马诺·梅塔南多博士在对小乘佛教所运行的《吉祥经》(Marigalasutta) 也就是吉利这一古代概念进行说明时，介绍了道德联邦这一概念。泰国人，通过道德联邦这一概念的引导，积极参与社会建设，创造了一种充满活力的社会意识形态。马诺博士向泰国政府提出将这一概念引入公民身份证的建议，即对青少年的道德志愿者活动，通过电子记分，向分数高的人优先提供高等教育升学以及职业培训的机会。

谢赫·阿尔·克莱希阐述了他对金融道德的看法。近年来的全球金融危机是由于整个金融行业道德行为的崩溃和对于终端客户缺乏责任造成的。欲望诱导我们成为的不是被人们所尊敬的人，而是不断地榨取他人的人。主流宗教是能够帮助金融部门的，伦理标准必不可缺，最基本的伦理标准应该由家庭教育和学校教育完成。法规和规章无法取代个人的高洁品德。他强调，支持伦理价值观的教育，是改善正在快速转向文化日益颓废的无政府状态的社会的唯一途径。

哈姆扎·阿鲁萨莱姆博士提出了将伊斯兰教伦理标准的解放引入伊斯兰政府领导者的政策决策过程的建议。他指出，伊斯兰教的伦理标准是在特定的制约和限制下的，是舍弃了暴力和流血的道德规范，与一般的伦理标准无法调和。教法学者们呕心沥血几个世纪，通过删除其中包含的宗教内容，才使得伊斯兰教的道德从法规中解脱出来获得自由，这也是去除了作为极端分子的动机的宗教结构。

他指出，在一般辩论中，许多参与者希望成为有道德的人之愿望与他们的实际行动之间存在着明显的矛盾。政治领袖们声称，因为人非圣贤，只要是生而为人，总会受到各种诱惑，仅仅靠伦理标准是不够的，法律法规的制约是必要的，政客们总是承受着压力。对于贿赂行为，行贿方是不是应该受到处罚的讨论占用了很多时间。对于政府而言，他们永远不会同意金融业的监管，这是因为会损害该国的主要产业。对于是否施加压力让领导们按照伦理标准去行动也在讨论中。为了养成社会需要的诚信精神，造就取得成功的模范者，教育是至关重要的。此外，对于媒体、国会，包括科学在内所有方面的伦理标准都是必不可缺的，无论是企业还是政治家都应该接受广大市民的监督。他还强调了透明度的重要性。

在总体悲观的看法中，也有阐述乐观的态度。也就是说，过去的一些主要的改进，都是由其中一个人或一个小型机关着手去做的，他们首先会对社会表示承诺，然后一步一步地对政治议程产生影响，并取得了一定的成果，这就是有意识的建构。因此本会也指出，我们这些人围绕伦理这一主题，应该继续提高发送出去的声音。

第一发言人 美国加利福尼亚州圣克拉拉大学马克库拉伦理学中心常任理事 柯克·O.汉森教授

全球公共伦理于政府以及商务伦理政策的影响

引 言

本文旨在介绍以伦理决策为中心的会议，由商业组织道德学教授兼罗马天主教教徒的我，从经验出发进行总结。以下概述了即使是通常被人们所接受的全球公共伦理，在将其导入到政治和经济的决策中时所遇到的困难这一事实。

在推广全球公共伦理的过程中，世界行动理事会的领导极具影响力。在会议的讨论中，以及在联合国和其他机构的讨论中，我们关注到所有宗教参与共议，事实上的人类公共伦理议程，了解到没有比同意这个伦理议程更重要的协议事项。公共伦理议程的概念，在1987年由世界行动理事会开始推广，当时也许是激进的。然而，这个概念被广泛地接受，赢得了大家的支持。

我没有觉得这个工作是容易的。各宗教、各民族的文化中，对于伦理标准的制定有他们的传统。而且，包括我所在的罗马天主教在内的某些宗教，曾有过这样不幸的时期，对于不同阶级的各类人——奴隶也好异教徒也罢——的权利和价值进行区别对待。幸运的是，整个天主教和基督教在20世纪针对所有人实行的普适伦理和道德戒律，保证了宗教的自由，我们看到了这一显著的转变。

今天，为了理解其他宗教神学和伦理信念的不同，已开展了让许多宗教学家进行互动对话的活动。在这样的环境下，世界行动理事会的顾问汉斯·昆博士起草的《人类责任世界宣言》作为实现人性善良的象征，一直发挥着它的作用。邀请各宗教领导人参加的本次会议，已经证明了这个愿景的力量。

从伦理标准到伦理决策的普遍问题

从全球公共伦理标准的建立，转移到关于这个伦理如何引导政治、经济决策的共有理解是非常复杂的。面对政治经济形势的伦理选择时，起影响作用的是资金的有无、政治和经济结构的成熟度等因素。在进行政治、经济的行动和决策时，实现简单的伦理标准，即使不是不可能的，也是非常困难的。

最具挑战性的是这种情况。伦理选择取决于在某些特定复杂的情况下应该怎样才能实现"善"。例如，针对某些国家侵犯本国国民人权的行为，是否能改善这种情况取决于采取什么样的干预。在某些情况下，伦理的干预手段也可能是国家联盟的军事干预、制裁的执行，或者是只停留在单纯的抵制和抗议。同样，对于应对低迷经济状况的商业手段，有用解雇，也有用保留员工，或者休假的方式。在某些情况下，经济低迷是短期的，然而在某些情况下，对于某些行业和公司而言，不再雇用新员工的情况也是存在的。

第二个具有挑战性的问题是，当事者的能力和经济实力问题。在世界的黑暗面，或在一些世界上同时发生的各种争端中，全部进行军事干涉是不可能的。在经济不景气的情况下继续聘请员工再培训他们，这对于一些公司而言经济实力也是不够的。

第三个具有挑战性的问题是，发展阶段本身的问题。一个能够提供给劳动者财政支持和再培训的富足社会，比起落后于历史发展阶段的社会要更有伦理责任感，有的实业家主张同样的原则在企业也适用。换句话说，企业只有在稳定和成熟的时期才有义务去考虑道德伦理的决定与利害关系的权衡。无论是在任何发展阶段，政府和企业都有必要接受这一挑战，去建立约束他们的伦理标准和规范。然而，其他的几个标准，可以说是只有处于发展阶段较为成熟的时期才会产生约束力。

罗马天主教会对伦理决策的尝试

在罗马天主教，教皇和各国的主教及教会的领导者们，通过一系列教皇的《社会通谕》（*Papal Social Encyclicals*）和全国宗教声明，试图说明在政策、政治、经济中道德传统的确切应用。1891 年罗马教皇良十三世的《新事》通谕（*Encyclical Rerum Nova rum*），一直被视为现代《社会通谕》时代的开始。2009 年罗马教皇本笃十六世的

《通谕》是最新的版本。2013 年 11 月 24 日，罗马教皇方济名，就政治、政策、经济问题宣布罗马教皇劝告（Evangelic Gaudium）。

在罗马教会的道德传统，劝告没有《通谕》具有权威性。在美国，20 世纪 80 年代全国主教会议已发出两封与我们这次会议议题相关的著名牧函。其中一封是核武器扩散与和平问题，另外一封就与经济的公正相关。但在梵蒂冈，就天主教教会集权与分权问题展开争论，这样的争论中断了美国和其他国家的全国主教会议发表声明的行动。

一系列的教皇《社会通谕》已经确立了一些重要的课题。其中包括人类的生命与尊严、家庭的重要性、社区建设和全民参与、人权与责任、对贫困人口和弱势群体的特别义务、工作的尊严和劳动者的权利、与世界上所有人的团结、保护和尊重环境，等等。这些文件的根本原则被称为"分权（subsidiarity）"，也就是主张这些问题的决定和实施都应因地制宜，用当地最为妥当的形式进行。

在最近的《社会通谕》中，教皇本笃十六世亲自写到，哪怕在众多其他课题中，市场也不应"为其本身"而存在，必须服务于全人类。本笃教皇表达了对贫富之间巨大差距的特别关注，劝告实业界的指导者们应作出服务于所有"利益相关者"的决定，他采取了"经济结构是为服务全人类而存在"的这一原则。教皇方济名在 2013 年的劝告中进一步强调，有必要将对贫困阶层的关心反映到政策决定中去，对"排除经济和金钱偶像崇拜"表示叹息。

将伦理标准应用到经济决策中的几点问题

作为商业伦理学家，在我的生涯中一直在研究如何将伦理标准纳入商业决策中去。许多学者首先考虑的是资本主义理论与利益的最大化，就其中与道德价值观之间存在的紧张关系进行论述。这种紧张关系是一个现实，尽管也有很多值得一提的，双方为了和解所做的尝试，然而直到今天紧张关系仍然存在。

在调和伦理标准和资本主义的矛盾上，最应受到关注的尝试是，对于具体的商业态度，非政府组织和企业通过了无数的"全球规范"。包括员工和环境对应的供应链基准，水的使用和污水处理的全球环境基准，"冲突矿产"的交易，与污染的斗争等。这些全球性规则和其他类似的规则，为解决全球商业面临的三个基本问题带来了希望。

第一个是竞争力的问题。对于初期符合伦理标准的业务发展，在这个标准具有合作性，并被广泛适用，而且专注于伦理标准也不会影响竞争力的情况下，公司方面才能放心。然而现实的情况是，"自发的"全球规范并没有完全解决这个问题。为了赚钱，有很多公司忽略了这些规范和标准，始终存在一些国家，为了使本国企业可以以较低的成本运营而订立了较低的法律基准。

第二个问题是，为了每个季度都能不断产生利益，金融市场提出越来越多的要求，给公司带来了强大压力。通常情况下，相信道德伦理决策可以给企业带来长远利益发展的很多实业家，很多时候也会受到制约，回避为人类做贡献，选择作出"对于商务更有利"的维持短期高水准业绩的决定。这样的做法，无论是对无视利益的股东，还是对经济本身都是不利的。

第三个问题是，国家缺乏一些法律权威，来使专业的经营者们作出优先考虑大多数人利益的决定。美国和其他国家的公司成立的章程规定，以服务于董事会和管理委员会的股东利益为准则。但是，他们被赋予了一定程度的商务决策和伦理决策的宽松度，虽然伦理决策与股东们的长期的利润明显相关，然而却缺乏必要的说服力。

许多公司提到的第四个问题是，根本不存在世界伦理标准，或者说在世界伦理标准上根本无法达成一致。世界各国的不同文化对伦理的期望也是互相冲突的。有一些商人，在这一点上放弃了所有责任，他们说只要满足业务管辖范围的法律标准就够了。事实上，这样的"应允式哲学"，即使不能代表所有的公司企业，也已经成为许多全球性公司的主要营业方式了。

满足全球伦理标准的政治决策之进展

我在本文的开头，已经注意到有关商业活动的数十或数百个自发性规则。这些规则旨在建立人人平等的竞争环境，遵守这些规则可以增加和保护股东的长远利益，而且可以赋予经营合法性。

既没有政治上的权势，也没有经济上的实力去促成全球伦理标准转变为全球伦理标准的政策决定。然而，这些自发性的规则和其他具体进展为今后的过渡作出了贡献。

在人权、环境污染、腐败、消费者权益等特定领域，全球性法律规则标准化运动正在展开，联合国、经合组织、区域经济组织都鼓励这些运动。在这些为了建立自发性规则而努力的运动中，最重要的是联合国全球协议。虽然这个协议自通过起只有十年时间，然而该协议中关于制定企业态度的 10 项原则，已经被数千家参与的企业采用。这一建立自发性规则的运动，已经在某些领域取得了相当大的进步。例如，几乎所有发达国家都采用了反腐败的法律法规。然而，像大家一直担心的那样，从法律建立到法律产生效力是需要时间的，在这一点上缺乏一贯性。

企业遵守现有的法律法规，培养出精益求精的态度，这一做法维护了人类的福祉。这种"企业合规"运动，在美国及其他国家都在展开。(这一运动曾经被称为"企业伦理运动",这种叫法容易产生误导。)企业的合规性——与活动有关的企业规则、教育、科研和纪律的手续——关于这些方面的内容,已在大多数的大型企业中被广泛地讨论与实施。然而,尽管各国正在努力推广这样的合规运动,仍有人指出,近年来企业的"不法行为"已经变得越来越普遍。

在美国和其他国家,为了限制董事和管理团队董事会的能力,创立了一种替代管理法,它激发了一场新的运动。那就是为了保障社会利益而被组织与批准的"B企业"的运动。美国50个州中将近一半的州,都在执行"B企业"法,然而在这样的法律下所组建的企业数量和规模都很小。

最后,宗教团体正日益加紧努力,以应对现实世界中政治和经济方面的政策。在我的天主教会,我们必须有应对现实的决策,并且一直在加强这种认识。我们必须动员天主教会和其他宗教的世俗民众共同承担这样的工作。有过政治和经济决策经验的教会领导者很少,教会没有专业知识来保证对于这类问题的权威性解答。梵蒂冈和天主教会先后发表了多项对由教皇本笃的经济决策的评论。教皇为了实现所谓的"负责任的商业活动",曾多次邀请商业活动的实践者参与商讨。其成果之一便是教皇厅所出版发行的倡导正义与和平的教材《商务领导者的使命》。本文的写作旨在推进如何从全球伦理标准转变为道德经济决策这一重要对话的讨论。

本文所概述的任务有两个,其中之一是,我们必须将全球伦理标准的共同认识运用到复杂的政治经济世界中去,并且真正做到在经济与政治中以这一共通的伦理标准作出决定。另外一个任务是,我们在面对巨大的官僚机构,有时甚至是抵抗我们的组织时,我们必须找到一种方法,以保证使其作出伦理抉择。这两个任务都是艰巨的而没有终点。政治和经济的背景一直变化莫测,如何将全球伦理标准与时俱进地运用起来,大家的洞察力和相关讨论是必不可少的。在不同的时代精神和社会背景的变容之中,将如何适用于明天、今后和未来,还需要进一步的观察。我们组织的性质永远是处于变化中的,为推动伦理选择的一致性,如何巧用组织内部结构和激励机制的优势,都是需要持续思考摸索的。

现实情形是,在政治和经济的世界里,关于如何运用全球伦理标准这一问题绝不存在固定性和永久性的答案。通过对许多不同类型和不同层次的组织进行不断的观察是很必要的,政治和经济的领导者必须对这个持续的过程保持一个开放的心态。

本文侧重于讨论经济组织中的伦理决策,但我们还需要观察专门从事政治和政策决策的组织。例如,对于是否应该进行人道主义干预没有唯一的准则,能够影响到每个相关者责任的决策,是在尊重各方权利的前提下,通过大家之间持续的对话与观察,并且分析不同案例背景变化的特定性来应对的。在商业活动中也是同样的,伦理和利益之间的冲突是永无止境的,甚至在政府所关注的三类事项之间也有冲突。它们是个人利益、国家利益和领导者的自身利益,这三者永远处于紧张的状态。

第二发言人 泰国法政大学国际医学院讲师 马诺·梅塔南多

个人道德型联邦社会——佛教的正规解释

佛教里有很多关于实现内心平静和自我完成的训练方法,但佛陀从来就没有提及理想的行政制度和乌托邦的概念。佛陀本人也为探求精神世界放弃了王位，通过两千年间对佛教的传统诠释中可知，佛陀无论对社会问题或是全球性问题都很少涉足。小乘佛教的僧侣们对社会问题和非宗教的冲突往往不多过问。

但我相信，原始佛教经典之一的《吉祥经》是另一种诠释佛教的方式。而且我也相信，《吉祥经》直接关系到如何建立一个公正和平的社会。在小乘佛教中，每逢最吉祥的仪式或节日时，僧侣和比丘尼们都会唱诵此经。这部经典讲的是，来聆听佛陀讲授祥瑞本质的神仙们之间的对话，对于祥瑞的讨论是天地间永恒的议题。佛陀为了使我们能够理解以市民社会为基础的佛教社会理论，对38种吉兆进行了全面解说。

《吉祥经》

《吉祥经》来自于梵文和巴利语，内容是一些重要事件发生前所见的征兆，这是一种传统社会的信仰。在现代的小乘佛教世界里，《吉祥经》还是大家的普遍信仰，每个地方的传统对它都有自己独特的解释。例如在某些社会，人们相信服装颜色、身体部分的特征，或者家宅位置与外观会影响个人的将来。

《吉祥经》共有12节，从"不与愚者为伍"开始，到"与智者相伴"、"拜贤者为师"等。除了最后一节，所有诗句都以"这是最高的吉祥"收尾。《吉祥经》是对佛教原理的正确解释，它表明为了发展精神力量，佛教的理论和实践上的一致性，这部佛教经典所展示的就是佛陀的生活，是佛陀对自己教学理念的实践。

《吉祥经》12节对于佛教修行提供了一个全面的理论途径。祥瑞不能被恣意地排列，每种祥瑞都由规则而以正确的方式相互关联。从最外面的肉体部分为开端，佛陀循序渐进地向大家介绍善良人类的生存伦理标准与基准，从而通向最高洁的精神品质（与悲伤和污秽无缘的恬静的精神世界）。祥瑞的概念直接关系到未来的繁荣，这些箴言是僧侣和比丘尼主动学习与传承原始社会所形成的印度迷信，并将其理论化的结果。

这部经典也显示了佛教原则和其他原则之间的实际关联，这使我们能够理解精神进步的全过程。此外，这些箴言会引导我们去实践在此基础上的方方面面，进一步说，箴言的内容包含了对于父母、子女、伴侣、朋友的责任和社会道德，因此通过这部经典，我们可将社会各阶层的人都联系起来。

由于祥瑞是与未来相关的征兆，透过祥瑞，我们能发现社会是处于动态变化之中的。无论进步还是失败，都取决于社会全体成员的共同目标。换句话说，社会是道德的个体所组成的联邦，行善的每一个人都在为保持与调动社会朝着更美好的方向发展而作出贡献。通过这部经典的指引，我们会看到社会中人们肆无忌惮地放纵恶习是对未来的凶兆。它使社会堕落，导致整个社会风气螺旋式下滑而走向颓废。以实际行动扭转不良倾向，这是每一个社会成员的责任。

这种解释，来源于一种相关模式。我们的人生已与外部建立了条件关联，我们的成功或失败都与我们的道德行为相关。一旦实现了一种箴言，紧接着下一条箴言就会接踵而来。就这样，随着对所有箴言的实践，我们人生的幸福与成功便得到了保证。因此，这些箴言是佛教对于社会道德规则的正确传授，面对的是能够保证人生幸福成功的，与个人的道德行为相关联的社会的各个层面，社会集体的善举促成了全体社会成员的幸福与成功。

作为改造世界的力量的《吉祥经》

佛陀通过《吉祥经》的指引，成就了圆满的人生，终其一生完成了所有《吉祥经》。事实上，他是世界上最初的祥瑞。根据佛教传说，佛陀的前世是拥有至高美德的菩萨，在人间的一世，他决定放弃王子的身份而生活，这样的决断来自上天的恩惠，这样的选择促使佛陀完成了自身不懈的精神追求。在佛陀的一生中，他亲身实践了38种祥瑞，他在道德精神上的追求，得到了上天的恩惠，这些恩惠推动了社会的变革。

佛教创立的目的是为了向人类传播佛陀的教诲，以鼓励和引导人类通向高度的精神文明世界。悉达多太子为追求觉悟而放弃了现实生活，虽然一些人批判他不是一个好父亲、好丈夫，然而只有这样才能得到上天的恩惠。家人在佛陀完成目标后又回到了他的身边。在这个意义上，从《吉祥经》的教义来看，佛陀亲身实践了他所坚信的目标，而没有杂念。他是一个真诚的精神领袖，倾其一生具体完成并体现了他的所有教诲。

《吉祥经》和民主主义的发展

在佛教经典中，佛陀没有对社会作出一个规范的定义，或者说他没有谈及理想社会的形态。然而，佛陀明确地说人们实践《吉祥经》便是积极参与社会建设。佛陀的教诲，不只是单纯地为了启蒙开悟，也是帮助了人类学会种下善根。人们通过参与社会活动，减轻了自身的烦恼和痛苦，同时这种行为也改善了社会。

此外，无论性别或者社会地位，38种祥瑞对谁都是一视同仁，它适用于社会的全体成员。针对世俗人群的祥瑞，对于僧侣也适用，男性的祥瑞对于女性也适用，当然，反之也是成立的。

通过《吉祥经》的引导，社会不再是被分割开的各种人群所组成的集合体，每个人都相互联系，并与环境相关联。市民社会尊重法律和秩序，成员之间和睦友好，共同参与教育、艺术、科学、文学、哲学、宗教等各方面的社会活动。同时，他们彼此之间也担当着保护环境与造福社会的责任。

在这部关于吉兆的经典中，包含了佛教徒们需要遵循的理论与规定，根据这些可知，他们不能单独完成精神修行，因为精神生活与群体之间互相依赖。箴言还指出，宗教间的交流对于佛教徒的精神发展大有益处，在他们追求真理的实践中必不可缺。也就是知己知彼，了解其他宗教，才能更好地理解自身信仰。我坚信佛教界到了从古代教义中发现新知的时代。

根据《吉祥经》的教义，宗教领袖之间应该协同合作，以总结出维护人类尊严的最重要的经验教训。现今，如果要讨论信仰什么，以及哪种宗教才是最佳选择，类似这样的问题都没有意义了。我们必须要明白，最佳的选择应该站在至善的立场上，筛选出能够成就人类最大善行的信仰。而且，所有的信仰和宗教应各尽其职，并需认识到为了世界公正与和平之共同目标而奉献各自力量的重要性。

关于战略计划实践方针的提议

在这个互联网和计算机技术高速发展的时代，相关的技术已被应用至社会动员和人力资源开发之中了。根据灵感心理学权威专家马斯洛的研究，《吉祥经》也被应用于他所构建的需求框架之中了。

在泰国，公民的身份证信息直接联入政府的计算机网络，每个登记身份的公民的情况都被统计，被编入全国性的得分制度程序中。如

7岁以上的公民每人都可以免费分发到一张智能卡，由此联成的网络拥有所有泰国公民的基本情报。但是，数据库只有政府官员才能访问，公民无法进入该网络。法律利用相关信息，利用这一程序来保证公民的权利。

社会信用制是另外一种公民资料数据库，也是通过互联网设置，且网站对全体公民开放。注册该网站并登录个人资料的公民，可在其中开设关于各类社会公共活动信用考评的网址。这就是基于佛教《吉祥经》的哲学理论——善行与社会联手一体的道德联邦——而建立的。根据这一理论，全体公民人人都对于社会其他成员的善行与恶行有所自觉，各自担负起应尽的责任。

这种基于历史文献的社会信用制度，作为实现道德教育与人才开发的手段，易于被泰国及其他小乘佛教诸国所接受。然而，这种制度建立的前提是公民公共意识的提高，以及对每位公民进行的职业培训。这种做法还可以被导入到与志愿者的活动和人力资源开发相关的新领域中。例如，在医科大学的入学考试中，可以依据总工作量，对医院和地方政府医疗中心的志愿者打分和加分。在这样的社会信用体制中，年轻人可以受到鼓励，以追求更加美好的未来。此外，它也有利于开发人力资源。在未来，将有越来越多的人参与到政治、宗教、人道主义，以及与环境相关的社会活动中去。对于迫切需要解决的问题，如宗教间的冲突问题，可由政府专门开设促进宗教间和平对话的特别培训项目，并鼓励青年人积极参与。佛教理论与马斯洛的研究相互结合，通过应用IT技术和智能卡系统而得以升华，为人力资源开发和社会志愿者的服务打造更加繁荣美好的明天。

结 论

泰国政府通过新技术的开发，鼓励公民参与到志愿者活动中去，以促进社会的可持续发展。其中一个例子便是把公民身份信息引入互联网系统，将志愿者活动评分系统向一般市民公开，该评分系统的公平性是可以令人期望的。由于身份证的发放对象是 7 岁以上的所有公民，因此，这种得分量化制度下的道德奖励计划也同时在所有 7 岁以上的儿童层面实施。

孩子们可以参与包括植树、公共服务以及其他公共目的的活动，这些活动的结果可以立即被反映到互联网上。当然，关于是否承认这些活动的审查制度也是必要的。社会信用制度是保障民主主义、人权、人类尊严与调和宗教关系的巨大力量。此外在互助与关爱方面，奖励每位公民参与的社区保健服务也十分给力，这不仅可以削减财政支出，还将成为地方政府医疗保健事业的强有力支援。

提交论文

金融领域的伦理标准

沙特前央行行长　谢赫·阿卜杜勒阿齐兹阿尔·科瑞斯

借着本次宗教对话的机会，在行政部门和实业界有着漫长职业生涯的我，想以一个在世界行动理事会中非政治家的身份，向大家推出有关商务，尤其是金融方面的道德规范问题。在 2007 年的经济泡沫中，金融行业崩溃的主要原因是缺乏道德价值观，以此为开端爆发的全球金融危机，直到现在仍然没有完全恢复。在金融以外的其他行业中，由于可以通过调查客户来提高商品质量和改善服务，道德价值观并没有推向显要的地位。例如，如果你打算买一辆车，可以通过试驾，从很多品牌中选择符合要求条件的购买。生产劣质车辆的企业，无法在市场上存活。但是，金融事业的发展在很大程度上依赖于信用的保障。

金融伦理

银行家，永远谨记道德信誉在维持业务中重要作用。那么，为什么商业伦理观，尤其是金融道德观会崩溃成现在这个样子呢？简单地说，我认为是由短期主义和奖金文化所造成的。应该如何去做，才能重建商业和金融业的伦理标准呢？我想从下面两个明显的要点切入：

（1）积极诚信和消极诚信的区别；

（2）领导的重要性。

所谓消极诚信，仅指谨慎避免不正当的行为发生。可悲的是，很多人的诚信是消极诚信，而非积极诚信（后者有为了维护伦理标准而采取相关的积极行动），这就是现实。消极诚信是被警察和法律强制而为之，在商业现场由合规官进行监察。然而，积极诚信是生成于个人心中的美德，是以每个人所领悟和把握的价值观为指导的行为。积极诚信是我们从生活中的榜样模式所习得的，来源于社会中的家长、老师和每一个值得尊敬的人。他们不仅在商务活动中是上司，更是人生中的引领。我们不能简单地以法律、法规、约束为基础的法制角度去衡量道德的商业手段，道德的商业手段的标准同样必须发自于内心。

近年来的全球金融危机，从本质上来说是银行家们的社会道德良心败坏的结果。这场危机产生的原因，与不健全的风险管理、房地产泡沫市场的大量贷款以及人们冷漠的心态紧密相关。但其根本的原因，在于整个金融业道德形态的彻底崩溃，以及对于终端客户信用责任的缺失。例如，在次贷危机——住房贷款危机中，由于采取了不是注重业务质量而是注重业务数量的激励措施，房地产借贷中介业者完全不考虑贷款人的偿还能力，尽可能鼓励借款人高额贷款。房产证书被证券化，银行批准客户的贷款被出售给抵押贷款的资金池，并被投资者们不断反复地炒卖，承保标准也在持续下跌（也就是抵押贷款人没有偿还贷款能力）。其结果必然堆积出一个难以收拾的烂摊子。在这场贪得无厌的游戏中，处于终端的投资者们最终成为银行行骗的受害者。

此外，银行和评级机构之间的"共存关系"甚至出现嫌隙，评级机构的作用与银行之间充满了利益冲突。由评级机构定位升级的复合产品被视为是低风险、高收益的商品，因此人们对评级机构抱有过度的依赖和误认。

从次贷危机中可以进行推断的是，在贪欲横流的世界里，商业伦理观和企业价值观受到了挑战，这直接关系到银行的运营方法和监管体制的结构缺陷。对银行业的再监管是对付不道德商法的手段。近年来，银行业务道德成为一个热门话题，关键之处在于诚信和道德观应该是自发于内心的，道德价值观的养成应该成为银行员工培训内容的一部分。

信仰和伦理的结合

在信仰与道德的结合问题上，例如所有的宗教都在鼓励和宣扬伦理标准和伦理规范，主流宗教在这一点上都愿意与我们携手合作。例如，伊斯兰教不仅从法律上对其进行保护，还提供了非常有效的伦理标准系统。宗教深深扎根的地区犯罪率低是众所周知的事实，这是因为宗教教育人们将心比心，站在他人的立场思考问题，教导人们与他人相处的正确方式。事实上，对于我们社会整体的健康发展而言，道德的价值观是极其重要的。一般情况下，所有的信仰都具备5个共同的基本伦理标准，即：

(1) 不伤害他人；

(2) 诚实向善；

(3) 尊敬他人；

(4) 光明正大；

(5) 友爱。

这些价值观在任何社会中都适用，也应该在家庭和学校教育中传授给下一代。

众所周知，伦理和道德往往与宗教有关，学校也有关于培养道德的思维方式和行为的重要课程。然而，包括大学在内的学校中的年轻群体，其实并没有受到足够的真正意义上的道德规范教育。目前的现状是，他们从消费文化中学到了诸如"贪婪占有为上"这样的错误观念，显然，贪欲是人生中的错误指向。就如同普通公民在泡沫经济中失去了所有积蓄一样，贪欲会诱导你为了幻想中的未来利益牺牲现在的上天恩惠，抑或是为了一瞬即逝的短暂快乐而使将来的幸福平安化为泡影。

贪欲使满怀心机的我们无法将他人看成是与自己同样重要的同类，而是作为剥削榨取的对象。

伊斯兰教所提倡的生活方式顾及到人生的方方面面，其道德体系也是完全覆盖型的，这基于他们信奉创造和维持宇宙是唯一神的教义。

中东和北非（MENA）地区的企业管理

企业管理在中东和北非地区是一个比较新的概念。尽管处于初期阶段，在这些地区企业管理水平还是有着显著的进步。即使正在朝着良好的方向发展，然而也还是面临着许多问题和挑战。在沙特阿拉伯，企业管理的基本规范（透明度的确保、定期报告书的提交以及外部机关的监督等）已被严格遵守。事实上，对于一个成熟的企业来说，管理应该起到重要的公共政策目标作用。良好的企业管理有利于缓解金融危机带来的冲击，如果弱化企业管理，投资者的信赖度也会降低。实行良好的企业管理制度，将使所有参与者（监督官员、商界领袖、改革倡导者等）各尽其职，顺利地展开各项业务。

结 论

我的结论是，有意识地无视规则并不是万全之法。规章制度不能代替个人的诚信，它只能强迫人们消极诚信。积极诚信，应于童年时期或在从事第一份工作时期，通过接受道德规范教育而形成。变化是由内因而生的，在企业中，有无强有力地掌握道德罗盘的领导至关重要。商界领袖和政界人士必须通过自己的生活方式和言行，证明自己是有道德的人。换句话说，观察一位领导的能力不应该看他的地位，而应该注意他在实际行动中的表现。贪欲，不能成为价值人生的指向，更不会引导商业走向成功。

最后，学校对于伦理规范的传授将会成为道德教育的新方法。以伦理为基础的道德教育，已在思维方式会对个人有什么影响这一问题上，证明了鼓励学生作出自己认为正确的道德判断是可行的。自由主义者可能会说，这是反动的行为，但实际上这是正确的做法。这是一种保护伦理的价值观，是应对现代社会伦理价值观恶化和文化混乱的唯一解决办法。此外，对于投资者来说，在决定投资和购买前需要慎重思考，而商业伦理规范将针对那些不良商法，促使企业改正谬误，负担起社会责任，在保障投资者权益方面发挥出重要作用。

2014 年 3 月

讨　论

瓦西利乌主席： 几乎所有在座的人，都十分清楚自己对于伦理规范应该持有的态度。虽然会有一定程度的理解差异，但问题不大。我们是应该期待人们基于各自的善意去行动，还是应该向神父、牧师、僧侣们询问应该怎么做？另外，对于商业和政治领导人，我们是否需要在社会中建立一个可对伦理行动进行施压的制度？我认为，如果将伦理行动寄希望于人们的自由意志，成功的可能性是非常小的。甘地和曼德拉在特殊情况下改变了世界，但如此是不够的。所以我认为，为了能够更好地采取道德行动，应该讨论这个社会将如何对领导者施压的问题。

如果听到企业利润无法提高的原因取决于伦理因素方面的问题，股东们一定会抱怨；反之，如果他们听说股市上涨则一定会欣喜若狂而毫无疑虑。我承认伦理标准在人力资源开发和教育中的必要性，然而很遗憾的是我们全是凡人，都有弱点，还需要更加有力的监管控制。

弗拉尼斯基前首相： 至少从发达国家过去的二三百年间，我们已经看到了人类社会的巨大进步，这也正是基于伦理标准和人人平等的观念。受他们的影响，我们的国家也发展起来了，作为国家福利良好模型的社会保障制度也被建立起来了。我们在蒙特斯圭所说的"权利分化"世界中生活着。这就是说，我们听到了很多言论，其中每一条都是有价值并值得深刻思考的。在此，让我来引用今天的发言中所提到的一句话，这句话说："道德和原则在硬币的一面，人生的意义在硬币的另一面"。对于政治家和其他的政策制定者，在决策时是否应该施加压力，迫使他们考略道德方面的内容呢？也许答案很可能是"是的"，然而，这样的压力应该由谁来施予呢？

这与民主制度和民主主义的基本问题密切相关。例如，在欧洲和北美，对于政策制定者的极大不满，不仅来自于一般市民，还来自于政治组织。在欧洲，"不仅要代表民主主义制度，更应直接去实践民主主义"这一课题早已凸显。代表民主主义的是指各种议会中的国民代表，他们是否应该成为施压的对象？显然，"打着道德幌子"的也大有人在。几乎所有的西方代表大会都有道德委员会，时刻监察政治家们的态度，这是一个侧面。在另一方面，即使您已取得了不少成就，在人类平等、男女平等问题上也几乎永远不可能说是取得了成功。在许多国家，甚至是获得永住权利的居民也得不到平等对待，只因他们没有出生在这个国家，是从其他国家移民来的，而且人种不同。

所以，我的问题是，"政策决断中的伦理"是个意味深远的，并具有挑战性的课题，从重新思考我们民主制度的角度出发，应该怎样看待这个问题的意义？在美国，茶党对白宫和国会的不满就是一个典型的例子。在欧洲，大量的运动和组织直接坦言只有民主主义才能反映国民的意思。在东欧，甚至可以在街头听到相关的讨论。对于这些问题，应如何找到应对措施并且解决？欲望和道德之间存在着明显的矛盾，而现状却是对于决策者施加必要的压力尚未组织化。而且这种现状甚至增加了整个系统的稳定感。政策的决定确实应该具备伦理的基础，而对于这一点我们不应只是简单地附和，而应该确认，我们从本次会议学到了什么，带回去了什么，希望大家能够提出具有建树的建议。

奥巴桑乔总统：政治家们已被施加了压力，大多数政治家们都接受过来自选民们的强大压力。如果说要鼓舞符合伦理标准的政治家们的精神，某种激励是必要的。我不知道应该如何制定这些激励的措施，但某种形式的制裁也是必要的。这是保护伦理标准和向政治家施压的唯一途径，当然，这也是国家内部问题。

对于外部的问题，我也有所观察。据说在欧洲和其他国家，这种情况已经得到了改善，但仍然不够。几年前，我与彼得·艾根一起，共同组建了所谓的"透明国际"组织。世界经济合作与发展组织（Organization for Economic Co-operation and Development，简称OECD）各国的企业在本国之外的交易国进行贿赂活动，这样可以从扣除税收中而获利。这种问题必须得到处理。当然，经合组织在这个问题上达成了协议。然而，有的国家竟然也鼓励自己的企业在其他国家进行非法的活动，为了彻底扭转这种现象，请问应该怎样制定出相关文本和伦理标准呢？

瓦西利乌主席：有个消息我想告诉你，在塞浦路斯，成立了行贿方也必须接受制裁的法律。谁是谁非？在希腊，前国防部长被监禁，因为他从德国进口贸易中收受了巨额的好处，他们被监禁，但行贿方却只赢得了利益。所以，如果我们要建立一个更加美好的世界，类似这样的情况，不仅是受贿方，行贿方也应受到处罚。

奥巴桑乔总统：腐败是双方共同的行为，只有单方面的惩罚是不合适的。

克雷蒂安首相：在加拿大，行贿和受贿都是犯罪，这同时适用于加拿大的内部和外部，因此，奥巴桑乔总统是正确的。但在欧洲，多年以来人们相信海外业务有必要进行贿赂，因为这部分经费已经从税收中扣除了。当我知道这一事实时，真的感到非常震惊。这种坏习惯，在加拿大曾经持续了一段时间，后来由于有的企业因在尼日利亚等国行贿而被起诉，才被迫停止。这是一个大问题。禁止贿赂的法规虽然成为公司的重负，但实际上却也是解决问题的相应对策。我最近10年在做观察者，因为在政界工作了40年，对于这一点，我还是很清楚的。

刚刚阿尔·克莱西先生提到了2008年的金融危机，当时的问题之一就是关系到管理金融法规的上层领导的。过去，尤其是在美国，银行只负责银行业务，保险公司只负责保险业务，券商做中介调解，也有商业金融家。每个行业的业务是分工的。而今的问题是，所有这些都被混为一体了。如银行家也可以出售保险，过去，这在加拿大是不可能的，但现在已开始盛行起来。虽然我是反对的，但我的继任者却给予他们许可。现在，如果你去银行借钱，他们会回答你说"如果你想贷款，首先需要购买人寿保险"或是"不能贷款，不考虑一下发行股票吗？"这是因为比起提供贷款的金融服务，股票分红对银行而言利润更加丰厚。

过去它们被称为金融业的四大支柱，有各自的分工，但是在自由的名义下却放弃了分工，我认为这样的做法造成了一种永恒的利益冲突。另外，谈及我们的经验时，现在都说加拿大所有国民都没有银行家生活优越。当我还是首相时，不允许银行合并。在加拿大，贷款数额不能超过资产总值的 80%，但是从美国而兴起的是，贷款额度已经达到资产总值的 150%，因为他们寄希望于经过 10—20 年所有资产的价值都会上涨。于是，每个人都参与到保险公司和经纪人的游戏之中，不断制造生成利益冲突的环境。而他们所赌的都是短期胜负，如果有人将要做 5 年的银行行长，他必须迅速抬高银行的股价，如果这么做，只要行使 5 年的职责，他就可以买下佛罗里达州的豪宅。因此，道德需要支援。银行行长只根据利益去判断，股东们也完全不关心行长用什么方式去赚钱。无论采用什么样的手段，只要能够获取分红就行。

尽管如此，我们在商业法规的制定上也有了一些进展。恐怕现在世上大多数国家都认为行贿是犯罪行为，虽然 20 年前有所不同，但在今天，大多数国家认为行贿是逃避纳税的行为。道德行为必须是符合法律规定，所以法律中加入了贿赂不属于商业经费的这一条文，而且行贿人和受贿人同样属于犯罪者。这是我的见解，世界道德规范需要法律法规的制约，这是因为人非圣贤，诱惑一直存在。

弗拉尼斯基前首相：这个世界似乎在轮回。在 20 世纪 30 年代的大萧条时期，通过美国国会，《格拉斯 – 斯蒂格尔法案》成立了，并规定投资银行和商业银行完全分离，这是一个非常明智的决定。几十年后，克林顿总统对美国的银行感叹道："投资银行和商业银行的业务分离，会削弱美国银行在全球化过程中的竞争力。"于是这种业务分离又被一步步地取消了。之后，大部分的美国银行，不仅是在纽约，而且还将其业务扩展到了伦敦、东京、新加坡等地。

与此同时，英国也失去它作为世界第一工业国的交椅。基础设施老化，汽车生产行业规模缩小，机械生产也很不景气。于是，在英国产生最大利润的行业和地区，不是工业中心，而是作为金融中心的伦敦。这就是谈起金融监管问题时，我同意大家意见的原因。无论何种监管，都会损害作为国际金融中心的伦敦的利益，这也是英国政府不主张监管的原因，这是我想主张的第一点。

第二点是，数字化革命使金融市场更加有效地高速运转，就在我们坐在这里谈论道德这一议题的时间里，银行家们只需按动一下按钮就能将数百十亿美元或欧元从维也纳转到法兰克福、新加坡、东京，然后转瞬间再将这笔庞大的资本转回维也纳。这样的速度与便利也导致了很多人迅速破产。

第三点是，在全球化的世界里，工资和薪金水平存在着巨大的差异。因此，产业界的经营者们已经将生产基地从美国和欧洲的高工资国家转移到第三世界。政府通过将产业扩大到这些第三世界国家，受到了税收优惠待遇。税收优惠待遇不是贿赂行为，而是一种投资，向工资收入偏低国家的投资是相对容易的。然后，如果从本国和被投资国家的纳税额中扣除的话，甚至会出现一些从来没有纳税过的企业。

通过这三点，就可以解释为什么政治家们正在承受着压力。劝他们采用税收优惠政策的，不仅仅是企业的经营者们，也包括工会。因为增加订单，无论是对于工会也好，还是对于完全就业而言都是有利的。现在，我们要讨论的是道德，好吧，我要祝大家好运。

班迪·奥特娜：作为前任法官和经济犯罪专家，我想说，如果在金融体制中人们都有职业道德和商业伦理意识的话，在这个世界上也许就不会发生犯罪。问题是，有一些不当行为因为不构成犯罪，便无法受到惩罚。有时候，它是道德问题，道德是无法强加于人的。这就是问题所在，但无论是个人还是媒体，都并不了解这一点。弗拉尼斯基前首相所指出的确实是问题的关键，我同意他的观点。

弗拉尼斯基前首相：在这位女士的职业生涯中，一直在和犯罪分子周旋，而不是和普通的民众打交道。

古儒吉：2010 年，我们在印度开展了反贪污、反腐败的运动，因为腐败已猖獗到举目皆是的地步，即使去写一个死亡证明也不得不去贿赂，写出生证明也是同样的。所以在印度要开展反腐败运动，我们用了 15 年的时间向政府施加压力，促使其颁布法律。在印度，虽然有严惩违背道德行为者的法律，但是至今没有实施。

教育人们的目的是使其成为模范，要让他们手拍胸膛，凭自己的良心办事。人格的形成、对人的教育、法规法律的遵守、职业道德的操守等，我觉得这些是最重要的，只有出现犯罪行为的时候才应该使用法律武器进行处罚。重要的是如何防止犯罪，为了做到这一点，积极的道德教育和积极的诚信教育是必不可少的。所以我们做了一件事，那就是在印度通过召开大型会议，呼吁官员们当场发誓不收受贿赂，结果证明这种做法实际上是有效的。

过去，莫罕达斯·甘地所奠定的"节俭生活"模式也已从印度消失，我们必须再次回归这一美德，为世人塑造榜样。人们的记忆总是短暂的，在美国和印度的金融界，应该教会那些目睹了一个接一个丑闻的人"想要通过捷径赚钱，就可能进监狱"的教训。但是，相比之下，树立起诚实而又成功的榜样更为重要。不幸的是，年轻的企业家们认为，选择非道德的手段是赚大钱的方法。我们必须纠正年轻人的这种想法，并要树立起优秀的模范来纠正错误的意识。因此，对于商业伦理的构建，有必要树立起榜样，让良性事业提升利润的企业成为模范企业，并将自己成功的故事分享给社会上的人们，以鼓舞大家。

瓦西利乌主席：教育本身毫无疑问，但只有教育是不够的。在印度，一直强调不能强奸市民，但是强而有力的管理是必要的。

古儒吉：这是必需的，法律和教育都是必要的。

哈巴什博士：我想补充一下西克·阿尔·克莱西先生关于我们学校应该开展道德教育的主张。在教育领域，开展任何活动都是非常重要的，但是，如果没有对伦理标准拥有共同的认识基础，道德教育是无法充分进行的。我们都在讨论伦理，然而又有谁能够明确指出"这个是伦理的，那个是非伦理的，这个是道德的，那个是非道德的呢?"为了达成共同的伦理标准，我们在寻求更加具有高度和水准的判断依据。我们必须努力，特别需要会议的讨论，但在本次会议上想要作出关于什么是"决策中的伦理"这个问题的结论恐怕依然很难。

为了在学校进行伦理教育，达成新的共识，以创建一个崭新的全球性认识，需要将专家们聚集在一起，从一言一行开始逐步去讨论。这种方式在宗教里很容易实现，我起草了这份草案，交给基督徒、佛教徒、印度教徒、犹太教徒，为了成为全人类的参考，我们竭尽全力。所有民族、国家和宗教，终于可以共同发言了。即使没有专门在道德这一领域内举办过的活动，我们作为宗教人士和哲学学者也会在全世界的每一个角落谈到伦理。但是，我们无法断定"这个是道德的，那个不是道德的"。全人类都是上帝的孩子，我们都承受到了上帝的眷顾，才生活在同一个大家庭里，所有的家族成员拥有同一个父亲。不过，我们仍然需要艰苦奋斗!

瓦西利乌主席：尽管我们为此竭尽全力，我们终其一生也无法完成这个使命，即使是我们的子子孙孙，生生世世也恐怕难以实现。

马加利首相：关于"决策中的伦理"这个议题，我们主要听取了金融界和实业界领导者的发言。世界上最有影响力的是媒体，并且媒体的道德规范对于政策决定有很大的影响力。所以，关于道德无论做什么样的发言和决定，都应该把媒体包含在内。第二个重点是议会，议会是立法机关，如果要制定反映伦理道德的法律法规，国会议员也可发挥他们的作用。第三个重点是科学，不幸的是，截至目前，我们对科学这个领域从未进行过道德规范的制约，特别是对于那些危及人类生命的发明。因此，我们还应该提及科学的伦理标准。

施伦索格博士：到目前为止，听完大家的讨论，我想对大家说的是，我们并不需要对这个议题太过悲观。这是因为，回首过去的四五十年，对于一些大问题的解决取得了显著的进展，例如生态系统及西方社会中女性的作用问题等。即便在武器问题方面，过去的进展相当缓慢，但在这半个世纪里，我们为什么能在诸多领域的问题解决上取得成功呢？这是因为，这些问题由一个人或一个小机构提出后，被提升到了全球问题的议程上来的缘故。这是一步一步的，首先，作为政治议程，通过公开辩论将问题展开之后，政客们也发现这些问题的存在并将它们纳入政治议程而予以对应。我们把这个过程叫作意识的构筑，它是一步一步的，所以我认为对于商业伦理也是一样的。在20年前没人提过商业伦理，如今它已成为许多大学和企业的一个老生常谈的问题。所以我的观点是，对于伦理问题，我们应该继续扩大声音。在这方面，世界行动理事会是一个可以扩大我们声音的组织。

我想提出的第二点是关于奥巴桑乔总统所提出的"如何鼓励政治家，激励他们的道德行为"的问题。有一种很重要的激励方式就是民众的舆论，当丑闻出现在媒体上时，或道德问题在媒体上曝光时，或当问题中的道德层面部分被放在媒体上进行讨论时，便可能会引发民众的讨论，也可能变为形成民众舆论的机会。

第三点是，图宾根大学有商业伦理研究所，我们的大学基金会也设在大学中。我们正在讨论的是关于商业伦理模式的转变，有老模式和新模式两种，老的模式是对规章制度进行限制的模式，例如在合规管理和企业责任等中发挥重要作用。许多企业正试图避免在不同领域的操作失误，这在商业伦理中也是极为重要的一点。

然而有一个新的议题是，有人主张"光是这样是不够的"，如果我们继续以人性的观点，这样来教育商业界和政治界的年轻专业人员："人类是经济的动物，总是趋向于使自己的利润最大化"，是绝对无法解决问题的。然而，作为商业或政治的新机能，如果可以教会他们发挥自身的职责和作用，我们就有机会改变整个系统。但是即使能够实现，我们也只不过是得到了一个改变系统的机会而已。如果要改变我们对系统的看法，那就是教育的问题。因此，我们应该从商业学校和大学教育着手。除此之外别无他法，我们任重而道远。

瓦西利乌主席：教育是很重要的，我们都同意这个观点。但是只有教育还不够，还有更多的事情要做。即便如此，我们也并没有悲观。如果是悲观主义者，连这样的讨论都不会参加。我们认识到，在很多问题上我们都有了显著的进步，但仍然不够。

巴达维首相：我们讨论了关于伦理的问题，这是一个非常重要的问题。在我国政府，公务员不仅是公务员，还有老师的身份，他们要教育警察，向他们强调道德的重要性，教育他们如果要想在工作中树立一种负责任的态度，应该怎么做。这一点很重要，但如果说到道德，就不能回避贫穷问题，它也很重要。大家总是抱怨贫穷问题，总是将指责的矛头对准银行家、实业家以及富翁们。因为不满，所以将更多的希望寄托于政府，这就是问题所在。改革是非常重要的，特别是银行改革尤为重要。现在实际需要的是改革，需要重新审视我们目前的所有，为了找到一个让人们满意的解决方案，必须根除贫困。

穆阿迈尔氏：我觉得全球化是一个问题，当干细胞革命爆发时，幸运的是，全世界都想到了应对这项科学成果的规章制度。然而涉及通信等许多方面规章制度的建设一直停滞不前，例如几乎没有涉及环境问题的规章制度。另一个问题是社会媒体，他们的力量正在逾越教育的作用，所以我们必须做点儿什么。

因此，影响人类的根本力量到底是什么？如何决定？哪些才是符合伦理的？学校、家庭、礼拜场所，还有媒体等，如何面向全世界制定出一般的准则？当经济几乎占据主导地位时，这关系到的不仅仅是经济利益影响世界的问题，有什么解决的办法吗？虽然还有很长的路要走，我认为我们应该从自身做起。

梅塔南多博士：在泰国，我们相当频繁地讨论伦理教育问题，我属于道德和伦理小组委员会的参议院成员，使用互联网时，我们采用"负责任的公民"的表现形式。在我们的程序中，采用了鼓励人们受序、善行的模式。对参与社会服务活动的学生给予加分。我们得到了实业界的捐赠，对于奉献社会的人，我们可以将他们的信用点通过手机返还给他们。这些会在网站上发布，无论是谁，只要对社会作出了贡献都会被大家所知晓。这被称为社会信用系统，这项制度在今天的泰国已被实施，我们希望通过 IT 和社交媒体，在不久的将来建成一个更加美好的社会。

瓦西利乌主席：这是一个好主意，我们得到了一个非常不错的建议。每个人可以发挥的作用都是透明的，有了透明度就会对个人施加更大的压力。对于政界和商界的人来说，如何收集资金，都必须定期发布报告。这是因为在世界上的许多国家，有很多一夜暴富的人出现，这些人曾经是非常贫穷的人，他们通过成为政府要员而开始敛财活动。如果他们每年都必须上交资产报告的话，世界将会有很大的改善。

汉森教授：对于一些机制中哪些机能在发挥作用的问题，是有答案的。答案是，所有的机能同时运作，并且关于企业的基本治理问题，应该及时公布报告书，透明度也发挥着相应的作用。企业通过合作模式，应对国民的施压，制定规则所得到的结果是，让任何规则都能发挥作用。也存在新的法律空间，在经合组织成员以及其他国家中都有反腐败法案，正如一些人所指出的那样，这是必要性意识增强的结果。虽然这还只是为了治理腐败进行的阶段性尝试，但我们已经取得了很大的进步。

然而，即便有了这些进步，对于企业的经营团队而言，仍然需要创造性的道德态度。这不仅不会对股东们造成负担，这种道德性的商业体系还能确保其他相关者们的利益。这就是"创造的资本主义"或"良心的资本主义"的最低标准，很多企业已经对此完成了大量的研究，这是一种乐观的迹象，但它仍然不是一个完整的答案。在面向未来的道德思想方面，我们仍然需要被施加压力。答案就是，我们今天所讨论的所有方式、方法、手段都是必要的。

我一生都在推崇，实业家们应对自己的行为负责的教育理念。我不知道我的影响力是否可以通过统计学的方法得到测量。有时候，我开玩笑说，我的学生们的起诉率比社会平均值低47%，当然事实不存在这样的统计数据。通过教育，我们至少可以希望每个人在自己的职业生涯，或在各种可能性选择中认识到采取伦理行为的必要性。

作为最后的评论总结，我们同意马加利博士所指出的，在其他领域也存在职业伦理标准的概念。我、政府、媒体以及非政府组织，都认为伦理基准非常必要，因为在现代社会的这些重要领域中，都需要实施同样的规章制度。

第六分科会 前进的道路

主持人 日本前首相 福田康夫

引 言

最后一个会议的议题是："在预计到世界人口将达到 90 亿的情况下，基于伦理标准，我们应该如何运用智慧来创造一个和谐公平的世界，如何为子孙后代留下一个可持续性发展的世界。"当然，面对涉及人口增长爆发、能源、粮食、用水与技术革新功过这些广泛而复杂的问题，我们当然不会以为仅仅通过一次会议就能找到答案。但是，我相信对于人类来说，努力朝着好的方向发展，并由此摸索出可行的方位，获得值得参照的启示是必不可少的。

第一个发言人是净土真宗本愿寺派的大谷光真前门主，他指出应该更加深入地理解他人的痛苦，更深刻地认识到现在我们的所作所为会直接影响到未来。蔓延世界各地的资本主义的无限欲望正在不断消耗天然资源，而这份资源是本应留给我们子孙后代的。按照大谷光真的信仰观念，要想阻止社会性的贪欲，自我意识将起到决定性的作用。因为它可以使我们认识到自身的行为所导致的后果和影响，让其他民族甚至是自己的子孙感到痛心和失望。让我们意识到这是我们的责任，通过抑制自我欲望来充实精神财富。他反复强调，对于未来的人类和动植物的权益来说，《人类责任世界宣言》十分重要。

第二个发言人是东方正教会的奈丰副总主教。他主张伦理基于真理、理性主义和信仰，而理论的不变原则是爱，以及神的正义性。爱是人类生活的基础，它是永远的，而且还是形成内在个性的根本。既然人类是按照神的形象产生的，那么伦理规范的形成和人类共存的实现就缺少不了自尊以及对他人的尊重与爱。他希望尊重成为支撑各国政府的基石，东方正教会所说的宽容，强调的是努力完善自我，与下一代人培养起共同的价值观。

马来西亚前首相阿布杜德拉·巴达维（Abdullah bin Haji Ahmad Badawi）强调指出，造福下一代人是政治领袖的主要职责，他们在决定政策时必须怀有此价值观。阿布杜德拉·巴达维介绍了在马来西亚所施行的"文明的伊斯兰"概念，其内容根据十条基本原则，远离伊斯兰激进派，稳健的伊斯兰理论是引导国家领导人作出政策决定的根据。这篇论文的主题是领导人必须要让群众了解自己在作出决定时，什么是第一影响要素，并且使我们认识到，宗教将帮助人类完成自我升华，并对社会产生积极影响。

在一般讨论中，政治家们提出了几个议案，主要为以下几点：1. 核能的使用目的仅限于维护和平；2. 赋权于女性；3. 减少对特殊家族的财政津贴；4. 降低人口出生率；5. 缩小贫富悬殊，以及针对西方国家表现出的"廉价贩卖民主主义"行为，以及对此加以抵制的必要性等。

针对如何协调人与自然的关系问题，作者在此介绍了北美土著居民富有创意的做法。它类似于东亚传统，而与导致多数生物绝种的消费主义概念相距甚远。为了实现人类与地球共同成长，绝不是征服地球，如果能将这种崭新的、全方位的伦理观和年轻人的环保意识积极联系的话，也许能为我们指明一个方向，把我们从这种进退两难的困局中解脱出来。

如何面对世界人口高达 90 亿这一问题，虽然还未达成统一的意见，但是与会者们已经认识到了如果不解决这个问题，将会引发重大的祸患。也有很多人主张，不应再使用以往的开发模式。与会者反复表明，关于如何解决这一问题，我们应该提出明确的态度和构想，并且面对这些问题，我们要奋力疾呼，唤起更多人的觉悟，引发世人的瞩目。能否共创更加美好的世界，取决于我们每个参与者，时不可待，不允许任何人再袖手旁观了。

第一发言人　净土真宗本愿寺派前门主　大谷光真

对话、交流、学习多元的宗教、文化、文明

每个人的宗教观念大多通过各自的生活环境而形成，并在内心深处生根发芽。因而，要想理解其他的宗教十分不易。宗教本身成为纷争的直接原因的事例极少，但是，多数社会的纷争中都含有宗教的因素。有时，宗教起到平息纷争的作用，有时，宗教也发挥着推波助澜的力量。所以说，政治、宗教领袖利用宗教的目的是煽动还是平息，其结果是截然不同的。

为实现和平，开展不同立场的民众间的对话，需要寻找到共同的平台。即使不能理解对方的宗教内容，但是如果能够达到相互认可，

形成对于共同理论和思维方法的共感，那么就意味着可以放心地继续对话。从相互了解开始，实现相互尊重的效果。这时，联合国订立的《世界人权宣言》和前国家领导人峰会会议制定的《人类责任世界宣言》将成为强而有力的基准。

人类的未来

第二次世界大战结束后，联合国诞生了，公布了《世界人权宣言》，人们高举起人类理想的旗帜，认为世界总算和平了，然而现实并非如此。世界被划分为东西两大阵营，在紧张的气氛中，为更快建设出一个美好社会而始终处于竞争的状态。但是时至今日，社会上只顾眼前利益的个人主义倾向非常明显，尤其随着经济全球化的发展，无视国民福利而拉大贫富差距的现象十分严重。

今天，世界资本主义显示出无止境的贪欲，操纵科学技术豪取世界财富，而且对原本属于下一代的财富也毫不留情地进行掠夺，环境破坏、环境污染等都将成为未来的祸根。在日本，针对原子能发电站使用后的核辐射废物的处理问题，竟然出现了如此不负责任的论调："交给下一代人去解决吧。"

不思未来、只顾眼前的这种自私的想法和欲望，依靠外因是很难抑制的。从佛教思想来进行反思，我们就会发现，尽管肆意膨胀的贪欲给人类带来了苦恼，但是当今社会的这种欲望已经无法被控制了，现在最重要的是，自我意识、领悟到这个问题时，才能抑制住欲望。当然，克制欲望会让自己感到不快或不安，但是要想消除这些情绪，我们就必须面对现实，认识到自己现在的行动会给未来带来多么恶劣的影响。无视伦理的经济发展，在不知不觉之中已给其他国家、给我们子孙留下了极大隐患。

如上所述，我想弄清楚一个问题，那就是各个宗教所追求的人类最理想的社会形态是什么。我作为一个佛教净土真宗的信徒，想在此提一个建议，把"努力打造一个让自我和他人都感到心满意足、精神充实的社会"来作为我们的目标。这就是一个不偏重物质繁荣、不轻视他人的痛苦，能够做到互帮互助、相互理解的精神文明高度发达的社会。

武力和暴力带来的纷争，以及无视伦理规范的经济发展，其结果不仅伤害了现代人，而且给我们的子孙后代留下了祸根。我认为，由于时代的局限性，《世界人权宣言》没能完全反映出当下社会的要求，对下一代人的关心也是不够的。现在，当人们高喊《人类责任世界宣言》的时候，我们同时应该认识到当代人的责任，未来人类的人权，甚至包括人类以外的动植物的生存权利等都是不可忽视的重大问题，因此我认为应该将这些观点纳入宣言之中。

在科学技术还不发达的时代，由于各种自然局限，人们的物质欲望也自然受到了制约。然而，用语言所表达的伦理，是一种无惩罚性的外在制约，必须使之达到内部的深化。

我们必须正视核武器所带来的惨祸，不能忘记发生在核发电场的噩梦以及出现在发展中国家的贫困及武力纷争。面对世界的这些惨状和苦难，如果视而不见的话，这不正说明了我们没有把他人当作自己的同类来看待吗？现在最需要的就是体会他人的痛苦，通过将心比心，深刻地意识到我们现在的所作所为对将来会有多大的影响。为此，我们必须在一个自由开放的场合，对核能源的开发利用以及遗传工程学操纵人类生命等问题进行研究和探讨。因为它们事关人类未来，一旦发生偏差，将对下一代造成无法挽回的后果。

另外，在 21 世纪末，世界人口将达到 90 亿，对我们来讲，人口剧增这个影响人类未来的问题也是一项重大课题。因为人口增长爆发将导致严重的粮食危机，加剧经济上的不平等。而且，无视伦理规范的物质欲望将直接导致全球性的自然环境破坏。人类长期以来的智慧让我们懂得："物欲的自我控制才能丰富精神世界"这一道理，现在应该将其普及到全人类。

本来，不仅是哲学、宗教思想，政治以及经济活动的目的都是为了让所有人过上安稳幸福的生活。首先我们必须明确这个基本目的，其次是接受前国家领导人峰会首脑会议汇集人类智慧而制定的全人类伦理宣言，这才是最重要的课题。那么，哲学家或宗教家应该承担什么样的责任呢？那就是，面对各种不同文化，不论是否信奉宗教伦理上的造物主，我们都应站在对方的立场上，理解其文化或传统，在我们所提倡的全人类伦理思想中找到不同文化存在的依据。只有这样做，才能超越文化异域带来的障碍，让这个宣言深入人心，发挥其威力与作用。

⋯⋯⋯⋯⋯⋯⋯⋯⋯⋯⋯⋯⋯⋯⋯⋯⋯⋯⋯⋯⋯⋯⋯⋯⋯⋯⋯⋯⋯⋯⋯

第二发言人　莫斯科总主教代表

走向国际联合

世界上存在各式各样的伦理标准，因为各种规范都是根据历史状况或观点而形成的，有各自的价值体系。伦理一词，是和哲学相连在一起的。自古以来，哲学的前面冠以古希腊人名的例子不胜枚举。但是，在我们看来，有一个共同的东西把他们串联在了一起。

我认为可以把伦理分为两类，即宗教性的和非宗教性的。双方都可以从理性、经验和信仰这三点上找到其伦理标准的原点。区别这两个伦理标准的要素就是价值体系。这一点是我下面要讲的，包括基督教在内，是所有宗教的核心。在非宗教的伦理中，自由不伴随着义务。法国的唯物主义哲学家勒内·笛卡尔曾表述过："如果不存在绝对规范的话，那么，在你认为有必要时就可以采取行动。"但是，他毕竟是在宗教伦理体系中长大的人，所以他又补充说道："特别是在不妨碍他人的情况下。"如果按照一贯说法，倒是可以引用费奥多尔·陀思妥耶夫斯基的名著《罪与罚》里主人公说的那句话："如果没有上帝的话，不管做什么都不算犯罪。"

比如，历史上，关于善恶、人的良心或人性的标准等，还没有一个对这些加以阐述的非宗教性哲学体系。我以前在苏联住了很长一段时间，我观察过，苏联人是如何试图创造一个非宗教性社会的，那是一个极为壮观的举动。他们把所有的伦理都剔除、彻底地抛开，从盘古开天到世界末日论，试图重新创造一个特殊的哲学概念。结果马克思主义的哲学并未获胜。原因是它当时尚未能够说明何谓人的良心，为什么所有人类文明的标准里都存在着关于善恶的要求。关于这些问题使用进化论和道德相对论是难以清晰地阐述的。

从非宗教性伦理的理论思路看来，那些认为可以用世俗主义的理论来解决宗教或国家之间纷争的见解是错误的。为何这么说呢？因为非宗教性伦理中缺乏整体规范。他们的解决方法往往是按照个人的伦理标准而造型。

我们的自由受到物理规则的限制，对于这一点无人抱怨。反而，为了自身的利益，我们对这些规则进行研究并加以利用。这种行为同样反映在道德规则上，在物理规则上这种做法是公平的，那么对造物主创造的道德规则来讲，也可以视作是正当的。这一点从宗教意识来看，可说是一目了然。我们的自由不会因此受到制约，我们为了得到道德上的自由应该拥有道德法则，而在形成这一道德法则时，必须设定正确的善恶标准。而且，这种标准必须具有一成不变的绝对性才能行得通。

在人类漫长的历史变迁中，社会不断发展直至今天。当今世界，科技进步可谓是日新月异。但是，似乎这种进步解决不了关于人类道德方面的问题；相反，它让人类陷入一种被动局面，迫使人们在生物伦理学、医疗伦理学以及政治活动的道德观方面有必要制定一条新的伦理方针来。

《圣经》的伦理虽然并未直接受到社会发展的影响，但是它向人们展示出一个不变原则，那就是爱和神的正义性。在人的一生当中，爱是最重要的原则，是一种永恒且不灭的存在，是人们最初感应到神灵的一刹那。这不是把所有的行为都定为爱的"状况主义"哲学家所说的那种不可捉摸的主观的爱。那是一种模仿希腊哲学家赫拉克利特所说的"两次踏入同一条河流是不可能的，没有一成不变的绝对的存在"的见解的，"反唯名论"式的无秩序、无法规的状态。而宗教体系中的《圣经》所指的爱是以个人内在的秩序为前提的，正义则是外在秩序。

基督教徒相信上帝能够战胜邪恶。也许，人们最初对这种说法会表示惊讶。那是因为，迄今为止，人们看到了太多的灾难和可怕的事实。比如，杀人、暴力、破坏文化遗产，等等。而人们所看到的这一切，从基督教的观点看来那只是我们的主观体验。也就是说，这是一种我们内在世界的反映。它包括我们的内心所感、在我们周围，比如说国内外发生的现象，甚至包括正在承受所有一切的整个宇宙。用现在的说法来解释，这是一种特殊的虚拟现象。对此我们悲伤、高兴、欢喜、感恩或者谴责，这些都只不过是我们主观情绪的表现。从历史或历史后（超越历史的东西）的范围来看，世界上的人们坚信客观的胜利最后是属于上帝的。

我们相信能够代表神的人类都有特殊的价值。而且，这种个人价值不应该被剥夺，应该得到个人、社会以及国家的尊重。人的尊严价值有高有低，它是由各自内心对神抱有何种认识而决定的。只要我们站在上帝这一边，为了真理和正义奋斗，那就能够得到做人的尊严。

我所在的教会的观点是，尊重自己同时尊重他人是形成伦理标准的第一要素。

几乎所有的国家持有的伦理、道德和美德都带有宗教特征。甚至包括那些主张无神论的政权，他们的领导人也是受过宗教伦理原则教育的人。（比如，主张无神论的苏联，他们的大使不允许离婚，只能结一次婚）。

不论哪个国家的立法部门也好，行政部门也好，我们都深深地希望他们向人民承诺，要把对人的尊重当成权力的基石，根据这种承诺他就必须保护人民的尊严。权力脱离道德的行为是一种对职权的亵渎，因为不存在不道德的尊严。所以如何提高人的尊严，为此所做的贡献大小，就是个人能否获得权利或自由的标准。立法人员以及分享这种权力的国家领导人，如果希望自己的家人生活得有尊严，那么，在利用权力（相信这种权力是上帝赐给或人民授予）的时候，也应该希望所有国民过上同样的生活。从伦理价值观来讲，每位国民都是他们家庭中的一员。认清这一点，在作出个人决定时是有必要的，同时不论哪个国家，在促进国际政治发展方面都是不可缺少的。

我认为有必要指定一个伦理标准的框架，那是因为在现代社会里这些概念已经有些模糊了。

　　基督教是一个保守的宗教，它主张价值是上帝赐予的。我们相信上帝就是真理和正义的标准。但是，现代的自由主义（这里指的不是政治和经济上的概念）把它与个人主义联系在一起。因而，伦理标准带有浓厚的个人主义色彩，甚至把人们引向一条邪恶的信仰之路。这是很危险的，是最现代的一种宽容概念。事实上，是把一种与我们世界观不同的东西毫无道理、不由分说地硬塞给我们。举个例子来说，医学上的"宽容"是指组织免疫的丧失，意味着丧失对体内外感染的抵抗能力。

　　宽容的现代模式教育人们说，错误的行为是不存在的。与其相比，传统的基督教所说的宽容是宽怀慈悲，教导人们不拒绝他人对于真理的自行理解，并且要与邻人友好相处。这种做法一方面可以让我们对别人的行为、主张和信仰作出评价，同时，我们有权利对它表明自己的见解和是非鉴别。现代性宽容的危险在于它主张，在人的信仰中，是非鉴别并不重要，而我们所解释的宽容是，即使对持有错误信仰的人也不能抱有恶意。当然，宽容也意味着完善自身的努力，不管对待什么，重要的是当自己持否定态度时，要学会不露锋芒。所以，基督教，尤其是我所归属的正教认为，在公共伦理的形成过程中，人们想要和平相处就需要对宽容有一个正确的概念，要知道宽容就是伴有爱的尊重。

　　因此，我们应该持有善恶的鉴别能力来教育孩子们，培养孩子们的一种规范价值观，让孩子学会从他人身上感受到神的所在。对传统价值我们虽遵守但不迷信，我们要不断努力，让下一代人在安定的成长环境中形成一个明确的概念，把握住来自大千世界的正能量，并把它继承发展下去。

讨　论

福田主席：我想引用昨天施密特前总理的话作为本次会议的开场白。也就是说，世界人口在 21 世纪中叶预计将达到 90 亿。我们应如何面对这个局面，总理先生表示出极大的忧虑。我想围绕这个问题和今后我们应该如何考虑、如何行动进行讨论。

在大谷门主和奈丰主教两位的发言中，关于宗教和国家和平共处的观点是一致的。这一点与今后的问题息息相关，所以我希望在座的各位宗教领袖们对这个主题进行更深入的探讨。

另外，具有实质性的，有可能得到解决的问题也同样十分重要。比如，我们的日常生活、各项产业和经济发展中所不可或缺的能源问题。而从能源问题又牵涉到众多其他问题，现在我们在考虑这个问题时，应该对未来几十年后的状况有一个先见之明。粮食问题对于人类来说非常重要，同样，伴随着人口增长，用水问题也日益严重。另外，科学技术日新月异，信息技术的进步更是让人眼花缭乱、应接不暇，制造业的进一步自动化仍在不断发展。这种种变化将对我们的生活和社会带来什么影响呢？这次会议的中心主题就是面临如此之大的变化，人类如何得以延续，还包括由此衍生而来的人权、和平以及正义等相互关联的问题。

我希望在这次讨论中能够对以上问题进行探讨。另外，还有一个极为严峻的问题，那就是利用科技操纵生命。当然还包括对那些可疑行为认同与否，对于该问题的认可可以看出社会的底线在何处。

昨天，提到作为解决纷争的手段，教育占据了重要位置。为了社会、国家，最终也是为了人类，"我们需要什么样的教育，而且，伦理在教育中起到什么作用",我认为,我们应该把这个问题弄清楚。随着全球化发展,知识的普及是必然趋势。包括伦理规范在内,如果所有的人都对今后应该如何生活能够达成共识,那该多么令人感到欣慰。然而,现实却是完全相反。如果通过本次会议我们能有所收益,受到启迪,我当为之欣喜万千。当然,对于刚才我所提到的这些问题的具体答案,我们不得不期待下次会议了。不过,我希望各位宗教领袖们能够拿出综合性的全面意见。也就是说,我向各位宗教领袖们请教,面对上述问题,宗教站在哪一种立场?

库苏罗博士:对于当今我们所生活的这个世界,我们应该承担的伦理责任与以往不同。两位的发表极为重要,一针见血地提出了内在和平与如何控制欲望这些关键性问题。因为,欲望会导致可怕的后果。然而,在全球化的世界,社会媒体、科学技术、经济以及金融都处于一个不断进化的时代,光靠压制欲望是不够的。谁都希望包括科技信息在内的所有一切都能朝前发展。面对这种状况,我们应该探索出一种方案来改善、解决我们生存的这个世界所面临的困境与问题。

另外一个问题关系到核能,的确,核武器是极为重要的问题,因为它可以将世界付之一炬,毁为废墟。但是,我们又不得不考虑到,对一个拥有90亿人口的世界来说,较之于有限的石油、天然气和其他的能源来说,核能的有害性与危险性最小。虽然,使用核能需要多番审查,但考虑到90亿世界人口的需求,现代社会还是应该把核能作为主要能源。

克雷蒂安首相:昨天,施密特前总理的发言中已经提到90亿的人口问题是一个大问题。在我们还未能找到解决办法的时候,这个数字还在不断增加,而且,人类寿命的延长也成为问题。因此,正如我们现在已经认识到并在进行探索的是,在不远的将来会发生严重的饥饿恐慌。我们必须生产 90 亿人口所需的粮食，还关系到用水问题。三年前，我们曾经在魁北克市讨论过用水问题。当时，还没有和粮食问题连接起来，只是讨论了中东和中国的缺水问题。缺水问题后患无穷，世界人口即将达到 90 亿，这是一个迫在眉睫的问题。

我前面的发言者提到了核能问题。核能是一种能够避免空气污染的能源，问题在于它是否安全，而且它给人们带来恐惧感。人们怀疑如伊朗等国家一样，会把核能当作武器使用，其目的是为了发起核战争。世界上，想利用核能发电的国家不得不制定出一个应对制度。如果将核能源开发用于其他目的上，那将成为一个严重的政治问题。

德里斯·范阿赫特（荷兰前首相）：我认为，我们可以把"当人口达到 90 亿时，如何将人类从不可避免的灾难中拯救出来"定为这次讨论的主题。我举几个非常简单的例子，大家都知道，在先进国家，福利水平与人口出生率成反比，这是众所皆知的现象，并不是我在过分强调。这是一个问题。另一个更是被人们说尽道白的事，那就是赋权女性的问题。虽然被多次提到，但是还未能得到充分及时的落实，尤其是对女性开放高等教育门户这一点上。第三，对于有意把环境破坏问题大事化小、小事化了的人来说，电视台和广播站都应该被撤销。而且，在座的各位已经清楚地认识到悲惨的结局已经开始向人们走近。这一点必须大声呼吁，唤起人们的觉醒。趁年轻的时候就应该懂得，"地球已经承受不了这么大的负荷了"，这是一个非常严重的问题，对现在年轻一辈来说也是如此。气候的异常变化……如果我能让阿尔·戈尔能当上美国总统的话，今后几十年，我都打算一直投他的票。这些事情看上去道理非常简单，但是，它们在将来是会成为事关无数人生死的大问题。

另外还有一个性质完全不同的问题。我来自欧洲国家，虽然并非所有的欧洲国家都是这样，福利国家有一个财政津贴制度，也就是对人口多的家庭进行奖赏。这对于孩子多的家长来说，无疑是"雪中送炭"，因为养育孩子是一件既费钱又费力的事。但是，现在有人提出了"是否到了应该废止这种财政津贴制度的时候了"的疑问，主张采用别的方法调整家庭经济状况，来控制多生多产的动机。

粮食问题和用水问题也应该被纳入论题，面向所有人供水已经困难重重了，我们已无法向数十亿人口提供卫生的用水。虽说我们有技术和能力将海水转化为淡水，但是能力是有限的。而且，这样必将导致经济成本的异常提高。最后，在人类责任宣言里，应该把反映这方面的提议加进去。它说明要想让生活在这个地球上的下一代承担起他们的责任，我们有必要事先建立起特定的具体体系。

福田主席： 如果范阿赫特首相是一位在职政治家的话，那么刚才的发言说不定会让他失去选票。这种勇气令人敬佩，希望能听到更多这样的发言。

赛卡尔教授： 克雷蒂安首相的发言提到了粮食保障和用水问题，范阿赫特首相的发言提到了环境破坏问题。在讨论粮食和用水问题时，我们不能撇开气候变化这个话题。而且，这些问题的解决离不开在全球范围内对财富进行重新分配这项巨大工程。当今，8%的人占有全世界财富的一半，在采取措施的时候，我们有必要认识到这些问题都与这个事实有所关联，因此，需要重建一个崭新的世界政治、经济秩序。这些问题并非靠前国家领导人峰会那样的组织就能解决。但是，不仅是要把这些问题纳入会议的宣言之中，并加以修正，更重要的是关于重建世界政治、经济新秩序这项事业。我们要通过前国家领导人峰会有效地、更为广泛地唤起一些重要人物的关注，从而把人们的注意力吸引到这些问题上来。

弗雷泽（澳大利亚前总理）：目前，财富不均的问题屡屡受到指责，这个问题从 20 世纪 80 年代初期开始愈演愈烈。欧洲、美国以及其他一些国家的极少数富豪在全球化的进程中扩充了他们的财富。大家都在奔向"致富"之道，因为它获得了赞许。无可置疑，它的确也体现出了一定的优点。但是，针对这种泛滥全球的对财富的肆意掠夺，以及它所导致出现的贫富差距悬殊的局面，全世界却没有一个人认真地对待过。那是因为在西方，没有因为贫富差距悬殊而感到痛苦的国家。不论是我国还是美国，富的人更富，但是，对生活在社会底层的人们来说，想找到一份为家人或为自己做的事都越来越艰难。而且，这已经成为世界性的普遍现象。甚至由于资金都集中到全球规模的大企业手里，它们比政府都拥有更雄厚的资金、更大的权力。那样雄厚的资金仅仅被他们控制，却未能发挥出任何有意义的作用。

在这种趋势下，我们发现资金（钞票）对民主主义将会产生更加深刻的影响，甚至可以说在某些国家，民主主义已经成为金钱的交易。那也算是民主主义吗？现在，究竟有几个国家的民主主义是货真价实的呢？很难说。因为，谁胜谁负，金钱起到的作用太大了，在金钱面前，那些大企业和对金钱缺乏正确认识的人成为强者。在这种状况下，要想给一个人口数量即将高达 90 亿的世界带来和平和正义，我们必须动用伦理的智慧，以此来正视和处理具有全球规模的、有自由化倾向的、比政府更有权力的超级跨国企业所制造出的诸多问题。

福田主席：面对这样一个复杂的局面，应如何运转这个世界，有没有哪位宗教领袖从宗教的观点对这个问题发表一下意见？人对金钱的追求本无可非议，但是，对财富过分的追求会扩大不均衡，造成新的混乱。如果我们无止境地追求便利，就会制造出许许多多问题，比如环境污染问题、信息社会的人权侵犯问题等。另外，都说民主主义是最完善的政治体制，但是对其弊端的指责也是此起彼伏，其一是作出决定的效率低，其二是容易陷入迎合大众的层次。这种状态是否还能发挥出政府的正常功能？即使是出于良好的动机，不难想象其间也将掺杂有不良因素。关于这些问题，我们该如何从宗教的观点来进行审视和应对呢？我想请教各位。

梅塔南特博士： 根据佛教经典看来，将来的世界虽说人口众多，但是人们仍然能够继续高质量的生活，贫富差距悬殊的现象也会消失。不存在贫富差距的问题，人类的矛盾自然会得到解决。这是佛陀释迦牟尼的预言，所以，佛教徒们对世界人口增长的现象不抱任何疑问。很多人都相信，总有一天美好公平的社会终将到来，人们也会过上优质的生活。

拉毕咯赞博士： 在两千年以前，犹太法学家拉比曾作出一个决定，饥荒时期控制出生率。这是一个防止人口过量的宗教手段，也遭受到很大非议。在此之前，《圣经·旧约》第一章《创世纪》告诉我们，人类对于全世界，应担当起解决问题以促其发展的责任。因此，针对人口过多这个危机，解决由于人口不断增加造成粮食资源匮乏的问题，以及人类之间应该如何和平相处等，这已经不属于宗教性范围之内了。

这不是单纯可用宗教来指导的现实，而是一个更大的，涉及宇宙创造的问题。不论宇宙是以哪种形式被创造的，如何进化的，我们生活的宇宙是一个不完整的世界。犹太法典《塔木德》有一句非常有名的记述，那就是："法律、规则和道德不是为天使准备的。它们是给有缺陷的人类准备的。而且，人类应该遵守它，并将其加以完善。"

我们面临着一个巨大的挑战，也许这个挑战大于以往任何时期，我们甚至还找不到一个统一有效的解决方法。无论是用原始的棍棒、石头也好，还是用先进的导弹武器也好；这个永恒的挑战不管是物质主义也好，还是金融调整、粮食问题、环境污染或者是战争也罢，对于人类来说，探求这些问题的解决方法本身就是一项永恒的挑战。

现在，我们面临来自政治和经济难民的巨大压力，这也是一个人道上的巨大挑战。对作为移民而来的少数群体有所研究的人员明白，人类是怎样适应挑战的。有些人幸运地逃到了西方国家，因为那儿有安全和福利制度。几乎所有的难民都有所体验，为了让自己和家人活下去，被迫在艰难的生活中挣扎着的那种困苦。这种状况往往有益于接纳他们的社会，但是，同时也会由于他们自身的、作为人类的最大弱点而引起文化冲突。对此我们该如何进行解决，是力挽狂澜还是错上加错，对我们来说也是一种挑战。有很多关于诺亚方舟的传言，那是人类面临第一次巨大灾难时的最初写照。《圣经》上讲，灾难与人类的失败分不开，但同时它又表示出一种希望。表示"我们还有一次机会"，而能否这么想，完全取决于我们自己。但是，在座的各位和我都知道，一旦走出了这个会场，对此漠不关心的人简直比比皆是。他们是坐在办公桌前操纵金融的人，他们对人类正在步步逼近的悲惨下场视而不见，只知道潜心从地球上疯狂地挖掘金矿和其他矿物，导致大气污染。不论是通过制造业还是服务行业，他们利用一切手段对他人进行剥削。

我们已经清楚地认识到，我们在哪里迷失了方向，犯了错误。我们的挑战就是要激发大多数人的猛醒。以往的经验告诉我们，不管是摩西，还是佛陀释迦牟尼，不论是基督耶稣，还是穆罕默德，针对涉及类似生死存亡的问题，他们往往是先发制人的。虽然他们就这些问题向人们宣传教诲，而往往不被世人接受。尽管如此，各个时代、各个社会、各个团体中仍然有始终不渝的坚持者。即使自己的意见得不到任何人的理解，他们也会忍受痛苦和焦虑，将自己的信念坚持到底。他们的存在让我们、让宗教领袖们受到鼓舞，他们的思想没有被人们接受，甚至由于他们所从事的是世人不乐意接受或者有所抵触，以至于使得他们被驱赶，甚至遭到杀害。

我们不再幻想变革会在一夜之间骤然发生，但是，我们一定要成为荒野中的唯我独清的呐喊者，而且要反复不停地呼唤，直到唤起人们的觉醒。高举起大家今天在这个会场所表示的信念之旗，从这里起步，开始行动吧。哪怕是对改善世界环境有一点点帮助，我们就要尽心竭力。是否采取行动完全在于我们自己，我们不能袖手旁观。我们无法知道，自己的行动能够达到什么境地，获取哪些效果，尽管如此，我们不能再沉默下去了。

尼芬大主教：我们把生育后代视为神主的恩赐。今天，我们在讨论，如果世界人口达到 90 亿时，将会发生什么，基督教、天主教、新教包括正教，都相信上帝一定会拯救我们的。既然上帝按照自己的形象创造了人类，那么上帝就不会丢下我们不管。上帝通过你们各位，通过像你们这样富有责任感的人来拯救大众。上帝通过像这样的会议，授予我们如何解决问题的智慧。这也就是基督教的纯粹的信仰。并且，我相信，这就是上帝对他的创造物所赐予的庇护。

张信刚教授：在这个会议上发言时，我感到有些犹豫，因为我既不是神学家，也不是宗教学者。但是，我来自一个重视孔子的传统的儒教国家。2500 年以来，在中国的学校里，使用下面这篇文章来教育中国的年轻人。"大道之行也，天下为公。选贤与能，讲信修睦。故人不独亲其亲，不独子其子。使老有所终，壮有所用，幼有所长。矜寡孤独废疾者，皆有所养。男有分，女有归。货恶其弃于地也，不必藏于己。力恶其不出于身也，不必为己。是故谋闭而不兴，盗窃乱贼而不作。故外户而不闭。是谓大同。"

这篇文章出自孔子的《礼运·大同篇》，内容极为通俗易懂。另外，孔子还说，在达到这个理想的社会之前，人们的共同目标是奔小康。中国政府表明要在 2050 年以前，让中国的老百姓过上有基本保障的生活，至于要达到那个宏伟的目标还需要一个漫长的过程。

我的评价是，印度拥有 11 亿人口，中国人口是 13 亿，加起来近 25 亿。仅仅从其经济发展模式来看，如果中国和印度按照西方先进国家的模式发展下去，那么，土地、水源这些有限的资源的竞争将会更加激烈。到了那种地步，我们期待的伦理完全成了一团废纸，不起作用了。因此，我认为，我们必须立足于理性的见解，来探索出一套新的方案，并非一定要从宗教或者 2000 年前的《圣经》里寻找根据。18、19 以及 20 世纪的经济开发模式，在这两个国家是无法沿袭的。除此之外，还有印度尼西亚、巴西和整个非洲大陆。基于上述状况，要设法摸索到一个新的、代表共同利益的、对生活在这个地球上的所有人都有利的经济开发模式。我并非在对政治制度发表什么议论。控制我们自己的欲求，不恣意地消费水和钱财，这仅仅是作为一个工程师的我的见解。

阿库斯沃基教授：这次会议，用灵感、宗教性的价值观来分析，也许能让我们对现实进行重新认识。我非常感谢提出这种观点的两位先生。我并非宗教家，而是属于基督教卫理公会教派（Methodism），在教会专管倾心尽情地合唱赞美歌。

虽然这么说，我曾经和北美的土著民在一起工作了很长时间，也许算不上这里所说的宗教，但是，加拿大的土著民的宗教或灵感传统可以追溯到数千年以前。与大谷门主的价值观很贴近。

我们在谈到资源或地球的时候，土著民告诉我们说，人类必须和水、大地以及其他与之相关的物理环境保持和谐。他们相信人类不是为了支配这些环境而存在的。他们的这种想法与我们的消费主义，认为地球就是为了满足人的欲望而存在的这种观点大不相同。我们并非故意要让生物灭种，但是，由于我们的欲望，造就了一个其他生物无法生存的环境。这一点已经非常明显，人口越增加，情况越严重，我们在与不断减少的资源展开一场被动的输赢循环，这就在于我们如何把这两面调和起来。正如大谷门主所指出的那样，利用土著民主张的宗教性洞察力，从哲学或伦理的观点上，是否能让我们从目前进退两难的局面中解脱出来。他们说："如果我们也像他们土著民那样，相信物理环境、水以及空气和人类同样重要，那么就应该把这些生活中的要素视为我们认为的法规环境体系的对象。"

这是一个完全不同的伦理和看法，这种主张或思维似乎带有乌托邦色彩。这种思维方法与现代主流意识，即与"奖励消费"背道而驰。上述众多问题日益严重，导致纷争和环境破坏愈演愈烈，在如此情况下，这种伦理观点给人类带来了一缕希望之光。世界上，北美和欧洲的年轻人开展环保活动的热情的确越来越高了，每个国家都有绿色党，那也是因为年轻人的环保意识愈加强烈的缘故。

我们不是支配地球，而是与地球融为一体的。如果能把这种想法作为伦理同年轻人群的环保热情联系起来的话，也许能够找到一条出路。我们与地球共同分享了河流、空气以及土地，它们和人类同等尊贵。这种认识能削弱我们的消费主义意识，要想战胜"欲得更多，却仅获少许"的负面性心理忧虑，就必须有更加强烈的正面性动机，否则难以实现。而且，正面性动机是被建立在一定程度的常识之上的，而这种常识大概就基于土地、水、空气和我们人类同样尊贵，因此才使得地球可持续发展的概念吧。

张信刚教授：我刚才忘了讲了，人和自然之间，人和人之间的和谐，还包括我们自身内部的协调，是儒教哲学的一部分。

汉森教授：关于人类和环境的相互关系，我想简单地说明一下罗马天主教内部的变化。我不是神学家，我从事教皇名下在梵蒂冈出版的天主教《通谕》研究。这里有一份针对现实问题，关于伦理原理的适用方向性作出的归纳总结。最初是在 1891 年，由教皇艮（Leo PP.XⅢ）定制的《通谕》，是关于劳动党的问题。

最近的《通谕》提到环境问题、《圣经·旧约》的动向、环境的利用以及保护问题。这些资料出笼以前，在教会内部曾有过神职人员和平信徒对环境问题以及教会应该采取哪种途径进行过讨论。从中反映出天主教会是如何参与解决环境问题的，这是一个非常有意思的现象。虽然现在还无法得出结论，这 15 年以来，有关环境问题的资料在增多，关注灵感原理的基督教环境主义和灵感环境主义的内容有所增长。

还有一个变化就是关于人口问题。近年来引起最大议论的是，1968 年关于继续禁止人为控制出生率的教皇《通谕》。保罗六世（Paul VI）设置的委员会以大多数赞同票提出应该允许人工绝育，也得到众多的信徒以及教士的赞同应和，但是却被教皇否决了。现在的教皇对此正在进行修改，但是，修改力度大小还未明了。关于这个决定，教皇让主教们把信徒们的反应做完调查后再反馈给他。

当然，美国也有引人注目的举措。比如，生育期的天主教女信徒被允许使用避孕用品，与其他妇女的使用率完全相同。这件事说明，教皇规定的禁止绝育没有被信徒所接受。当这个信息传到教皇那里时，不知会带来什么样的变化。但是，这种对话本身就是一件有意义的事。而且，采取绝育措施的教徒，他们的动机有一部分就是出于控制人口增长的义务感。当然也有人是出于个人理由或为了自己生活得更好，但是不管怎么说，在这个问题上，应该对天主教教会加以关注。

福田主席：今天的问题以及围绕它的质疑，仅仅通过这次会议是无法寻求到答案的。但是，不论我们要采取什么行动，都应该避免过激的反应。今天下午，协调、限制屡屡出现在我们的话题中。宗教对于人类来说就像一个智慧的水晶球，从这种观点来看，今后，宗教领导者们将起到更重要的作用。正因如此，我认为各位应该畅所欲言地发表自己的意见和想法。今天在这里展开的讨论把它归纳总结出来十分不易，但是，我希望各位的提议能够受到重视，在制定政策时会有所反映。谢谢大家！

第 三 部 分

"图宾根宗教对话"论文精选

同以亚伯拉罕为祖先的三大"一神教"

——历史大变革与当今挑战

图宾根大学名誉教授　汉斯·昆

序

我们正面临着一个普遍性质疑带来的威胁，这次质疑所针对的不是犹太人，而是穆斯林。世人看来，好像所有穆斯林都会被他们所信奉的宗教煽动，全是潜在的暴力分子；与之相反，基督教徒们由于接受基督教爱的洗礼，所以人人都反对暴力，人人都充满和平与友爱。

的确，特别在穆斯林少数民族聚居众多的欧洲，此类问题丛生。但是，让我们更公平地来看待这个问题吧。诚然，在一个民主主义宪法制的国家里，市民有权以捍卫"人性尊严"的名义，拒绝强迫结婚、压迫妇女、"荣誉谋杀"等古代流传下来的非人道习俗，但事实上，几乎所有的穆斯林也附和这些做法。对于世人不加区分地指责全体"穆斯林"和"伊斯兰"，他们感到苦恼愤懑。因为他们自己也想做一个信奉伊斯兰教的忠实公民，所以对世人描绘的"伊斯兰"不敢苟同。

让我们公平一些吧。那些因为绑架、自杀式恐怖袭击、汽车炸弹、斩首等少数极端派的行为而对"伊斯兰"追责的人们，在批评美军监狱里的残暴酷刑、空袭、坦克攻击——不仅在伊拉克，以致使好几万平民葬身其中——以及进入巴勒斯坦的以色列占领军实施的恐怖主义时，是不是也应该向基督教和犹太教追究责任呢？开战三年后，大多数美国国民终于认识到，那些人打着"为民主主义而战"、"向恐怖主义开战"的旗号，在中东和其他地区发动争夺石油与霸权的战争，欺骗了整个世界。但是，他们不可能成功。

2003 年在图宾根举行的第三届全球公共伦理演讲中，联合国安南秘书长曾强调过："无论哪种宗教或伦理体系，都不能因为其中一部分信奉者所犯下的伦理过失而被谴责与抨击。例如，作为基督教徒的我，如果不希望人们因为镇压十字军或异教徒而批判我所信仰的宗教，那么我也不应该轻率地因为少数恐怖分子以宗教之名犯下的罪行，就对别人的宗教信仰进行评判。"

在此，我想问问大家，我们真的应该继续实施只能带来更大惨剧的报复行为吗？

不！

这才是我们应该对暴力与战争采取的基本态度。无论何人、无论何地，大家都渴望这个基本要求能够实现。但有些时候，阿拉伯世界甚至美国在被权力追随者以及政府的盲目操纵下，加之媒体鼓吹的意识形态与政治蛊惑的干扰，人们失去了思考能力。

在三日月、十字架等旗号之下，凶残与暴力的行为愈演愈烈。后者是指中世纪或现代的"十字军"，他们将"十字架"这一和解符号，曲解为穆斯林、犹太教的战争标志。无论基督教，还是伊斯兰教，它们在历史上都曾以攻击性手段扩大各自的版图，通过暴力保障各自的权力。在那些地区，被普及开来的意识形态不是和平，而是战争。这样一来，问题就变得复杂起来。

在信息爆炸的时代，我们所有人都有可能失去自己的态度与看法。有时，就连那些宗教学家们也会感叹，在自己的研究领域内，他们很难走出"只见树木、不见森林"这个误区。又如，在社会学被划分得越来越细的今天，如果大家只专注于自己的研究领域，就很难以开阔的眼光看待事物，或者说失去了整体思考的能力。鉴于此，我觉得为了改变这种局面，我们必须接触新的领域和范畴。

接下来的一个小时，我想介绍一下同以亚伯拉罕为祖先的犹太教、基督教、伊斯兰教这三大"一神教"的特点。讨论的重点，放在以下三个相互关联的问题之中：（1）不可动摇的核心与根基，即必须无条件捍卫的是什么？（2）划时代的巨变，即可以改变的是什么？（3）当前面临的挑战，即我们必须采取什么样的行动？

一、不可动摇的核心与根基

这是一个非常实际的问题。每种宗教中有哪些地方应该被我们无条件加以捍卫？关于如何看待三大"一神教"，一直存在着极端的观点。有人说："只有其中某一点才应该保留，其他都不可取。"而另外一些人则主张："必须全部保留。"

已完全世俗化的基督教徒们认为，"什么都不值得保留"。他们在生活中往往既不相信神灵也不相信神之子，无视教会，不谈经论道，也不行餐前礼。他们认为，最好的选择是珍视和保护欧洲的教会、塞巴斯蒂安巴赫、东正教礼拜仪式的美学，甚至以一种矛盾秩序作为支柱的教皇等这些基督教文化遗产。当然，即便如此，他们也要否认教皇的性道德观和权威，有时还会成为怀疑主义者或无心论者。

完全世俗化的犹太教徒们也认为"什么都不应该被保留"。他们从来不认为亚伯拉罕是祖先神，不信奉他的教诲，不去犹太教礼拜堂里祈祷或参加仪式，嘲笑超保守宗派。有时他们也会关注取代犹太教的近代代替宗教，但这种行为并不带有宗教色彩，只是为了表达以色列国家对大屠杀的抗诉。对已世俗化的犹太人来说，虽然他们还能因为拥有犹太人的归属感而在某种程度上团结起来，但他们普遍认为，针对阿拉伯人实施的国家级恐怖行动是合法的，同时他们自身也非常蔑视人权。

完全世俗化的穆斯林们依然认为"什么都不应该被保留"。他们不相信神灵，不读《古兰经》，对他们来说，穆罕默德不是先知，伊斯兰教法不具备约束力，伊斯兰教的五大支柱也没有发挥任何作用。在他们看来，由于伊斯兰教不具备宗教色彩，所以早已沦为伊斯兰主义者、阿拉伯主义者和民族主义者的政治工具。

与"什么都不值得保留"的立场截然相反，我们也经常听人说"应该保留一切"，应该全盘保留。罗马传统主义者大声疾呼："不能破坏天主教的任何教义。否则，它将彻底崩溃。"超正统派犹太人严正抗议："应该重视哈拉卡（犹太教口传律法）的每一句话。因为每句话中，都包含了雅赫维的旨意。"也有很多伊斯兰主义者主张："应该重视《古兰经》里的每一句话。因为每句话中，都蕴含了真主的意志。"

众所周知，无论在哪里，争论都会优先受到关注，这不限于三大宗教，但是在三大宗教中却体现得最为淋漓尽致。这些针锋相对的主张一旦被置于同一个极具攻击性的场合，势必将引起极端分子们的冲突。

但实际上，现实远没有那么黑暗。在几乎所有的国家中，只要没有受到政治、经济、社会因素的强力影响，极端意见是不会成为多数派的主张的。因国度不同或时代不同，各大宗教的规模各异，但哪怕对犹太教、基督教、伊斯兰教这些宗教并不关心或并不了解，很多国家的很多人并没有放弃宗教信仰和生活。当然，他们也没有"维持一切"的打算。很多天主教徒并没有全盘接受罗马提倡的所有教义或道德，很多新教徒也没有原封不动地接受《圣经》的全部内容，很多教徒并未遵从哈拉卡的全部条款，很多穆斯林也没有严守伊斯兰教法的命令。

但是，不看最近的历史形态与其表现形式，单单考察《旧约》、《新约》、《古兰经》等各大宗教的圣典，我们就会发现这些各大宗教中不可动摇的东西与现存的东西并不全然相同。这些宗教中的核心或本质，可以通过圣典来定义。因此，我要问的是一个非常实际的问题。在各大宗教中，坚决不可动摇的、正当的、应长久保持不变的东西，到底应该是什么？显然，我们并没有必要保留所有一切，应该保留的是信仰的核心内容，是作为各种宗教的核心与根基的法典与信仰。这是若望二十三世在第二届梵蒂冈会议开幕式上指出的。当时我和我的好友教皇本笃十六世以及第十代神学学生们也参加了会议。下面我们要对更具体的问题作出简单而基本的回答。

Q1. 为了不失去核心灵魂，基督教必须保留什么内容？

答：无论如何批判、解释、丑化针对《圣经》进行的历史性、文学性、社会学性评判，在《圣经·新约》中信仰的核心内容都是，救世主亚伯拉罕的神灵之子，今天依然作为同一个神的精灵存在的耶稣基督。若不存在"耶稣是救世主、主、神的儿子"这一告白，基督教就会坍塌。耶稣基督的名字，是《圣经·新约》不可动摇的核心，无论在何种情况之下，都应该这样理解。

Q2. 为了不失去本质，犹太教必须保留什么内容？

答：无论如何批判、解释、丑化针对《圣经》进行的历史性、文学性、社会学性的评判，在希伯来《圣经》中信仰的核心内容都是，唯一的神和以色列人民。若不存在"耶和华是以色列之神，以色列人是他的子民"这一告白，以色列人的信仰、希伯来《圣经》、犹太教都将不复存在。

Q3. 伊斯兰教必须保留什么内容才能维持其"服从于真主"的字面本意？

答：虽然伊斯兰教花费了巨大精力收集、编撰出不同于《古兰经》的圣训，但对所有的穆斯林来说，只有《古兰经》才是真主的语言，才是圣典。哪怕他们意识到麦加的启示和麦地那的启示之间存在差异，并愿意把这些启示加入真主的解释之中，但很显然，他们坚信《古兰经》的核心旨意才是完全不可动摇的，"万物非主，惟有真主。穆罕默德是真主的使者"。

犹太教的本质在于以色列人与上帝之间特殊的关系；基督教的出发点是耶稣基督与神和父亲的特别关系；伊斯兰教的核心是《古兰经》与真主的特别关系，它支撑和体现了伊斯兰教。伊斯兰教在历史上经历了无数次迂回曲折，但《古兰经》是它的基础，绝不可放弃。

三大"一神教"各自应该捍卫的显著特征，既有相通重合之处，也有截然不同之点。

犹太教、基督教、伊斯兰教之间的相通之处在哪里？是亚伯拉罕信奉的独一无二的上帝，他既是至仁至慈的创世主，也是整个人类的保护者和审判者。对于历史和个人的一生，三大宗教作出的不是循环性解答，而是面相结果，强调先知、启示经典以及共同伦理标准的重要性。

那么它们之间截然不同的东西又是什么呢？犹太教中，以色列是上帝之子民，也是神灵的栖息之地；基督教中，耶稣基督既是作为救世主也是上帝之子；而伊斯兰教中，《古兰经》是真主之语言和启示经典。

一般来说，犹太教、基督教、伊斯兰教的核心内容，根植于以下几点：

——始于最初的创造性；

——历经几十个世纪的连续性；

——不受语言、种族、文化、民族、国家影响的归属感。

但是，这个信仰核心、基础和实质，并非存在于一个抽象的与世隔绝的状态之中。在历史上，它们历经了时代的变迁，被一次又一次地重新解释。汤因比曾说过"挑战与应对"。对神学家、历史学家或其他学者来说，按历史、按年代对制度性、神学性的东西进行解释非常重要，如果不进行这项工作，那么制度性、神学性的东西就失去了基本的说服力。

二、划时代的巨变

聚合社会、宗教区域社会、信仰宣告及信仰思考这些开创新时代的标志性事件，在三大宗教中一再出现，不断使它们唯一且相同的核心得到反复并具体化的论证。在犹太教、基督教和伊斯兰教中，这段历史显得尤为跌宕起伏。世界历史的发展通常会带来全新巨大的挑战，为了应对这些挑战，宗教区域社会——在基督教和伊斯兰教中，最初规模很小，后来急剧扩大——经历了一系列宗教性变迁。事实上，长期来看，也可称为"革命性模式"，这个概念是我从历史学家托马斯·库恩的著作《科学革命的结构》（1962年）中借鉴而来的。哥白尼式革命改变了什么？太阳、月亮和星星未曾改变，改变的是我们。因为我们观察天体的眼睛、我们的世界观，这些"参照体系（理论结构）"发生了变化；因为特定的区域社会中共有的信仰、价值观、技术等组合发生了变化。我会先把这个"模式"的变更套用到教会的历史中，然后再套用到其他宗教中。宗教改革改变了什么？神、基督、基督教徒的精神未被改变，但是，信徒的见解、模式和榜样发生了变化。

对宗教的"模式"——包括宏观模式与划时代的集聚——进行历史性分析将给予我们新的知识方向。分析模式时，同时关注基本的恒定数与决定性变数，才有可能将伟大的历史结构与时代变迁结合起来。这样一来，我们就可以解释世界史中的变化以及今后宗教发展的基本规律。

因此，我将尝试在漫长的历史大背景中，从历史与制度方面分析具有划时代意义的"聚合社会"。在我写的《基督教》一书中，我设定了几个基督教历史的宏观模式：

（1）早期基督教的"犹太末世论"模式；

（2）古代基督教徒的"希腊正教"模式；

（3）中世纪罗马"伽利略式"模式；

（4）宗教改革时代"新教教会式"模式；

（5）志在理性与进步的近代模式；

（6）近代以后的世界整体性模式。

第一个观察结论：无论哪种宗教，无论过去还是现在，从来也没有处于静止状态。应该说，每种宗教都曾经历过飞跃时期的聚合，然后留存并不断发展起来。第一点决定性的观察结论，也是一直延续至今的模式。无论对犹太教还是伊斯兰教来说，这一点都非常重要。这与"正确"的自然科学构成对比。例如，托勒密古老的"模式"，通过数学或实验就能被证明真伪；又如，哥白尼决定使用的新型模式，长期以来可以通过证据"强行"得出结论。但是在宗教（或艺术）的领域，情况截然不同。在信仰、道德、仪式等问题上，任何数学、实验都无法发挥决定作用。因此，在宗教界中，古老的模式并不一定会消失，有时甚至可与新模式一起共存好几个世纪。就像宗教改革、近代性等新事物，就曾与早期协会、中世纪教会等旧事物一起共存一样。

同样，我也设定了如下几个犹太历史中的宏观模式：

（1）国家形成前的部落模式；

（2）王国时代的模式；

（3）被驱逐后犹太教的神权政治模式；

（4）拉比与犹太教会的中世纪模式；

（5）同化的近代模式；

（6）近代以后的世界整体性模式。

第二个观察结论：对不同模式的执着或抵抗，在评价宗教状况方面发挥着至关重要的作用，这就是我的第二点观察。为什么？因为迄今为止信奉同一种宗教的人们，在不同模式体系中生活下来。他们的生活创造了符合那个时代的基本条件，受到当时特有的历史体系之影响。例如，迄今已在人们的精神世界中存在了 13 个世纪（与托马斯·阿奎纳、中世纪教皇、绝对教会秩序的存在时期相同）的天主教依然拥有众多信徒。希腊正教的一部分代表者，已在人们的精神世界里存在了 4—5 个世纪（与希腊正教之父存在的时期相同）。在新教教义中，有很多人依然把先于哥白尼存在 16 个世纪（与哥白尼、达尔文之前的宗教改革者们处于同一时期）之久的人当作规范。

观察犹太教和伊斯兰教的模式变化，就会对这种"执着"的存在更加深信不疑。犹太教徒和穆斯林生活在不同的模式之下。同样，部分阿拉伯人依然梦想着能够复兴伟大的"阿拉伯帝国"，希望阿拉伯人团结在一个统一的阿拉伯国家（泛阿拉伯主义）里。而与之相对，有人希望能够率先领导人民团结起来的是伊斯兰教而不是阿拉伯主义，他们期待泛伊斯兰主义能够发扬光大。此外，超保守派的犹太教则从中世纪的犹太教中找到理想，对现在的国家以色列一直持否定态度。当然，许多犹太复国主义者则为了在仅存在过几十年的大卫和什洛莫王国境内重建国家而奋斗。

最后是我在一本关于伊斯兰教的书中提出的"伊斯兰教历史中的宏观模式"，这本书于 2006 年 10 月由牛津大学出版发行。

(1) 早期伊斯兰教社会的模式；

(2) 阿拉伯帝国的模式；

(3) 伊斯兰教成为世界宗教后的古典模式；

(4) 乌里玛和苏菲的模式；

(5) 近代化的伊斯兰模式；

(6) 近代以后的世界整体性模式。

第三点观察结论：对这个反映古老宗教永存本质模式的执着或抵抗，正是引起当今宗教内部以及宗教之间纷争的主要原因，也是造成不同趋势、政党分裂、局势紧张、争端不息、战乱不平的主要缘由。第三点观察的重要结论，对犹太教、基督教和伊斯兰教提出了一个核心问题——这三大宗教对中世纪历史（至少是基督教和伊斯兰教中的"伟大时代"）作何回应？对自己被强行拖入防御状态的近代历史作何回应？宗教改革之后，基督教又历经了启蒙时代这样一种模式的洗礼，而犹太教在法国大革命和拿破仑战争之后才经历了启蒙，但至少结果是改革派犹太教也进行了宗教改革。可是伊斯兰教没有经历任何宗教改革，以至于直到今天，仍然对于思想与宗教自由、人权、宽容、民主主义等构成近代核心价值的认识方面持有特殊的问题意识。

三、当前面临的挑战

许多承认近代模式的犹太教徒、基督教徒和穆斯林，与依然生活在古老模式下的同一宗教的信徒们相安无事地生活着。与之遥相呼应的是，就如我们1994年在开罗召开的联合国人口会议上所看到的那样，忠于中世纪模式的天主教徒，在对性道德观的看法上，与依然墨守中世纪范本的伊斯兰教或犹太教信者完全可以达成共识。渴望和解与和平的人们，坚决不能回避对批判式或自我批判式模式的分析。由此，对以下问题我们首次得到了答案。

基督教（也包括其他宗教）的恒定数和变数分别是什么？延续性和非延续性分别体现在哪里？共识和分歧分别在哪里？这就是我第四点观察的结论。必须保留的部分是宗教的本质、根基与核心，以及由这些原点决定的恒定数。而对基督教精神恒久的信仰、关于禁欲主义的法典就属于变数。去掉也无伤大雅的内容，是从原点出发考察的所有不必要的东西，是外壳而不是果核，是构造而不是基础。如果必要，可以放弃所有形式各异的变数。

因此，在显著的全球化时代背景之下，对错综复杂的宗教进行模式分析，也可以促进宗教的全球化发展。可以说，现在正是重建宗教与国际关系、西方国家与伊斯兰教的关系、同以亚伯拉罕为祖先的三大宗教之间关系最为复杂的最后阶段。我们可以选择的道路已经越来越清晰——要么加剧宗教间的对抗意识、加剧文明冲突与民族战争，要么进行文明对话、追求民族和平。在全人类受到可怕威胁的今天，我们不应该建立憎恶、复仇、敌意这类新的"堤坝"，而应该通过努力拆掉偏见这堵厚墙之上的一个个石子，搭建桥梁，特别是通往伊斯兰的桥梁。

四、三大宗教为公共伦理所作出的贡献

关于搭建桥梁这项工作，虽然三大宗教所走的道路各不相同，虽然历经几千年的变迁，每种宗教的模式都已截然不同，但在建立公共伦理方面，它们依然有很多可为之处，这是一个重要的恒定数。

人类在从动物进化而来的过程中，学到的是人性的态度，而不是非人性的。然而，虽然已经完成进化，但由于怀有欲望，所以人类身体里还保留着猛兽的特性，这是现实。因此，人类必须坚持不懈地努力，从而使自己摆脱非人性的一面，成为真正的人。因此，时至今日，在所有宗教、哲学和意识形态的传统中所保留下来的最重要的东西，是符合单纯的人性、符合伦理的责任与义务。

·"汝，不可杀人、虐待、伤害、强奸"，换成肯定型句式，则为"须尊重生命"。这是向尊重非暴力和所有生命的文化传统许诺的誓约。

·"汝，不可盗窃、榨取、渎职"，换成肯定型句式，则为"须诚实公平对待"。这是向尊重团结、公正经济秩序的文化传统许诺的誓约。

·"汝，不可诳语、欺骗、伪造、操控"，换成肯定型句式，则为"须告知真相、真诚相待"。这是向宽容的文化和真实的生活许诺的

誓约。

· "汝,不可违反性道德,不可虐待、侮辱、蔑视伴侣",换成肯定型句式,则为"须互敬互爱"。这是向推崇平等权利与男女合作的文化传统许诺的誓约。

帕坦伽利创造的《瑜伽经》、佛法、犹太教《圣经》、《圣经·新约》、《古兰经》中提到的四条符合伦理的责任与义务,都遵从以下两条基本伦理原则:

第一条被称为"黄金定律"。这是先于基督教几个世纪的孔子所创立的概念,它几乎贯穿于所有宗教与哲学体系中,但并非轻而易举、理所当然就能做到的。"己所不欲,勿施于人",这看似只是一种非常初级的要求,但在许多困难局面下,需要做决定时却出乎意料地有用。

第二条是"所有人,不分老幼、不分男女、不分健康与否,不分基督教徒、犹太教徒,还是穆斯林,都应该被人道地对待"。这与人性密不可分,与以人性作为支撑的"黄金定律"绝非只是同义反复。

今后,我们会越来越明白,构成共同性人性伦理和公共伦理的,不是亚里士多德、托马斯·阿奎纳或康德等构建的伦理体系,而是构成人类社会的每个人的道德所撑起的基本伦理价值、标准与态度。

当然,这些伦理标准并非事实。对人性的绝对要求,不应该是几经演绎的内容,而应该是时常被想起、被认知的智慧。但是,正如安南秘书长 2003 年在图宾根大学的全球公共伦理演讲中所指出的那样,"如果对某种特定信仰或价值体系的信徒们的言行进行谴责是错误的,那是因为不接受'特定价值也是一种普遍的存在'这一概念的大有人在,不能因此就放弃这些价值与信仰"。

我在此借用联合国秘书长在演讲中得出的结论:"我们是否依然

拥有公共伦理？毋庸置疑。但是，我们决不能认为那是理所当然的。"

·必须慎重审视公共伦理；

·必须保护公共伦理；

·必须强化公共伦理。

然后，我们必须遵从于自己所坚持的价值，从自身出发，寻找出个人在社会与世界上存在的意义。

2006 年 5 月

政治家与伦理标准

"国际政治中的重要因素——世界宗教"
前元首峰会专家会议结束后的演讲

德国前总理　赫尔穆特·施密特

首先，感谢亲爱的汉斯·昆。我从 20 世纪 90 年代初期开始关注"全球公共伦理"，能够接到参会邀请，我倍感喜悦。可能对一部分人来说，"全球公共伦理"这个词汇听起来充满了野心。也许，就它的目标或者应该解决的问题而言，它的确是也必然是充满野心的。现在，来自五大洲的前总统、前总理们一起组成"国际行动理事会"（OB 首脑峰会），来共同讨论 1987 年以后，如何一步步地制定出世界的共同目标。但是相对而言，我们的工作只取得了微小的进步，而汉斯·昆和他朋友们的工作却取得了卓越的成就。

曾有一些虔诚的穆斯林鼓励我思考伟大宗教之间相通的伦理标准，我对他们深怀感谢。1/4 个世纪以前，当时的埃及大总统穆罕默德·安瓦尔·萨达特曾向我解释过，起源于亚伯拉罕的三大宗教存在多种相似之处，特别是彼此呼应之伦理标准的共同根源。他举例说，犹太教《圣经·旧约》的诗篇，与基督教的"圣山宝训"，以及伊斯兰教《古兰经》第4节中都提到过对和平的共同标准。"如果人人都认识到这个标准，或者至少政治领袖们领悟到各种宗教伦理中的相似之处，而后，我坚信永久的和平是可以实现的。"他的确对此深信不疑。几年后，萨达特以政治行动证明了自己的信念——他出访曾与本国发生过四次战争的敌国以色列，访问他们的首府与议会，提议和平共处并缔结协议。

人活到我这个年纪，通常已经历了失去父母、兄弟或亲朋好友的悲伤。但是，被宗教极端组织暗杀的萨达特的离去，却前所未有地深深打击了我。我的朋友萨达特，因为遵从和平的伦理标准而被杀害。

我一会儿会回到"和平的伦理标准"这个话题上来，在此先做一个交代。一场限时一小时的演讲，不可能完全涵盖"政治家的伦理"这个主题，因此我今天将从"政治与宗教的关系"、"政治中理性与良知的作用"、"让步的必然性以及必然随之丧失的严格性与一贯性"三个方面来讲述。

一

那么，我们回到"和平的伦理标准"上来。和平的格言是一个政治家必须具备的伦理，或者是道德中不可或缺的要素，这对国家、对社会、对一国的内政外交都同样适用。除此之外，还需要其他的法则或格言，这当中自然包括世界宗教强调的"黄金定律"教义。伊曼努尔·康德在他的道德法则中不过将"黄金定律"改变了表达形式而已。"黄金定律"适用于全人类。我从不认为，适用于政治家的基本伦理标准是与他人截然不同的。

但是，在构成公共伦理观核心的规范之下，在特定的职业或状况之中，还存在着许多特殊的规则。例如，像医生遵守的"希波克拉底誓言"、法官的职业道德，或对企业家、放债人、银行家、公司职员、战争中的军队等提出的特别伦理标准。

我既不是哲学家，也不是神学家，因此完全没有拿着特定政治伦理的概论或法典，与柏拉图、亚里士多德或孔子一决高下的打算。两千五百多年来，这些伟大的先哲们总结了关于政治伦理的所有要素或文章，其间也提炼出了登峰造极的思想观点。到了近代欧洲，马基雅弗利、卡尔·施密特、胡果·格劳秀斯、卡尔·波普尔爵士也受到这些思想的影响。下面，我将从政治家和政治编辑的经历出发，和大家谈谈本人关于本国事务的思考，以及与周边国家或远方国家的相处之道。

目前，德国国内问题中很少涉及神灵和基督教，但从本人的经验来看，在和别国政治家讨论或交涉的过程中，这个问题却被经常提到。在法国和荷兰举行关于欧盟宪法的市民投票时，两国很多国民就因为欧盟宪法中所涉及的神灵部分不够充分而选择投反对票。大多数政治家选择尽量减少在宪法文章中引用"神灵"的部分。在德国的基本法——《宪法》中，开篇"序言"就写道："在神的面前应当意识到责任"，第56条再次宣誓："要有如神助。"但是，基本法紧接着就明确规定："可在无宗教约定下进行宣誓"。总之，无论这个神是天主教还是新教、是犹太教还是穆斯林的神，都完全由个人决定。

从基本法来讲，大多数政治家都十分支持这篇文章。在民主主义秩序和法律的统治下，相较于特定的宗教信仰或文章，政治家和他们的理性思考更大程度地在宪法政策中发挥着决定性作用。

最近，梵蒂冈历经几个世纪后，终于为曾被政治斗争利用而蒙冤的伽利略平了反。现在，我们每天都在目睹，中东的政治与宗教势力是如何浸淫人们的思想、如何引发流血战争，我们的理性良知与合法性如何一次又一次被无情忽视。2001 年，几个宗教极端派分子坚信自己奉了神的旨意，在纽约杀害 3000 人后自尽。而这，距苏格拉底因否认"神的存在"而被判死刑，已经过去了 2500 年。显然，宗教、政治与理性之间永无休止的对立，或许已经成为人类存在的条件。

二

这里我想介绍一些个人的经历。我成长于纳粹时代，1933 年初，我刚满 14 岁就开始服兵役。在 8 年兵役期间，我一直在想："如果全知全能的神灵存在，决不允许这样的悲剧发生。"之后，在这场预料之中的人间惨剧结束后的战后时代，我将希望寄托在基督教上。但是到了 1945 年，我的经历告诉我，教会既不能重建道德，也不能重建民主主义与立宪国家。我的教会，依然还在罗马人保罗所写的书信"遵从更高的权力"的指导下苦苦挣扎。

应该说，魏玛时代拥有丰富经验的政治家们，最初在奠定德国新的起点方面发挥了极其重要的作用，他们是康拉德·阿登纳、舒马赫、修斯等。但联邦共和国能够腾飞，不是因为这些年至耄耋的魏玛时代的政治家们，而是因为路德维希·艾哈德所带来的令人难以置信的经济成功与美国的"马歇尔计划"，这二者促使德国国民走向自由和民主，并支持其建立起立宪制国家。

这个真相没有丝毫可耻之处。后来，在卡尔·马克思之后，我们一直认定经济现象会影响政治信任度。这个结论或许真伪参半，但如果统治权力不能充分确保产业与劳动的秩序，所有民主主义都将濒临深渊，这是一个不争的事实。

因此最终，无论在伦理层面、政治层面还是经济层面，我都对教会的影响力失望透顶。在担任首相的 1/4 个世纪里，我汲取了很多新经验，熟读过无数著作。在这个过程中，我获得了很多以前不知道的其他宗教与哲学的知识，而正是这种学习，加强了我对宗教的宽容，也拉远了我与基督教的距离。但是我还是以基督教徒自称，也没有与抵制道德败坏、获得众人帮助的教会脱离关系。

<h1 style="text-align:center">三</h1>

谈及基督教的诸神，直到今天我都一直迷茫，为什么无论基督教还是其他信仰，都具有排他倾向——当然这也存在于部分宗教家与政治家之间。他们通常认为，"你是错误的，我已受到启发，我的信念与目的获得了神赐予的祝福"，绝不允许不同的宗教或意识形态阻碍为全人类所作出的努力，对此我一直了然于心。这正是因为我们的道德价值实际上是类似的，哪怕我们之间有和平相处的可能，那也如康德所言，永久的和平需要理性的调整。

如果一个宗教的信徒或神职者企图让其他宗教信徒皈依或改变信仰，那将于和平的目的无益。因此，我对信仰布道中包含的基本概念持怀疑态度。在这一点上，我的历史知识发挥了特殊作用。几个世纪以来，基督教与伊斯兰教双方都通过刀枪、征服和统治不断扩大规模，而不是因为誓约、信念与理解。中世纪的公爵、国王、哈里发和教皇这些政治家们，将布道思想变为扩张势力的手段，为了达到自己的目的而鼓动几万信徒加入。

例如，十字军以基督的名义让士兵们左手拿着《圣经》，右手紧握大刀，这在我看来正是为征服而战的真实写照。近代以来，为了大面积掠夺美洲大陆、非洲大陆以及亚洲大陆，西班牙、葡萄牙、英国、荷兰、法国，最后是德国都使用了暴力。或许他们坚信自己在道德与宗教方面具有至高无上的优越性，所以对本国以外的大陆实施了殖民化，但是建立殖民帝国与基督教几乎毫无关联。确切地说，这些行为是为了追求权力和自我利益。我们再以重新征服伊比利亚半岛为例，这也不仅仅是为了基督教的胜利，处于核心地位的是天主教君主、斐迪南一世和伊莎贝拉一世。当今，无论是在印度上演的印度教与穆斯林的激战，还是中东穆斯林中逊尼派与什叶派的争斗场面，权力与统治都是最重要、最核心的内容，为了达到这个目的，他们利用宗教群众中具有强大影响力进行煽动。

时至 21 世纪初期的当今，宗教被动机绑架，世界性的"文明冲突"披上了宗教外衣，这些真正的危险正在发生。在这个现代化世界中，一些地方里，披着宗教外衣追求权力的动机，与贫困阶层被同情的愤怒和对富裕阶层的羡慕交织在一起，布道的动机与对权力的强烈渴求密不可分。这样发展下去，呼吁保持平衡与自我控制的理性声音很难引起关注。狂热兴奋的群众，对微弱的理性呼唤会全然置之不理。今天，哪怕与民主主义和人权密切相关、完全值得尊敬的西方思想与宗教，对不同背景之下发展起来的文化，可以说也是通过宗教式狂热与武力手段进行打压的。

四

本人从这些经历中推出一个明确结论，即绝不相信那些为了达成追求权力的愿望而使自己所属的教派沦为工具的政治家、总统或首相们，他们将志向于来世的宗教与作用于现世的政治掺杂在一起，对于这样的政治家们，我们应该与他们保持距离。

这种警戒心，不仅适用于国内外的政治领域，也适用于各国国民与政治家们。我们必须要求政治家们尊重并宽容其他教派和教团的信徒。如果政治领袖缺失这种能力，不论对国内的稳定还是国际的和平来说，都不能不看成是一种风险。

所有的宗教，从犹太教拉比、基督教神父，到伊斯兰教的毛拉（mole）以及伊斯兰教什叶派的阿亚图拉，都向我们隐瞒其他宗教的相关知识，这是悲剧。更确切地说，他们向我们进行说教时，对其他宗教采取的都是指责或轻蔑的态度。要尊敬其他宗教，就必须了解与其相关的入门知识。我多年来一直坚信，除了同源于亚伯拉罕"一神论"的三大宗教外，印度教、佛教、神道教也都具有获得同等尊敬、同等宽容的权利。

基于这种信念，我十分欢迎世界宗教会议通过的《全球伦理宣言》，它不仅是理想的，更是紧要的。从同一立场出发，十年前"前元首峰会"向联合国秘书长提交了日本已故首相福田纠夫主导起草的《人类责任世界宣言》。该宣言在世界所有主要宗教代表的协助下起草完成，明确提出了人类社会存在的基本原理。在此，我想特别感谢汉斯·昆教授的帮助。同时，也对维也纳凯尼格枢机主教的贡献表示感谢。

五

2500 年前，苏格拉底、亚里士多德、孔子、孟子等对后世产生巨大影响的人类先导的思想，虽然口碑载道，却没有必要成为宗教，我对此充分理解。对他们来说，宗教只不过是远离工作和日常的一种存在。从对他们的认识中，我们可以判断出苏格拉底和孔子都将"理性"作为哲学或伦理的基础，他们所有的思想并非建在"宗教"的基础之上。但时至今日，他们二人仍然是数百万、数千万人的思想导师。没有苏格拉底，或许就没有柏拉图以及或者伊曼努尔·康德、卡尔波谱。没有孔子和儒教，我们很难想象中国是否能在文化和历史上保持延续性和生命力，能否作为独特的"丝绸之国"在世界史上璀璨生辉。

在此，我获得了一个至关重要的经验。很明显，即使一个创造者不信奉神灵、先知、圣典或某种特定的宗教，而只单纯遵从于自己的理性，那也完全有可能创造出卓越的思想，取得科学性建树。在伦理、政治思想方面亦是如此。当然，这种经验同样适用于在社会、经济和政治领域建功立业。然而，在我们生存的这个世界，我们能够突破传统禁锢，逐渐接受这种经验，是经过欧美启蒙运动历经几个世纪艰苦卓绝的斗争而得来的。这种"突破"，在科学、技术和产业领域被逐渐认可。

但不幸的是，在政治领域中，恐怕只有启蒙主义才无愧于"突破"这个词语。无论自认为是"被神灵庇护"的国王威廉二世，还是向神灵祈愿的美国总统，抑或是在政治场面上引用基督教价值观的政治家们，他们都被"自己是个基督教徒"这种宗教认识所束缚。部分人如果作为基督教徒需要担负宗教责任，对此只会采取漠然视之的态度。关于这一点，很容易、很明显就能被感觉出来，而且今天几乎所有的德国人都是如此。许多德国人最后都渐渐与基督教拉开了距离，甚至还有人离开教会，告别神灵，但他们依然是心地善良的友好邻居，这一点并没有任何改变。

六

今天，大多数德国人都共同秉持一种重要而基本的、极具约束力的政治信念，那就是，他们承认不可侵犯的人权和民主主义是两个至高无上的原则。这种精神层面的认同，明显与每个人信仰或不信仰无关，也与基督教教义中没有涵盖这两个原则的事实无关。

并非只有基督教如此，其他世界宗教与圣典基本也会强制要求信徒遵守法规或义务，但关于个人权利，圣典中却无一处记录。相反，我们的基本法开篇20条中，阐述的几乎全都是所有市民在宪法中的权利，而对他们的责任和义务只字不提。我们列出这份公民权利清单，是对纳粹统治极端压制个人自由后的健全回应，这并非根植于基督教或其他宗教教旨，而是全部根植于我们的宪法中明确规定的一个基本价值观——人的尊严不可侵犯。

同样，基本法第一条规定，无论是议员、政府当政者或官僚，还是联邦政府、州政府或地方自治体，所有立法部门、行政部门和司法部门，都直接受到公民有法可依这一基本权利的限制。无论政治家是才能杰出、政绩斐然，还是能力欠缺、一败涂地，基本法都赋予了他们足够的空间，保证他们拥有广泛的行动范围。因此，我们遵守宪法，不仅需要议员或执政党，其次需要法院对他们进行限制，第三需要选民和舆论对政治进行监督。

当然，政治家容易犯过失，经常造成事实性错误。其实，他们具有和其他市民相同的人性弱点，也有和舆论一样的不足。虽然有些时候，政治家会被迫主动作出一些决定，但大多数时候，在做决断之前，为了充分考虑各种选择及其可能带来的后果，他们将会被给予充分的时间与机会从很多人那里听取建议。政治家越是趋从于固定的理论、思想，或所属党派的权力，就越容易在本可辨别的因素或事例上失去自我比较、自我判断的能力，从而增大产生过失、错误和失败的危险。这种风险在他们做主动决断时将尤为突出。任何情况下，他都要对结果负责，这种责任往往会变成重压。许多时候，政治家们在宪法、宗教、哲学和理论问题上做决断时不可能得到帮助，只能依靠自己的理性与判断力。

从这个角度来说，1911年马克斯·韦伯发表的题为"以政治为业"的演讲，现在读来依然耐人寻味。他提到的关于政治家"内心平衡感"之言论，其中一部分过于平庸。他还提出，政治家必须具备"对自己的行为作出解释的能力"。事实上，我相信，不仅是普遍性结果，那些尚未被意识到，或已被接受的行为"后遗症"，也需要得到正当化解释。政治家的行为目的必须在道德层面被正当化，那么同样他的手段也必须在伦理层面上被正当化。政治家必须充分具备这种"平衡感"，以便在任何不可避免的情况下作出必要的主动决断。而且，如果考虑的时间足够充分，那么，经过深思熟虑之后所作出的分析必然慎重得当。这段格言，不仅适用于极端化、戏剧化的场合，也适用于制定税务、劳动政策等相关的普通日常法案中，更适用于决定是否新建电力发电站、新修道路等具体事务的处理，无一例外。

换言之，如果政治家漠视理性，将无法忠实地面对自己的行为与后果。仅凭美好的愿望与坚定的信念，无法减轻他们的责任重担。因此我一直认为，马克斯·韦伯的论点恰如其分。即，"至理穷极的伦理"与"对比责任的伦理"都是必要的。

但同时我们也知道，很多进入政坛的人，促使他们形成动机的并非理性，而是他们的信念。无论在内政还是外交上，他们做决定时靠的不是理性的思考，而是依靠大家的信念，我们必须清醒地认识到这个问题的存在。同时，大多数选民选择向谁投票，完全是感情受到当时的氛围影响后作出的决定。对此，我从不抱任何幻想。

过去几十年里，我一直在通过演讲或书稿，论述决定政治的两个要素——理性与良知的重要性。

七

我必须要提出一点，无论这个结论看起来或听起来显得多么简单与不明确，但从民主主义的现实来看，它一点儿也不简单。在一个民主主义政府中，由一个人做政治性决策的情况实属例外。绝大多数时候，这个决定不是由个人而是由大多数国民作出的。哪怕法案也不例外，这就是事实。

想在议会上获得多数派同意，那就需要几百个人赞成法案内容。有时，他们会将相对不太重要的事情复杂化，从而造成困局难以处理。这时候，如果由著名专家或所属政党公认的领袖来全权负责处理，事情可能会变得简单一些。但更多的时候，多数议员会就某个问题各抒己见，阐述各自不同，却有理有据的观点，这是非常重要的。为了得到他们的同意，就必须采纳他们的意见。

也就是说，由法案和议会多数人通过的决定，是所有人相互让步的结果，他们既要具备让步的能力，也要具备让步的意愿。互不让步，就不会达成"多数通过"的结果。原则上讲，不能让步或不愿让步的人，无论是谁，在民主法案中一无所用。的确，让步往往容易导致政治行为丧失严格性与连贯性，但对身处议会中的民主议员而言，他们必须具有心理准备去接受这类损失。

八

在维持国际和平的外交政策中，让步同样不可或缺。像美国政府当前正在培养的"国家不可侵犯"式的利己主义，不可能长期和平地发挥作用。

有想法认为，几千年来，从亚历山大、恺撒、成吉思汗，到拿破仑、希特勒甚至斯大林，他们施行外交政策时，和平的理想几乎从没有起过决定性作用。同样，在理论性的政府伦理或政治与哲学理念的结合中，它也没有发挥过任何作用。相反，数千年来，从马基亚弗利到克罗兹贝茨，他们都把战争视为理所当然的政治因素。

荷兰人格劳秀斯和德国人伊曼努尔·康德等少数哲学家们将和平作为美好的政治理想推至今天这样崇高的地位。直至欧洲启蒙运动，已经过去了几十个世纪。整个 19 世纪，欧洲主要国家都将战争作为被政治利用的不同手段，20 世纪更是如此。人们认为战争是人类深重的罪恶，应该全力避免。在人类经历过两次罪恶滔天的世界大战后，这种见解终于逐渐在东西方政治领袖中间形成共识。而建立国际联盟的尝试以至今日依然发挥重要作用的联合国之创建都是基于该共识的行为的体现，旨在实现美苏平衡的裁军协定、20 世纪 50 年代后欧洲结合、20 世纪 70 年代所制定的"东方政策"也都是基于该共识的后续行为。

当然，波恩政府与莫斯科、华盛顿的对立以及布拉格的东方政策，成为促使和平政策登上政治舞台的决定性的历史事件。也就是说，为实现和平而行动起来的政治领袖，必须要同对方的政治领袖（即潜在的敌人）进行对话，必须要聆听对方的说辞，要学会对话、聆听和在可能时让步。另外一个为和平让步的举措，是 1975 年欧洲安保合作会议所发表的"最后声明"（《赫尔辛基宣言》）。苏联从西方领导人那里得到了"东欧国境线不可侵犯"的宣言，而西方则在人权方面获得了共产主义国家元首的签名［这个宣言后来被称为"三篮子协定"（Basket Three of the Accords）而闻名于世］。15 年后，苏联解体了。幸运的是，这不是由于外敌入侵造成的，而是源于权力的扩张过度带来的内部体制崩溃。

与之截然相反的事例，则是以色列对巴勒斯坦和其他阿拉伯邻国发动的长达几十年的战争与暴行。无论怎样，如果不愿和对方进行谈判，让步与和平也只是幻想中的希望罢了。

1945 年，国际法以《联合国宪章》的形式规定，各国以和平方式解决国际争端，在国际关系中不得使用武力或武力威胁。但这条基本原则也有例外，即安理会有决定权。例如，军事介入伊拉克，或者其他出于虚伪目的而决策的事件，事实上已经违背了"不得介入"的原则，是对《联合国宪章》的无耻践踏。关于这种违反原则的行为，许多国家的政治家们都应该受到谴责。同样，包括印度在内很多国家的政治家们，打着人道主义的旗号却违反国际法的规定，他们应该承担责任。例如，在巴尔干半岛上持续了十几年、制造了贝尔格莱德爆炸的暴力战争，实际上就隐藏在西方人道主义的外衣之下。

九

谈论外交政策脱离了我演讲的主题，下面我想重新回到"议会中的让步"这个话题上来。在我们所建立的这个社会中，媒体对舆论具有绝对影响力，有时他们将政治性让步称为"换马交易"（horse

227

trading）以至"懒惰的让步"，有时他们又会被政党不道德的规律所激怒。当然，在形成舆论的过程中，采取批判的态度对事件进行追查是有益有用的，但同时"让步的民主必要性定理"将会延续其可靠性。如果一个议会中，每个议员都只会顽固地捍卫自己的利益，国家将会陷入混乱之中；同理，如果每个议员都只会固守己见，政府将陷入无力统治的困境。每位阁僚、每个议会政党都对此了然于心。所有的民主政治家都深知必须让步的道理。没有让步的原则，民主主义将无从谈起。

但现实之中也存在着恶性让步，例如，以牺牲第三方或后世的利益来让步，试图以此推进实际上无力解决的现实问题，给人以解决问题的假象，这是一种不诚实的让步。因此，有时候让步这一必要的道德，也面临着纯粹的机会主义的诱惑。为了迎合舆论或舆论中的某一因素，从而诱使对方让步，这样的事情如家常便饭，每天都在上演。因此，具备让步心理的政治家们必须依赖于自己的良知。

有时，即便是违背自己的良知，政治家也不得不选择让步。此时，公开表示反对是唯一的选择，有时甚至只剩下辞职或落选这条唯一的道路。因为做违背自己良知的决定，将会让那些信任自己名誉、道德以及高贵人格的人们受到伤害。

但是，良知有时也会出错。既然人的理性有时并不可靠，那么良知亦会如此。这种时候，虽然政治家不应承受道德上的指责，但却不可避免地承受严峻的损失。为此政治家将面临一个残酷的事实，即是否应该承认过失并宣告真相。身陷如此困境的政治家们，与在座的我们所有人一样，都会采取普通人的行为。公开承认良知的丧失并公开与自身相关的真相，对我们任何人来说，这将都是一件极其棘手的工作。

十

马克斯·韦伯认为，热情是政治家应当具备的三大卓越品质之一，而对真相的盘问，有时恰好相反。在2500年前的民主雅典社会中，对真相的追究被定位为最重要的艺术之一；从某种意义上来讲，在今天以电视作为传播工具的社会中，修辞技巧的重要性被大幅提升，而对真相的追求则与之构成对比。候选人要对选民阐述他们的意图与宣言，这样一来，特别是想打动电视观众时，他们容易作出一些事后难以兑现的承诺，掉进危险的陷阱。所有出马参选的人，都被夸张过度的诱惑所驱使。争夺名声、吸引电视观众，相较于以往的读报时代，当代的诱惑远远增大。

关于现在的大众民主主义，温斯顿·丘吉尔曾这样说过："对我们来说，与偶尔尝试过的其他政治形态相比，这的确是最佳的政府形式，但绝不是最理想的形式。"大众民主主义伴随着过失与缺陷，必然会被"伟大的诱惑"所困。而最终必然留下的，是不用暴力、不用流血，选民就可以改变政府的事实。从这个意义上来说，在议会中选择将票投给多数派的人们，也有责任向选民们说明自己的行为意图。

十一

马克斯·韦伯坚信，除了热情与保持平衡，政治家的第三大品质应该是责任感。在此我想提问，这里指的对谁负责？对我而言，选民不是政治家必须作出回答的终极权威，选民做选择时，往往在追求流行趋势下作出决定，频频地在感情用事或心血来潮中投出选票。但是，他们的多数表决，伴随着对政治家的服从。

我了解很多关于良知的神学、哲学观点，但对我来说，自己的良知才是终极权威。"良知"这个词早在希腊罗马时代就被使用，后来保罗和其他神学者也使用"良知"这个词，意思是大家必须认识到神及神授意建立的秩序，同时认识到违反这种秩序就有罪。部分基督教徒常说："在我们身体里可听到神的声音。"我在朋友理查德·施罗德所写的书中读到过，我们对"良知"的理解，是在《圣经》教义与希腊主义世界接触之后才出现的。另外，伊曼努尔·康德一生都在思考良知的基本价值，他认为宗教不能发挥任何作用，良知才是"内心法庭认识到的人类正义"。

人类是否相信良知来源于人的理性，抑或来自于神灵，这些暂且不提，但无论哪种情况，我们几乎没有任何怀疑良知存在的余地。无论是基督教徒、穆斯林、犹太教徒，或者怀疑主义者、自由思想主义者，所有成年人都拥有良知。静下心来想一想，我们每个人必定都曾不止一次违背过自己的良知。曾经有一个时期，我们所有人都必须生活在"罪恶感之中"，当然这也是政治家们共有的"人性弱点"。

十二

今天，我将自己在作为30年职业政治家的经历中所积累的几点认识与大家分享。当然，这些只是从多元的现实中提炼得出的极其有限的收获。对我自身而言，以下两点认识非常重要：首先，我们建立的社会以及我们的民主主义存在着很多缺陷与不完善的地方，所有的政治家依然具有人性的弱点。但如果认为我们现有的民主主义只是纯粹的理想，这种想法则非常危险。其次，对我们的国民来说，由于那段带来人间悲剧的惨痛历史，我们更有充足的理由全力拥护民主主义，永远保持激活民主主义的生命力，勇敢对抗与民主主义为敌的势力。只有在这一点上达成共识，我们国歌中所唱的"团结、公正、自由"才能得以实现。

孔子的《论语》

哈佛大学教授、北京大学名誉教授 杜维明

引　言

我认为,《论语》无疑是从孔子（公元前 551—公元前 479 年）与弟子们之间一系列对话中, 提取出来的内容最丰富、与自由阔达的时代背景最为切合、生动有趣、易于记忆并极具教育意义的精华部分。这部著作是由孔子与他身边最为亲近, 并且学富五车的弟子两代人编纂而成, 但或许弟子们并不打算仅仅将《论语》作为一个终结, 而是希望《论语》能够传世扬名, 并可以不断进行新的诠释。毋庸置疑, 他们选取内容时是谨慎并有深远考虑的, 原因并不难推断。我们假设弟子们编纂《论语》的目的在于追忆自己无比敬仰与爱戴的典范恩师, 他们本可以采取很多种的编纂方法。例如, 他们可以按照编年体系记录恩师的重要活动, 或者共同执笔完成一部洋溢感激之情的传记, 或者记录恩师的核心思想等。但是, 他们却选择了一种极具个性的方式, 原原本本地记录恩师怎么说、怎么做, 以及如何生动地回答每个问题。这种巧妙的编纂方法取得了巨大成果。

作为一部古典巨著，《论语》采用了灵活的开放式结尾，因此适合于增添新内容，又可接受多方评注或创新型的理解。在《论语》流传后世的过程中，很多学者通过对《论语》的研究与理解，吸纳前人对《论语》的阐述而表达自己的真知灼见。据历史文献记载，《论语》至少包括三类不同编纂内容的版本。以"子曰"开头的孔子的众多言论，大量集中于先秦时代（公元前3世纪），但有学者认为对于这些言论的真实性我们必须持慎重而严谨的态度，这些深受怀疑派影响而谨小慎微的学者们，甚至认为连《论语》中所记录的孔子言论都很值得怀疑。记录中留存下来的孔子言论，难道不是以孔子本来的言论为基础而引申出的内容吗？这些言论真的能够反映孔子本人的思想吗？这些思潮在研究中国的汉学家中蔓延。由于孔子已经不能再发言了，所以探寻孔子本来的言论，至少在以前的汉学家中已经成为优先探讨的学术问题。

直到1992年在湖北省郭店发现竹简后，这种状况才发生了戏剧性转变。因为考古学家与文献学家第一次看到在这些竹简中，保留了令人惊叹的记录，包括孔子第一代弟子的原始资料，孔子针对古书古籍发表的言论等，这大大增强了《论语》的可靠性。《礼记》中所记载的孔子其他言论，终于被作为老师的真实声音为大众所知。孔子的教诲通过身边的弟子们，传授给孔子的孙子——据称为《中庸》的作者子思，这个轮廓也浮出水面并日渐清晰。同时，《论语》在当时已被编成，人们对此已普遍接受并不再持否认观点。诚然，以弟子们的认识为基础而树立起来的孔子的形象并非绝对确切，但我们可以确信的是，《论语》并不是被凭空捏造而出的回忆录。

经过长期的学术积累，如今关于《论语》思想内容方面的研究已很深入，在语言学、文献学、文学以及文本本身的研究方面也取得了很多成果，这同时也招来了名誉与诋毁、活用与误用、赞赏与批判、理解与误解。固然，探讨《论语》的方法多种多样，但这并不意味着它就会有无限的可能。认为有多少兴致勃勃研究《论语》的人，就会有多少种妥善可靠的诠释，这种想法，哪怕在最好的情况下也只能是不可实现的夸张。事实上，经过很多世纪传承至今的关于《论语》的评注中，留存下来的仅是为数不多的重要部分。纵然评注的方法千种万种，但采用相对主义的方法论，无论在理论还是实际中都是行不通的。当然，毫无疑问，《论语》是一部颇具包容性的文献，其本身是允许人们用多种多样截然不同的方法进行解读的。

对 话 形 式

如同《圣经》和苏格拉底对话一样，对那些珍惜能够亲自聆听恩师教诲的人来说，《论语》是灵感的源泉。正如部分学者所指出的那样，在《论语》第 10 章中，弟子们对孔子的衣着服饰、行走姿态、与尊者的交往、与生人的会面、对朋友的礼遇等相关礼仪做了细致入微的描述，生动地展示了孔子的表情、举止，特别是礼仪做派。孔子展现的日常起居，反映了他在各种特定场合中最得体的处事方式。在弟子们眼中，孔子的行为举止体现了高雅的审美情趣，他不是生活在一种抽象的普遍性中，而是实实在在存在于这个现实世界里。即便已经过去了 2500 多年，敏感的耳朵仍旧可以听到他的心声，纤细的心灵仍旧可以感受到他的存在。孔子充满活力的个性与形象跃然纸上。

《论语》全篇以对话为主，对话内容都是深思熟虑后的问答和凝练的话语。从表面上看，作为老师的孔子只是单纯回答弟子的提问，弟子们以仰慕遵从的姿态，寻求老师的指导，聆听他对事物的看法，感受他深邃的才智。这个过程中几乎没有商讨，也完全让人感觉不到双向交流的存在，更难得看到弟子对老师的言论提出异议，哪怕是对弟子子路也是如此。当老师决定拜访南子时，子路全然没有掩饰自己的不满，对此孔子也没做解释，仅仅说了句"予所否者，天厌之、天厌之"。或许弟子们对孔子有较强的敬畏之心，所以只要是老师的指导，都俯首帖耳诚心听取。颜回就有这样，孔子曾说："吾与回言终日，不违，如愚。退而省其私，亦足以发，回也不愚。"我们可以借此窥见最受人尊敬的弟子颜回对恩师孔子的尊敬之情。

颜回曾喟然感叹道："仰之弥高，钻之弥坚，瞻之在前，忽焉在后。夫子循循然善诱人，博我以文，约我以礼，欲罢不能，既竭吾才。如有所立卓尔。虽欲从之，末由也已。"

孔子与颜回这两段言论，存在一种假设性理论，即孔子坚信相对于言传，示范性的身教更能够让弟子们找到自我价值实现的方法。争论从来不被鼓励，因为"巧言令色鲜矣仁"，"焉用佞？御人以口给"。事实上，"巧言"与"色令、足恭"都应该避免。聆听对个人知识积累来说不可或缺，这也是一个人达到文雅境界的前提条件，必须加以培养。与苏格拉底的教育方法相反，孔子更重视对经验主义的理解与无声的认知。

《论语》一大显著特征，就是提出"学"的含义之中，包括实践和认知两个方面，这是精神的锻炼。它提出人不仅要用心学习，也要亲身实践。关于对自身修养的反省，孔子曾说过下面一段话。"吾日三省吾身——为人谋而不忠乎？与朋友交而不信乎？传不习乎？"孔子认知中的"学"，伴随着身体力行与心灵启蒙。如古代六艺"礼、乐、射、御、书、数"中的实践所展现的一样，身心需要得到共同修炼，"学而时习之，不亦乐乎"，学习与思考应该相互补充。

此种教育方法中，暗含了基于信赖关系而建立起来的社会体系。那些认同孔子及其弟子所建立起来的思想体系的人们，之所以能密切往来，是因为他们都愿意通过教育改善人类环境，由此自发地联系在了一起。现代的历史学家们，从孔子的社会作用出发，将孔子的传统阐述称之为"先哲"，指出孔子是中国第一个设立私立学校的学者。虽然先于孔子几个世纪开始，由政府资助的学府就已存在，但他开创了自费办学的先河，是一个首创型人物。《论语》中仅有一次提到学费的问题，"自行束修以上，吾未尝无诲焉"，可以看出学费并不高昂。正如围绕在耶稣周围的弟子们一样，孔子的弟子不是孩子，而是致力于追求真理、热衷于探索人生意义的成年人。他们被老师非凡的洞察力和强烈的使命感吸引，老师光辉灿烂而严谨谦虚的人格成为鞭策他们进步的动力。"默而识之，学而不厌，诲人不倦，何有于哉！"

孔子的教育虽然没有形成体系化的固定课程，但《论语》中随处可见他以磨炼人格作为教育目的的主张。在这位道德至高无上的先师影响下，以塑造人格作为教育的第一要义也就不足为奇了。此话何意？新儒学家们做了以下解释：这就是"学为己、身心之学、性命之学、圣贤之学、君子（君子、高贵之人、杰出之人、饱学之士）之学"。孔子曾发表很多言论阐明了对君子的看法。初识之下，学为君子看起来并不难，因为"君子食无求饱，居无求安，敏于事而慎于言，就有道而正焉，可为好学也已"。

作为一个极度负责的人，孔子通过自己的身体力行把君子的特征描述得很清楚：君子不仅是一种行为动作，也是一种存在状态。"君子欲讷于言而敏于行"、"先行其言而后从之"，追求德行与正义，以义处天下。

然而，孔子又提醒说："君子不重则不威，学则不固。主忠义，无友不如己者。过则无惮改。"还提到"学为己"、"君子博学于文，约之以礼"、"君子泰而不骄"、"君子成人之美"、"君子易事而难说也。说之不以道，不说也"。子路问："何如斯可以为之士矣？"子曰："切切、偲偲、怡怡如也，可谓士矣。朋友切切，偲偲，兄弟怡怡。"

爱德华·希尔斯（Edward Shils）注意到，孔子可能是现代"礼节"观念的创造者，孔子眼中的君子，是具有教养、接受文明的人。尽管孔子擅长骑射，喜好狩猎垂钓，然而他还是选择通过文艺素养来打造他所构思的理想人物。对于运动，他爱好射箭："君子无所争，必也射乎！揖让而升，下而饮，其争也君子。"作为一个孜孜不倦的旅人，孔子在充满困难与危险的旅程中，无数次展现了自己的骁勇。但在日常生活中，他又是一个温暖亲切、谦逊稳重的人，这一点与他人无异。

孔子生活在一个乱世，政治混乱不堪，社会加速瓦解。最具影响力的政治家周公精心创建的礼仪传统逐渐势衰，各国争霸激烈、内乱不断。奉劝孔子退世而居，在自然田园中怡然自得、安享人生的归隐者们不计其数。孔子虽然对他们这种实际的选择抱以敬意，但依然下定决心追求自己的理想。他说："鸟兽不可与同群，吾非斯人之徒与而谁与。天下有道，丘不与易也。"在包括犹太教、佛教、耆那教、道教、基督教、伊斯兰教等历史上的宗教中，儒教因不区分世俗与神圣之间的差异而独树一帜。

严格地说，赫伯特·分格雷特（Herbert Fingarette）在他那部重要的著作中提到，孔子把世俗当作天堂，这招致了很多误解。孔子没有设立教堂、庙宇之类的精神圣所作为沉思、祈祷和朝拜的神圣殿堂，也没宣扬圣土来世彻底不存在，或圣土来世是一个与我们现实截然不同世界的主张。发誓从内部改变人类环境的孔子，不可避免地参与了当时的政治事务。然而，如果认为孔子真正的事业是政治而不是教育，这种观点是彻底的误解。

在弟子们看来，孔子偶尔会参与执政者的事务，他为政治权利得不到发挥而担忧。如果统治者起用他，他确信自己能够通过推行新礼法建立新秩序。他对学者型的官员"士"应当如何作为有着明确的见解，而对当时的政治家却持轻蔑态度。

弟子子贡问孔子："何如斯可谓之士矣？"孔子曰："行己有耻，使于四方，不辱君命，可谓士矣。"子贡问："敢问其次。"孔子曰："宗族称孝焉，乡党称弟焉。"子贡问："敢问其次。"孔子曰："言必信，行必果，硁硁然小人哉！抑亦可以为次矣。"子贡曰："今之从政者何如？"子曰："噫！斗筲之人，何足算也？"

理想的执政能力

即便认为上天赋予孔子的才能属于政治方面，而不属于教育方面，我们也不得不承认，孔子认为政治是伦理的延伸，因此人的道德修养是从政的先决条件。从这个意义上可以说，政治并不意味着可以操纵权力、运用权威和施加影响，我们不应通过谋略获得权力，而应是通过道德领导的艺术，实现正义、有效的国家治理。"为政以德，譬如北辰，居其所而众星拱之"。照此观念，恰当的统治方法既不需要武力，也不需要强制："君子之德风，小人之德草，草上之风必偃。"草在微风的吹拂下自然摇摆，并不是风的强力作用，而是风与草合乎节奏的礼仪之舞。从这个意义上来说，虽然从政是与道德领导相衔接的最有效途径，但并不是道德发挥作用的唯一重要场所。

儒教式治理风格最显著的特征是把家庭伦理放置在具有政治意

的中心地位："或曰孔子曰：'子奚不为政？'子曰：《书》云：'孝乎！惟孝，友于兄弟，施于有政。'是亦为政，奚其为为政？"

再者，孔子将关于"仁"的理论和实践，与"斗筲之人"的从政活动做了根本性划分，他不愿折腰去参与他们的政治游戏。他从事政治活动的目的在于传道，他推崇的方式，是政治家将努力解决国家的基本问题作为统治和管理的前提。如果这些基本问题被推后，那政治也就不复为政治了。他利用谐音把"政"解释为"正"，这主要是指，政治是领导者的意思，如果领导者不把自己摆正到为公众服务的位置，即使我们的制度已经足够完善，那么政府的性质也会腐化，执政能力也会降低。

孔子著名的"正名"论，初看之下非常简单。齐景公问政于孔子。孔子对曰："君君、臣臣、父父、子子。"齐景公曰："善哉！信如君不君、臣不臣、父不父、子不子，虽有粟，吾得而食诸？"这段话中所暗含的政治主张是，虽然充足的粮食、足够的武器和人民的信任都是国家安定繁荣非常重要的条件，但最不可或缺的还是人民的信任。孔子的"仁"并非不切实际的理想，他正是以这种现实的手段接近了那个时代的权力。

简而言之，他对现实的政治不抱任何幻想。他不断分析形势，费尽心血想要获得政治任命的机会，他随时准备面对复杂的政治局面，希望在才识过人的学生们帮助下，为改进人民生活而发挥积极的作用。他的学生有管理国家各方面事务的专家，包括礼制、音乐、财务、外交、军事等，这也并非偶然。然而，他从来不为谋利而牺牲自己的信念，他所信守的是，人民的安宁是"仁"的基本标志。

有一点似乎很明显，那就是孔子并不是一位成功的政治家。尽管最初他在权高位重的君主面前受到恭敬和礼遇，但他最终也没能找到一个可以发挥影响力的明确职位，不得不失意而去。他试图使统治者远离那些只会谋取权财的鼠辈小人，却屡遭碰壁，这似乎证明了他在政治谋略方面"才疏学浅"。在同情他的历史学家眼中，孔子是一个悲剧英雄。他们认为，要是他有机会发挥自己的政治才干，他应该可以在一定程度上恢复周代辉煌的政治制度，孔子自身也曾对此深信不疑。然而，若用当今的政治术语去阐述孔子的抱负是一种误导，因为在他把"政"作"正"的观念中，包含着知识、文化、道德和情操，这是一种将认识、伦理和审美融为一体的地域社会构想。

我们已经引证过孔子的话——忠实本分地尽好家中的义务，才是一个真正的政治家该做的事。在他看来，政治始于家庭，与个人的生活方式不可分割。孔子这种实践方式，也包含着经过充分讨论自我认识和相互学习之后，缔造出一个地域社会的想法。孔子的学生，都是自愿决定加入改善人类环境事业中的成年人，他们充分意识到自己有积极介入世事的能力。能够团结起他们的，不是孔子以事前准备的教育范本进行的约束，也不是像毛泽东思想的推崇者那样，以严格的决议去发挥既定的政治和理论作用。

毋宁说，他们聚集在孔子周围，是为了发掘自己的潜能，使自己成为有知识、有道德、有教养、有情操的人，以便服务于共同利益。这种结构方式使得他们能够在相互敬重和相互欣赏中提升自我修养。孔子告诫他们不要成为工具（君子不器），而要成为在各种情况下、不同层次中都能进行政治活动的，拥有全面才能的君子（人格高贵、权威深重、学识渊博）。

孔子和弟子们通过交流相互促进，这种教育方式在中国历史上还没有先例，在宗教历史上也是独一无二的。孔子不认为自己是学问传统的创始者，也告诫弟子们和自己保持相同的观点。他自称是"传承者"而不是"创立者",这不是出于谦虚。因为他具有清醒的自我认识,认为自己并非教导弟子们景仰的人类最高典范,为此他不自诩"圣"和"仁",这同样也不仅仅是出于谦虚。然而,他对自身形象的低调描述并没有丝毫减少弟子们对他的敬畏。他的灵感源自丰富的生活,那是特定时间、地点的具体情景,而包含在其中的内容又具有融会贯通的共性,故升腾为普遍的意义。

传承者的理想

由于孔子把自己看成人类生存和繁荣之道的守护者,他敬重的是圣贤,看重的是那些对传统积累有所建树的人,而不是人类无法理解的超乎寻常之存在,或人类不必参与的自然进化。孔子推崇的人格典范是周公,因为他设计了一套详尽的礼乐制度来维系周王朝的政治秩序。孔子毕生的梦想就是希望复兴周公的伟大设计,迎接一个以修身、仁爱、公正与负责的伦理为基础的和平世界和新时代。尽管周公成就卓著,但他也像孔子一样,是一位传承者而不是开创者,因为他继承了唐尧、虞舜、夏禹、文武这些圣王的伟大事业。孔子的历史认识之形成,源于他意识到文化规范或许可能得以传承维系,加之其自觉的自我定位。他觉得自己秉承天命,有着完成这项任务的强烈使命感。

在孔子为寻找到一位君主能够给予他机会实现自己的理想而周游列国时,他于不经意间组织起了一个志趣相投者的团体,就是上述的"以讨论为平台的求知共同体"。回顾历史云烟,尽管孔子从来没有获得过某种任命,并据此而实践他的理想治理,但他实际构建起来的社团却具有格外深刻的意义。他与弟子们共同努力创造的共同体,是开放、灵活、重视沟通、相互影响、相互包容、相互有益的。在弟子中间，他不是一个依据某种方法教育学生、循序渐进发现事物本质的哲学家。《论语》中没有像苏格拉底对话那样详尽的推理。孔子不相信单纯言传的效果，轻视多言饶舌，讨厌花言巧语。虽然他也高度评价外交中的能言善辩，考虑问题时的才思敏捷，行文时的流畅清晰，但他还是像颜回一样喜欢默察，而不是据理力争。据理力争让他想起法庭的辩论或者争讼中使用的策略。在民事诉讼方面，他不喜欢形式化、专断、强制的方法，而主张协商、调解或在法庭外解决。

政 治 的 目 的

孔子描绘的理想社会和以身教创造的共同体是一种自发联合体，这种联合的主要目的是帮助每个团员实现自我。依据此种社会构想建立起来的组织体制，有对政治精英的反映，也有思想精英的思考，是实践"仁"的有效程序。孔子坚持认为，只要通过不懈提高自我修养，官员的统治权力就会具体化为两个方面：一是体现为自我责任意识，二是体现为自觉贯彻影响民生的政策，这种认识并不值得惊奇。对待农业、赈灾、国务问题等国家大事时，都应该以人民的福祉为首。与黑格尔的错误认识相反，主权属于人民而不是统治者。实际上，主权是上天授予人民的，统治者是上天委任的，所以统治者有义务采取合乎道德的行为，有责任听取人民真实的心声。

此种认识中的人民既非无知也非无力。孔子以前的时代培育起来的伟大传统表明，提高道德修养是统治者将自己作为民之父母的合法化理由。恰如追随孔子的孟子所主张，如果君主不能承担他的责任（君君），臣子就要向他进谏；若君主不纳谏，臣子就要以辞官抗议。

在特殊情况之下，也允许弑君。因为根据"正名"之原则，不负责任的君主只不过是一匹孤狼，既无权威又不合法。为了人民，即使被驱逐或被铲除也理所当然。人民是水，既可载舟，亦可覆舟。"天视自我民视，天听自我民听"，这并不是一种抽象的观念，而是一种实用的想法，已经屡次被实践所证明。

孔子的那种以道德力量、文化价值、社会凝聚力和历史认识、改革政治的决心，往往被人们误解为是他对政治秩序优越性的膜拜式热情。其实，他的决心基于一种信念，即政治的最终目的是人类的繁荣。的确，政治与权力、影响、权威交织在一起，但如前所述，政治的目的在于运用教育达到伦理的境界。长治久安本身不是目的，而是人类兴旺的条件。儒家的教导"自天子以至于庶人，壹是皆以修身为本"，就是给相互信任的地域社会提供的基础，而不是为控制社会而建立的机制。用涂尔干（Emile Durkheim）的话来说，孔子希望通过相互理解与合作共享的自觉意识，将社会成员有机地联系起来。孔子的学生包括文人学士、农民、手工艺者、武士、商人等各种职业的人，基于不同的出身背景和多样的行业分工，丰富了儒家团体。

20世纪50年代，孔子思想中蕴含的民主精神感染了芝加哥大学中文系主任H.G.克里尔（H.G.Creel）。他认为，孔子是一个自由民主主义者，而且是独特的理性人道主义者。这样对孔子进行分类，就算不是错置了年代，也难免被认为是夸大其词。自由民主的概念在孔子时代的观念世界中，甚至连被拒绝的可能性都没有。然而，指出如下这点是重要的，孔子所引领的人类交往之恰当方式，远远超出了现代政治学的范畴，不论该范畴被解释为多么具有广泛性与包容性。在被切割后的细分化的各个领域或者被专业学科分解为个体的结构中，"有机"（而不是"机械"）统一的观念，就如所谓的普遍的兄弟情谊，仅仅限于为想象中的可能性。因之，深受学术领域分科与专业影响的当代学者、当代理论家，对于人类无穷尽地探讨总体性不预理解。其实，孔子与其弟子之间所建立的伙伴关系，正是人类共同求索之憧憬的具体体现。

精 神 之 旅

孔子的超凡魅力在于，他能够吸引一个由多种类型的人物所组成的多样化团体，与他们共同分享自己的理想和使命。为了从内部去变革社会，他以自我修养的方式激发出弟子们精神和体能方面的能量。儒家的自我修养，比对人自身内在精神的探求还要复杂得多，具有多面性。它不仅涉及身心，而且涵盖与人相关的方方面面，与整体环境息息相关。孔子自身的精神旅程就是一个恰如其分的例子：

"吾十有五而志于学，三十而立，四十而不惑，五十而知天命，六十而耳顺，七十而从心所欲，不逾矩。"

这段精练的自传笔记引发了多种解释。显然，孔子一直自认为是个学者，他也是沿着这条路不断求索的。"十室之邑，必有忠信如丘者焉，不如丘之好学也"，孔子终其一生都在不断提高自己，他十分明白自己还达不到道德完美的圣人境界，所以他学而不厌、诲人不倦。他也切实抓住了各种学习的机会，"三人行，必有我师焉；择其善而从之，其不善者而改之"。他坦诚地认为，必须获取过去积累的智慧以使自己变得更加智慧："我非生而知之者，好古，敏以求之者也。"又如，他担忧自己修养的松懈："德之不修，学之不讲，闻义不能徒，不善不能改，是吾忧也。"总之，孔子是这样一个学者，"其为人也，发愤忘食，乐以忘忧，不知老之将至云尔"。

人类的多元化

孔子学说内容丰富、涉猎广泛。《论语》中提到，孔子的学生在德行、口才、政治、文化方面都出类拔萃。这些内容显然不是孔子教授的科目，但在孔子的教育中却蕴含着为民众所向往的教育内容。或许孔子希望所有的学生人人富有教养、德才兼备、能言善辩并献身朝政，但在他们之中，只有最杰出的几位弟子在某一方面学有所成。按照常规，孔子从文、行、忠、信四个方面教育学生。虽然指导学生的行为在孔子的教育中占有很重要的地位，但更为孔子重点强调的是态度和信念。缺乏态度和信念支撑而强行要求的行为，只不过是不可持久的形式主义。当然，在各种情况下都应该遵循视、听、言、行这一自我修养的正确途径，但只有"刚、毅、木、讷"才有希望达到"仁"。事实上，将"恭、宽、信、敏、惠"这五者应用于社会，反复实践，既属于态度，又属于行为。

从更广的意义上来说，孔子的教育也不尽限于伦理。学会尽善尽美地做人是综合而完整的课程，它覆盖了我们现在称之为"基础教育"的全部范围。儒教的"六经"象征着全面的人道主义理想，轮廓蕴含了人类必备的诗歌、音乐、政治、社会、历史以及形而上学等教养。在《论语》中，孔子教导他的儿子和弟子们，先学《诗经》和礼经，以便掌握儒教中常见的基础词汇和实践之道。他在《书经》中对尧、舜、禹三位"圣帝"施行的"仁"大加赞赏。他还提到，时时阅读《易经》可以使人在生活中避免出错。此外，他对音乐的体验和对天命的默察，使他能够将建立在"聆听"领会和"对超越者的敬仰"基础之上的人类繁荣观念清晰地表达出来。

因此，支撑孔子教育思想的坚定信念是，人性具有多种价值并且多元化的存在。还原主义者的想法不只过于简单，也容易导致误解。我们不仅是理性的动物、工具的使用者或语言运用者，我们还是据有审美观的、社会的、伦理的和精神的存在。只有当我们珍惜身体、心灵、思想、灵魂和精神的时候，才能全面实现自我。当我们为了处理不断向外扩展并日益复杂化的社会关系，而开始朝着自我存在的中心转移时，在我们的感受和意识中，就显现出了对家庭、国家、世界、地球和宇宙的认识。这就是为什么真正的人性既是心理和精神的，也是关联的和对应的。教育必须以愿意接受各种类型的人为出发点——当下在某个地方生活的特定的人、处于各种关系中的人，尤其是与父母子女有着根深蒂固连接关系的人。

一些现代主义者私下认为，基于种族、语言、性别、地位、年龄、信仰而建立的关系都是具有相关性的。从某种意义上来说，生活在特定时间与空间中的每一个人，都是特定独立的人，我们既没有存在于过去，也不会出现在将来，每一个人都被赋予了独特的命运。就像每个人的容颜一样，我们大家都截然不同。但是儒教弟子们也相信，人性在本质上是相同的，据此才有共性和沟通的可能，我们才能够分享所见、所闻、所感，能持有共同的愿望、意义、情操和经验。同和异的交汇使得我们能够成为我们应该成为的样子，而不是屈从于那些让我们能够成为具体的、生活中的人和人的基本联系。或者说，我们要把它们变成实现自我的工具，这就是学者的生活因与各种人接触而变得丰富多彩的原因。那些人既是独特的个体，又与我们享有共同的信息、知识和智慧。再者，我们的感情、欲望、动机和志向是个人的。我们经常表现出对亲人、朋友、同事、同行甚至陌生人的强烈关心，他们对我们内在世界的同情与理解，对我们来说具有深刻的意义。

和 而 不 同

人生是多元的，任何把多样化的生命体验简化为只是肉体、心灵或精神层面的尝试都是与自然规律背道而驰的。人类本质上是心理、经济、社会、政治、历史、审美、语言、文化和形而上学的动物。人类潜力的全面实现绝不能仅限于单一的方面，孔子相信，适宜人类繁荣的环境是"和而不同"，尊重不同的方面对于整个社会的发展至关重要。

蕴含于这种思想中的孔子伦理学，是一种有终极目标的、动机纯粹的、与环境相宜的、积极参与政治、有社会责任心、关乎愉悦的伦理学。它涵盖了我们所生存世界的各个方面，并以承认人生的复杂性为前提。《论语》的核心价值是"仁"，可以被解释为博爱、善良、慈悲、爱心等多种思想。陈荣捷直接将之解释为"人性"，大家觉得这非常具有说服力，认为这是最富教义、最令人信服的解释。对孔子而言，人性就是最基础的美德，它包含了正、义、礼、忠、信、智、仁等其他全部美德。人性也是德行的综合，人类表现出来的各种美德都是对人性的诠释。研究孔子的学者早就认为，"仁"必然是社会性的，因为从字源上说，这个字由"人"和"二"这两个表意符号组成。杰出的中国研究家布达贝格（Peter Boodberg）在他的一篇极具影响力的文章中指出，对"仁"的合理解释是"共有的人性"。

在《论语》中，人性有时候与智、礼关联，有时候又区分开，这显示了定义特定存在的人之真实，和定义现实的内在之素质。这可能就是孔子所说的，真正的"学"是"学为己"之缘故。只有通过依靠自我、提高自身修养、实现自我,我们才能真正实现人性。因为在孔子的学说中,人是各种关系的中心,既是个人的,又是社会的。在郭店出土的竹简中,"仁"由两个字符组成,上面是"身",下面是"心",这生动地表达了人性不仅是社会的,其深层也是个人的。

经济全球化的标志,是工具合理性、科学、技术(特别是信息与交流技术)、专家治国、职业化、物质主义、欲望的解放与合法化以及个人的选择。"经济人"是意识到私利的理性动物,他在追求更多更大的财富、权力和影响力的驱动下,依据法律在自由市场上寻求最大利益。他赋予许多现代理论以价值,诸如自由、理性、权利意识、工作伦理、知识、技术竞争、认知力、合法性与动机。然而,另一些社会关系所需要的重要价值不是被排到了后面,就是完全被遗忘,例如公正、同情、责任心、礼让和伦理。

在追求物质主义、利己主义为倾向的世界中,对精神满足的渴望,往往采取根本的极端主义或排他性的党派主义之手段。《论语》中所记录下的孔子思考的人道主义,是一条实现人生目的的和谐、开放的道路,它为自我认知提供了不可或缺的精神修行,对人类的自我认知来说,是具有永恒价值的根源性智慧,是能够激发灵感的不竭源泉。

第四部分

历届 OB 首脑峰会发布的伦理宣言

《罗马宣言》序文

福田纠夫

多年以来，我最关心的问题就是世界所面临的困境，到现在亦是如此。无论从政治、军事、环境哪个角度看，这个世界都存在着堆积如山的问题。此外，人口增长与经济开发也给社会环境和我们身处的自然环境带来了前所未有的危机。如果我们处理这些严峻课题时一败涂地，那么人类将不再有未来可言；如果我们不希望余生在忐忑不安中度过，我们就必须付出艰苦卓绝的努力去解决这些问题。

基于这种认识，1983 年，我与来自各个国家、各个政府的 25 位前领导人一起，首次邀请了国际行动理事会（前元首峰会）成员一起讨论如何解决这些问题，如何坚定信念并拿出实际行动。目前在位的领导人们也认识到了这些问题，但他们被公务缠身，而且也被各自国家的利益所束缚。从丰富的经验中积累了大量智慧的领导人们，希望可以将这些智慧贡献给人类。国际行动理事会到目前已经举办了五次总会和多次专门研究小组会议，给这个世界带来了意义非凡的影响。

但我的思绪飘得更远。长久以来，我一直认定宗教家和政治家对世界和平与人类幸福担负着同等的责任。政治界与宗教界的领导人们齐聚一堂,就双方共同关心的各类问题进行交谈,这难道不是一件重要的举动吗?这也引起了宗教界的共鸣,让我看到我们是可以在一定程度上达成共识的。因为归根结底,人类生存的重要性是共同的课题。

因此,国际行动理事会的数位成员与五大宗教的领导人于1987年春天在罗马举行了会谈,最后达成共识,认为从世界面临的现状来看,当前我们如果不接受挑战、寻求解决方法,人类将失去未来;同时,通过政治界与宗教界领导人的共同努力,部分问题是能够被解决的。一直以来被认为处于分裂或对立状态的各组代表,就全世界面临的普遍性难题达成了广泛的共识,这对我来说是至高无上的快事。

在罗马达成的共识为我们继续努力注入了勇气。会议取得了人类史上史无前例的成果,具有非凡的价值。为了实现心灵与心灵的对话,我们作出了不懈的努力,我相信这必将促进一系列相关活动的开展。我能够亲眼见证这份信念逐渐成真,万分欣喜,也感激不尽。

20世纪70年代中期,我会见穆罕默德·安瓦尔·萨达特总统时,对他留下了深刻印象,自那以来,我会时常想起他。由于接触和处理世界文化领域的宗教、哲学、伦理等相关工作,我的好奇心变得比以前更加强烈。缺乏相互理解,很难为和平作出贡献。但是,我们很难想象在巴勒斯坦或世界某些其他地方,可以实现伊曼努尔·康德提出的"永久的和平"。诚然,很多人都承认这个目标的伦理价值,但纵观历史,我们大概可以推测,即使有国际联盟或联合国,甚至大国之间更强有力的联手,将来也会像过去一样,极有可能再次出现依靠武力解决的争端。

但是,或许以下这种思考方式才是正确的。在争端尚未达到需要使用国际武力进行解决的程度之前,缓和争端、达成和解的时机越早来临，避免战争的希望就越大。反之亦然，越是依赖宗教、民族、人种、意识的激进主义或原教旨主义，越会使相互理解变得更加困难，从而也会增大使用武力、发动战争的可能性。

宗教界和政治界的领导人能够共聚罗马，正是因为大家心怀希冀，希望听取相互的意见。这不仅是伊斯兰教、犹太教、基督教、印度教、佛教或宗教自由思想家的集会，也是民主主义者和共产主义者、保守派和进步派的聚会。我们来自地球五大洲中截然不同的专政政权或截然不同的民主政权，既有黑色人种、棕色人种、黄色人种，也有白色人种。我们不仅克服如此之多的差异达成相互理解，而且还将达成共识以解决更加重大的问题。

就实现和平愿望达成共识，这对宗教界和政治界领袖来说都是极度困难的。同样，人们比较容易相信，一直以来不断增长的世界人口，对几个世代以后的几十亿人来说，将是一个异常巨大的经济难题。其所带来的庞大的能量消费，必将改变之后几十年大气层的化学构成，从而催生"温室效应"，使人类陷入无法挽救的境况。但是，在我们日常生活中，阻止世界人口增长，针对几十亿对夫妻制订家庭计划，这是无与伦比的困难。

来自全世界五大宗教的圣职担当者们，与政治家一样认识到了家庭计划的重要性，这是一种推陈出新的进步。希望更多的领导人能够意识到它的重要性。

牺牲从来都不是单方面的，付出就会有回报。20 世纪末期，人类只有通过团结，才能消除共同面对的威胁。

1987 年 3 月 9—10 日

于意大利罗马

关于世界重大问题的声明

序 论

在国际行动理事会的邀请下，世界五大洲的政治领导人与五大宗教的领袖在罗马举行了自近代以来的首次会谈。为期两天的会议中，与会者就世界和平、国际经济及相关开发、人口、环境等问题进行了讨论。

领导人们一致认为，人类当前面临有史以来最大的危机，但是却没有找到解决问题的恰当方法，也没有竭尽全力寻找到出路。如果没有找到有效而又恰当的方法来应对这些危机中凸显出来的挑战，我们将失去永恒的未来。

为了解决这些问题，领导人们一致认为，在共同忠诚于伦理价值、和平和人类幸福的原则之下，宗教与政治领导人能够在更多领域内携手合作。

经过初步交换意见之后，大家达成显著一致，客观地认识和评价了当前的危机，认识到必须在广泛认同的理论基础之上行动起来。

参与罗马会谈的领导人们一致认为，国际行动理事会或其他机构，包括国际范围和地区范围的政治、学术、科学方面的指挥者，都应该让这样的机会延续下去，获得媒体支持，对政策决策过程施加影响。

和 平

当前，第二次世界大战早已结束，但是这个世界没有一天逃离过战争、争端、贫困、大规模的人性堕落和环境恶化，和平的真正含义在逐渐丧失。全体参会人员得出结论，参照共同的理论原则，只有将对话和包容的理解不断渗透到所有社会领域和国际交流领域中去，才能实现真正的和平。

因此，全体与会人员都欢迎世界在裁军方面作出的努力。美苏共同遵守《美苏限制战略核武器条约》，同时应当继续进行裁军行动的阿根廷等国也在削减军费等方面取得了进步。

当前被投入军备竞赛中的科学、技术资源和能力，更应该被用于解决威胁人类生存与幸福的世界性问题中去，包括能源、新兴运输体系、开发技术缓解日渐紧迫的气候变化、推进臭氧层减少的相关调查、防止生物种类持续性减少、应对对生物圈造成的威胁等。

世 界 经 济

从道德、政治、经济原因来看，人类必须努力消灭困扰地球很多地区的贫困问题，建立更加公正的经济结构。要实现这种转型，发达国家必须以受到保护的本国利益，发展中国家以相互扶持的政策为各自的基础，进行一系列决策与对话。

应该加紧解决带来不良结果的债务危机问题。不能让债务利息的支付严重阻碍一国经济的发展，从道义上说，任何政府都不能要求国民一直陷于贫困之中，以至于他们的人性品格被无情剥夺。所有相关人士，都必须遵守伦理标准，作出卓有成效的贡献，共同承担困难。

为保证当前还在忍受悲惨贫穷生活的个人和团体能够生存下去，必须制订紧急援助计划。为了维护人类生存权，必须在全世界范围内培养起共同责任感。

开发、人口、环境

对未来的家庭来说，承认伦理价值与男女共同负担责任的原则，是处理很多问题不可或缺的条件，这一点必须反复强调。发展中国家过快的人口增长阻碍了经济的发展，带来了经济落后、人口增长、人类生活维持体系崩塌等恶性循环。在有效的公共政策中，必须增加结构性预测，注意了解人口、环境、经济趋势和它们之间的相互作用。

虽然每个宗教对于家庭计划的政策和方法存在不同的认识，但领导人们还是达成了共识，认为从当前的趋势中寻找有效的家庭计划是势在必行的。一些拥有积极性经验的国家与宗教，应该将这些经验分享出去，加快关于家庭计划的科学研究。

附录：参会人员

国际行动理事会会员

福田赳夫（名誉主席　日本前首相）

赫尔穆特·施密特（主席　西德前总理）

福克·耶诺（匈牙利前总理）

马尔科姆·弗雷泽（澳大利亚前总理）

奥卢塞贡·奥巴桑乔（尼日利亚前总统）

米萨埃尔·帕斯特拉纳·博雷罗（哥伦比亚前总统）

玛丽亚·德卢尔德斯·平塔西尔戈（葡萄牙前总理）

布拉德·莫尔斯（联合国开发计划署前署长）

宗教领袖

A. T. 阿里雅拉纳（斯里兰卡佛教）

K. H. 哈桑·巴士里（印度尼西亚伊斯兰教）

约翰·B. 科布（美国基督教卫理公会派）

弗朗茨·柯尼希（澳大利亚天主教枢机主教）

李守袍（音）（中国新教徒）

卡兰·辛格（印度印度教）

意劳·托阿弗（意大利犹太教）

环境问题专家

李斯特·布莱恩（世界观察研究所）

关于探讨公共伦理标准的专家会议报告

赫尔穆特·施密特

前　言

1. 随着人类文明进入 21 世纪，世界正在进入一个深刻而广范围的，足以与工业革命相匹敌的变革时代。世界经济全球化导致了人口、环境、开发、失业、安全、道德及文化的衰落等诸多问题的全球化。人类迫切希望探究正义与事物的意义。

2. 技术和应用科学的物理变化远远超出了各个机构的对应能力。迄今为止，国家仍然坚持采用以集体意识支配行动的行为方式，而国家主权的概念在世界任何地方都被围困在这样的框架之中。就好比老生常谈的"在大问题面前国家太小，在小问题面前国家太大"。跨国公司在进行世界贸易和扩大投资时，已经赶上了前所未有的机遇，然而各大公司在人权这个不熟悉的领域被质疑企业责任时，却无一不感到尴尬。即便宗教界仍然汇聚了数以亿计的虔诚信徒们，然而世俗主义和消费主义却会更被推崇与支持。那些人依然鼓吹并实践着宗教极端主义和暴力主义，以致牵扯这个世界也饱受其苦。对此，"原教旨主义"这个词汇不当使用。因为，虽然信徒都深深相信自己的信念和原则，然而他们拒绝通过行动来阻止暴力和传播自己的信仰。世界瞬息万变，我们应该何去何从。

具体的改进措施

3. 国际行动理事会认识到，为了促进伦理标准的传播，主权国家仍然是变化的核心驱动力。在承认主权国家为主要对象的基础上，也应该对电子传媒及在全球舞台上大显身手的跨国公司之作用给予足够的关心和重视。

4. 为了在一定程度上成功推广公共伦理观，全球多样的信仰体系和不同势力范围的各大宗教为了说服主权国家和相关机构，高度重视相互之间的密切合作，这是决定性的。这样的积极合作至少有两种重要的功能：一方面，在与当今人类直面的诸多迫在眉睫之问题和全球危机的抗争中，证实了在合作的基础上，各大宗教在决定统一的伦理标准时，敞开心扉讨论的可能性。另一方面，事实上，世界各大宗教协同合作推广公共伦理观，将会促进公共伦理观的世界化的进展更加容易。

5. 世界宗教领袖会议不仅仅能够普及公共伦理观的理论思想，更能针对主权国家及其领导人、教育机构、大众媒体（电视、广播等），联手自身的宗教组织一起，利用一切可能的手段，达成对普及公共伦理观的共识，并且可以提出推广公共伦理观的具体建议。应该强调的是，出席宗教会议的代表中必须包括妇女。现有的世界宗教组织应该推动发展这样的会议。

6. 宗教群体的建议主要应该由各主权国家、教育、大众媒体、非政府组织和非营利组织以及宗教团体的决策者提出。这是因为以上所提到的机构，都直接或间接地涉及并参与到同世界宗教的基本情报相关的，并由世界宗教提出建议的公共伦理观的启蒙和普及行动之中。

7. 世界将会为关于公共伦理观的传播和推广的具体行动计划而欢欣鼓舞。这个行动计划还应包括以下内容：

·制定公共伦理标准，成书成册，在世界各地分发。

·在此公共伦理标准的基础之上，增加按照特定职业划分的伦理标准，将这样的伦理标准在实业界、政党、大众媒体以及其他重要相关人员中普及。这种伦理标准的制定能够对自律作出贡献。

·向世界领袖建议，在1988年《世界人权宣言》发布50周年纪念大会上，应该由联合国主办召开关于讨论《人类职责宣言》的会议。

·应当设立包括关于世界宗教和哲学的教育课程，这样的课程应当提供给所有的教育机关。另外还应该使用各种崭新的科技手段，如网络、教育电视、视频、广播等传播这样的课程。

·为使此课程的设立与知识资源相结合，深化大家对此课程的理解，联合国应该考虑将这个课程作为联合国大学的组成部分，并邀请学者、学生、世界宗教领袖们共同成立"世界宗教学院"。

制定公共伦理观标准的必要性

8. 亚里士多德曾经说过："人是社会的动物。"因为我们都生活在社会中，必须要相互理解、包容才能和谐共处，所以人类需要制定规则和章法。道德伦理是集体生活最原始的共通基准，倘若没有伦理和自律之心，人类恐怕就会回归到原始森林的野蛮生活。世界正经历一场前所未有的变革，所以人类迫切需要一个伦理标准的立足点。

9. 世界宗教是人类智慧的结晶，是人类伟大的传统之一。没有任何时代比当今社会更加需要宗教，它源于远古时代人类的智慧宝库。政治活动与价值选择有着深深的关联，道德必然优先于政治和法律，因此领导者们必须要经历道德的启蒙，必须要鼓励道德的推广，最好的教育是激发人类自身所具有的理解与包容的潜力。如果不进行道德教育，不教给孩子们"正义"与"邪恶"的区别，那么我们的学校最终会沦落变质，转换为只能生产大量劳动力的工厂。大众媒体是影响人心与行动最强有力的手段之一，然而，当今很多媒体根本没有在提高人类精神文明，反而以大量充斥暴力、堕落、腐败的内容，污染了许多人的精神。

10. 为了适应瞬息万变的世界，各种组织机构必须再次专心投入到伦理标准的建设事业之中。从世界宗教及道德传统中可以寻觅到专心致志的源头，在那里有引导我们解决国家、民族、社会、经济以及宗教之间各种问题的精神力量。虽然各大宗教的教义都有所不同，但是所有宗教都在提倡公共伦理标准，世界信仰的统一比起分离具有更大的可能性，所有宗教都在倡导自我抑制、义务、责任以及各自的美德，通过各自的方法探索人生的奥秘，以及为全人类树立典范模式的方法。我们为解决全球性问题必须从制定共通的伦理基础开始做起。

公共伦理的核心

11. 当今的人类，有着足够的经济、文化以及精神资源来建立一种良好的世界秩序，然而民族、国家、社会、经济以及宗教间的新旧矛盾和紧张威胁着我们构筑更加和平美好世界的愿望。在这种存在戏剧性变化的世界状况中，为了实现人类之间和平共处的愿望、民族与道德之间关系的前景、共同分担保护地球责任的宗教愿望，我们需要建立起希望、目标、理想及价值标准的平台。1993 年在芝加哥召开的世界宗教会议发表了我们原则上支持的《公共伦理宣言》，对此仅表谢意。

12. 从联合国采用《世界人权宣言》开始，基于国际法和司法的人权强化事业取得了显著的进展，此后的《市民社会、政治权利》以及《社会、文化、经济权利》这两份文件的发表进一步促进了人权事业的发展。联合国关于权利基准的宣言在芝加哥宣言中得到了确认，并从义务的角度予以进一步的深化。这个宣言在保证人类原有的尊严不被剥夺，保障所有人类的平等与自由，促进人与社会相互依存这些问题上极其必要。也就是说，建立一个更加美好的世界秩序不能单靠法律、法规、条约的制定和强制执行，为了权利与自由的行动需要伴随相应的责任感和义务感，为了达成这个目标必须唤起男女双方精神与心灵的力量，没有义务的权利不可能长久，脱离公共伦理观而建设的美妙世界秩序将成为无稽之谈。

13. 公共伦理观并不能取代托拉、《圣经》、《古兰经》、《博伽梵歌》、佛教法典或者孔子及其他的教义学说。公共伦理观是最基础的必要的共同价值、基准和基本态度。换言之，虽然各大宗教的教义不同，但是公共伦理当成为所有宗教及无神论者们共同支持的有约束力的价值观和普遍的伦理标准。

14. 宗教史上第一件达成最小限度的明确的共识是对《芝加哥宣言》的肯定，我们提出了针对个人、社会、政治理论不可或缺的两个原理。

（1）必须人道地对待每一人；

（2）己所不欲，勿施于人。

这个规范融汇蕴含在所有伟大的宗教的传统之中。

15. 基于这两大原理，经所有宗教同意，我们还提出了四项必须永远全面支持的承诺：

· 承诺坚守非暴力与尊重生命的理念；

· 承诺保证团结与公平公正经济秩序的理念；

· 承诺保持宽容与诚实生活的理念；

· 承诺维护平等的权利与男女间合作关系的理念。

16. 虽然我们认识到在计划生育政策和干预手段方面各宗教之间存在着意见分歧，然而对于当今人口增长的趋势而言，探求一种有效的计划生育政策是必不可少的，对此我们也达成了共识。各个国家、宗教应当积极分享经验，也应进一步推进对于计划生育的科学调查。

17. 教育的各个阶段，担负着在下一代心中根植公共伦理观的重任。从小学到大学的课程与讲座中，应该编入普遍价值观的教育内容，也应该加深对自己所奉行的宗教以外的其他各种教义的理解，还应该在教育课程中传授"肯定性的宽容"这一价值观，课程的教材也应该编入同样内容。必须注重在教育中培养孩子对于未来的志向。联合国教科文组织、联合国大学以及其他的国际机构都应该为了这个目的而协同合作。电子媒体也应该贡献自己的力量。

18. 国际绿十字会和地球理事会提出，应该留意现在正在进行的《地球宪章》之制定过程。我们欢迎为了使这项行动向可持续性开发转变，政府、民间、市民社会对于价值观与态度的基本变化所作出的努力，也希望宗教界以及其他团体的积极参与。

19. 基于尊重生命是道德承诺的核心，避免战争和暴力带来的悲剧是我们最需解决的世界性课题，所以我们必须及早关注以下两个方面：

（1）必须抑制小型武器、半自动及全自动武器的买卖行为，轻易购买到手的这类武器势必引发不良走向。

（2）与小型武器相同，地雷也夺走了大量无辜的生命，这在柬埔寨、南斯拉夫、非洲以及阿富汗已经成为严重的现实问题，系统化的扫雷行动已迫在眉睫。

1996 年 3 月 22—24 日

于奥地利

附录：会议出席者

国际行动理事会成员

赫尔穆特·施密特主席

德里斯·范阿赫特

皮埃尔·埃利奥特·特鲁多

米格尔·德拉马德里·乌尔塔多

专　家

A.A.马格南·阿尔·贾迈迪（伦敦，法赫德国王学院院长）

荒木美智雄（筑波大学教授）

香提·安拉姆校长（印度）

托马斯·阿克苏战海（加拿大，CRB 基金会主席）

阿布李加吧德·法拉图里（德国科隆大学教授）

阿南达·格雷罗（前斯里兰卡高等法院法官）

金景东（韩国首尔国立大学教授）

柯尼希红衣主教（德国图宾根大学）

彼得·兰德斯曼（奥地利，维也纳大学）

辛古比（伦敦，印度法馆高级专员）

马交里·苏格叽（美国，克莱蒙特神学院院长）

记　者

弗洛拉·刘易斯（《国际先驱导报》）

观察员

山口静江　前众议院议员

《人类责任世界宣言》草案

序　评

共议人类责任的时代已经到来

经济全球化带动着许多问题向全球化发展。解决全球化问题，必须在被所有文化、社会所遵守的理念、价值观和规范的基础上，制定全球化的解决方案。承认全人类平等与不可侵犯的权利，必须以自由、正义与和平作为基础前提；同时，还必须建立伦理标准体系，赋予权利与责任同等的重要性，保证所有人都生活在和平之中，并可以充分发挥自己的才能。建立更加完善的社会秩序，仅靠国内外法规条例难以实现，建立全球化公共伦理才是最不可欠缺的要素。人谋求发展的愿望，无论在任何时代都应该适用每一个人和制度，只有形成统一的价值观与价值标准，才能将这种愿望变为现实。

明年将迎来联合国通过《世界人权宣言》50 周年的纪念日。这个值得纪念的年份，对通过旨在完善与加强世界人权宣言、促进世界变得更加美好的《人类责任世界宣言》来说，无疑是一次良机。

后述的人类责任相关草案，要求在自由与责任间取得平衡，让"自由"从人们漠不关心的名词变为与人类息息相关的重要内容。如果个人或政府不顾牺牲他人利益来无限主张自己的自由，必将使很多人受苦受难；如果人类通过掠夺地球的自然资源来无限追求自己的自由，必将使后代承受磨难。

起草《人类责任世界宣言》的构想，不仅是使自由与责任达到平衡的方略，也是与过去视之为敌的思想、信条与政治见解达成和解的手段。它指出，对权力的坚持容易带来无限的争端与对抗；宗教团体有义务像强调自己的自由一样尊重其他自由；以追求最大限度的自由作为目标，同时培养最大限度的责任感以保证自由可以延伸到更宽的领域，这应是基本的前提。1987 年以来，"国际行动理事会"（俗称"前政要峰会"）不断推进与人类责任相关的道德基础规范的起草工作，这项工作建立在宗教界领袖以及古代先贤哲人智慧的基础之上。古代的哲人曾经发出警告，不用承担责任的自由本身必将灭亡，只有权利与责任达到平衡，自由才会不断壮大并创造出更加美好的世界。

国际行动理事会委托诸位讨论以下宣言草案，并希望获得支持。

《人类责任世界宣言》草案

前 言

承认人类大家庭所有成员原由的尊严、平等以及不可侵犯的权利，这是全世界实现自由、正义与和平的基础，对责任与义务具有启示意义；

对权利排他性的主张，可能导致武力抗争、分裂以及无限的争端；而无视人类责任，则可能引发无理无序；

依法统治和健全人权，与人类行为公正的愿望息息相关；

解决全球化问题，必须在被所有文化、社会所遵守的理念、价值观和伦理标准的基础之上制定全球化的解决方案；

知识与能力有限的人类担负着改善本国与全世界社会秩序的责任，而这个目标只能通过法律法规及条款才能付诸实现；

人类追求进步与完善的愿望，在任何时代都必须适用于所有群体和机构，只有形成统一的价值与标准，才能实现这一愿望。

因此，联合国大会在此颁布《人类责任世界宣言》！

所有个人、社会，所有机构都应关心该宣言，它有助于推动社会前进，启发民众智慧，应该作为全人类所有国家共同遵守的标准。我们所有人必须重新确认并强化《世界人权宣言》所阐明的誓约，即全人类的尊严、不可侵犯的自由和平等，以及他们共同承认的容忍范围。我们将在世界范围内推行和普及对这种责任的认知和维护。

人类基本原则

第1条 所有人，不分性别、种族、社会地位、政治见解、语言、年龄、国籍和宗教信仰，都有责任秉持人道主义精神对待他人。

第2条 任何人，都不能以任何形式支持非人道行为；所有人，都有责任为维护他人的尊严和自尊而付出努力。

第3条 任何人、任何集团或团体、国家、军队或警察，都不能凌驾于善恶之上，都属于道德规范管辖的范围，所有人都有责任在任何环境下惩恶扬善。

第4条 被赋予理性与良知的所有人，都应以同理之心接受对个人与集体，家庭与社区，种族、国家与宗教的责任。己所不欲，勿施于人。

反对暴力、尊重生命

第5条 任何人，都有责任尊重生命。任何人都无权伤害、拷问、杀害他人。个人或社区行使正当自卫权的情况除外。

第6条 应该以非暴力的方式解决国家、集体、个人之间的争端。任何政府都不能默许或袒护集体屠杀或恐怖主义，不能将虐待妇女、儿童或其他任何市民作为战争手段。所有市民、公务员都有责任在行为中主张和平、反对暴力。

第7条 所有人都应受到无限尊重、被无条件保护。保护动物和自然环境。所有人都有责任为生存在世界上的人以及后世子孙保护好空气、土壤和水。

正义与同理

第8条 所有人都有责任在行为中保持高洁、诚实与公正。任何个人、集体，都不能抢占或恣意掠夺其他个人或集体的财产。

第9条 所有人，在被给予必要生存资料的前提下，都有责任脚踏实地为摆脱贫困、营养不良、无知和不平等而努力。为了维护所有人的尊严、自由、安全与正义，应该在全世界范围内推进可持续开发。

第10条 所有人都有责任通过勤奋努力激发自己的才能。每个人都应被赋予平等的机会接受教育、从事有意义的工作。所有人都应该帮助贫困者、落魄者、伤残人士以及被歧视的受害者。

第11条 使用任何财富，都应遵循正义原则，并以推动人类进步为目的。经济方面和政治方面的权利，不应成为统治的工具，而应该为伸张经济正义、维护社会秩序服务。

真实与宽容

第 12 条 所有人都有责任揭露真相、诚实行动。任何人，无论多么位高权重，都不能谎言谎语。应该尊重保护个人隐私、保守个人或单位秘密的权利。任何人都没有义务告知所有人所有真相。

第 13 条 任何政治家、公务员、企业界的领导人、科学家、文学家或艺术家都不能被普适的伦理标准免责，对顾客肩负特殊义务的医生、护士和其他职业人员亦是如此。职业以外的道德规定，应该反映真实性、公正性等普适标准的优先性。

第 14 条 告知公众真相、评论社会制度和政府行为是媒体的自由，对一个公正的社会来说不可或缺，但媒体必须秉持负责任的态度。媒体的自由，伴随着准确、真实进行报道的特殊责任，必须避免通过煽情报道贬低人格与品位。

第 15 条 必须保证宗教自由，但宗教代表者有责任避免发表对不同宗教信仰的偏见，避免歧视行为。他们不得煽动憎恶、狂热情绪，不得发动宗教战争并使之合法化，而应当培养人们相互宽容、相互尊重的品格。

相互尊敬、相互合作

第 16 条 不论男女，每个人都有责任在合作中相互尊敬、相互理解。任何人都不得将他人作为性榨取和奴役的对象。夫妻、恋人之间有责任为对方的幸福着想。

第 17 条 所有文化与宗教多样性教义都应当明确，婚姻应以爱情、忠诚与宽容作为基础，应该保证彼此安全、相互扶持。

第18条 所有夫妻都有责任制订明智的家庭计划。父母子女之间，应相互爱护、相互尊重、相互感激、相互关心。任何父母或其他成人，都不得榨取、奴役或虐待儿童。

结　论

第19条 本宣言的所有规定，不得被解释为，任何国家、集体或个人有权从事，以破坏本宣言及1948年颁布的《世界人权宣言》中提到的责任、权利和自由为目的活动，或有权从事有类似企图的行为。

共议人类责任的时代已经到来

国际行动理事会呼吁出台讨论《人类责任世界宣言》正合时宜。一直以来，我们都在常规地谈论人权问题，实际上自1948年联合国通过《世界人权宣言》以来，全世界都在努力推动国际社会承认和维护人权。但是现在，开始着手探讨承担人类义务这个重要课题的时刻已经来临。

为什么必须重新审视人类的义务？原因如下：首先，毋庸置疑，这个观点只在世界上少数地方才是全新的话题，许多国家一直常规地从义务方面看待人际关系，而不是从权利方面看待。例如，东方普遍的思考方法就是如此。从传统而言，至少在17世纪启蒙运动兴起之后，西方就一直强调自由与个性。与之相反，东方的观念之中，更加注重责任和集体。现已出台的不是《人类责任世界宣言》，而是《世界人权宣言》。众所周知，《世界人权宣言》的起草者是第二次世界大战胜利方的西方各国代表，其中无疑反映了他们的哲学与文化背景。

其次，人类义务这个概念，反映了自由与责任达到平衡的愿望。

权利与自由相关，义务与责任相连。虽然存在差别，但自由与责任是相互依存的。责任是一种道德素养，会自然自发地抑制自由。无论在哪个社会，都不存在毫无限制的绝对自由。因此，歌颂的自由度越大，对自己、对他人担负的责任也会越大；自身拥有的才能越多，就有更多责任去最大限度地使之得到发挥。我们必须让自由从大家漠不关心的状态，变成与大家息息相关的重要内容。

反之亦然。我们的责任感越强，道德素质越高，我们自身的精神自由度就越大。当自由为我们的行动提供包括为善与为恶在内的多种可能性时，有责任感的道德素质必定会选择"为善"。

但可悲的是，人们未必能常常清楚地理解自由与责任的关系。部分思想观念认为应该重视个人的自由，而也有一些思想观念认为应该绝对服从于对社会和集体的责任。

缺乏合理均衡毫无限制的自由，与强加的社会责任一样后患无穷。曾几何时，极端的经济自由与资本主义的贪得无厌导致了严重的社会不合理。

任何一方走向极端都是我们不愿看到的。大家普遍认为，东西方放弃对抗的冷战结束后，人类的自由与责任逐渐朝着令人期待的均衡状态前进。我们曾一直为了自由与权利而战。现在，推进责任与人类义务的时代已经来临。

国际行动理事会认为，经济全球化带动着许多问题向全球化发展。由于整个世界相互依存，必然要求大家在和谐之中生存下去，所以人类必须制定规则与限制条款。道德是使集体生活成为可能的最低标准，若没有伦理道德以及它所带来的自我约束，人类将退回到弱肉强食的世界之中。这个世界需要以道德作为立事的基础。

正因为认识到这个必要性，国际行动理事会于 1987 年 3 月在罗马召开了宗教界领袖和政治领导人的会议，开始探讨普适的伦理标准。1996年，国际行动理事会再次邀请世界主要宗教的领袖和专家们参加会议并做报告，形成的报告书在同年5月召开的温哥华总会上获得如潮的好评。该报告书明确指出，世界各大宗教有很多相通之处，提出"迎来《世界人权宣言》发表50周年的1998年，由联合国召开会议讨论人类义务宣言，完善权利在初期承担的重要任务"。国际行动理事会支持这一建议。

起草《人类责任世界宣言》的构想，不仅是使自由与责任达到平衡的方略，也是与过去视之为敌的思想、信条与政治见解达成和解的方法。因此基本前提是，人类应被赋予最大限度的自由，但为了正确利用这种自由，人类必须最大限度地培养起责任感。

这种观念并不是独出心裁。数千年来，先知、圣贤先哲一直在恳请人类认真思考责任问题。例如，本世纪的圣雄甘地就总结出了社会七宗罪恶：

1. 搞政治而不讲原则；

2. 经商而不讲道德；

3. 积累财富而不付出劳动；

4. 拥有知识而没有品德；

5. 讲究科学而不讲人性；

6. 追求享乐而不关心他人；

7. 膜拜神灵而不做贡献。

全球化使甘地与其他道德领袖的训导重新变得紧迫而必要。电视画面上的暴力场景通过卫星转播传到地球各个角落；万水千山之外某个金融市场的投机行为，直接导致某个地方政府解体；民间实力派的影响力比肩政府权力，而且与通过选举产生的政治家不同，这些民间人士除了依靠本人觉悟，几乎无人问责。制定《人类责任世界宣言》的行动从来没有像今天这样紧迫。

从权利向义务转化

权利与义务不可割裂，人权的概念，只能在所有人都承认并有义务尊重它的情况下才能成立。无论在哪种社会价值观中，人际关系都建立在权利与义务并存这个普适性基础之上。

引导人们的行为，其实并不需要复杂的道德体系，只要真正地守护古老的规则，即黄金规则，就可以保持公正的人际关系。黄金规则否定表现形式为——"己所不欲，勿施于人"；肯定表现形式为——"己所欲者，奉与他人"，这体现得更加积极主动、更加赋有连带意义。

理解这种黄金规则就能够认识到，为了完善人权必须要讨论人类的主要义务，而《世界人权宣言》就是一个理想的起点。

· 如果我们有权利获得生命，就有义务尊重生命；

· 如果我们有权利获得自由，就有义务尊重他人自由；

· 如果我们有权利获得安全，就有义务创造全人类能够颂扬安全的条件；

· 如果我们有权利关心政治、选举领袖，就有义务参与政治、选出最佳领导人；

· 如果我们有权利在公正满意的环境中工作，以使自己与家人的生活达到一定水准，就有义务最大限度发挥自己的能力；

· 如果我们有权利在思想、良心与信仰上获得自由，就有义务尊重他人思想与宗教方面的原则；

· 如果我们有权利接受教育，就有义务尽最大能力学习，并尽可能将我们的知识与经验与他人分享；

·如果我们有权利接受地球的馈赠，就有义务尊重、关心、恢复地球与自然资源。

我们人类的潜能可以被无限开发，正因如此，我们有义务使我们的肉体、感情、智慧、精神方面的能力得到最大限度的发挥。切不可忽视"为实现自我必须承担责任"这一观念的重要性。

＊　　　　　＊　　　　　＊

1997 年 4 月在维也纳举行的专家会议中推进了《人类责任世界宣言》草案的制定工作，草案最终由托马斯·阿克斯沃西教授、金景东（音译）教授和汉斯·昆教授 3 位专家总结提炼而成。汉斯·昆教授提出的第一轮草案，奠定了意义重大的讨论基础。上述专家们向专家会议主席及德里斯·范阿赫特（荷兰前首相）、米格尔·德拉马德里（墨西哥前总统）提出了多种建议。行动理事会成员奥斯卡·阿里亚斯先生（哥斯达黎加前总统）虽然没有出席会议，但是提交了宝贵而翔实的论文。

这些工作成果，在向联合国提交的附加于《人类责任世界宣言》之后的草案中得到了明确体现。专家团队很高兴能够同时提交宣言草案，这激励了国际行动理事会和国际社会对其进行进一步的讨论。

1997 年 9 月 1 日

附录：专家会议与会者名单

国际行动理事会成员

赫尔穆特·施密特主席

安德里斯·范·阿格特（荷兰原首相）

米格尔·德拉马德里·乌尔塔多（墨西哥原总统）

皮埃尔·埃利奥特·特鲁多（加拿大原总理）

顾　问

汉斯·昆（瑞士，图宾根大学名誉教授）

托马斯·阿克斯沃西（美国，哈佛大学客座教授）

金景东（音译）（韩国，首尔大学）

专　家

弗朗茨·柯尼希（澳大利亚，天主教枢机主教）

哈桑·哈那菲（埃及，开罗大学教授）

A. T. 阿里雅拉纳（斯里兰卡，农村自立开发运动领袖）

詹姆斯·H. 奥特利（英国，联合国观察员）

M. 安拉姆（印度，国会议员、静寂财团理事长）

茱莉亚·陈（加拿大，多伦多大学教授）

安娜玛丽·埃格德（丹麦，世界教会会议）

特瑞·麦克卢汉（加拿大，作家）

耶鲁斯·金（韩国，联合国教科文组织职员）

理查德·罗蒂（美国，斯坦福大学）

彼得·兰德斯曼（奥地利，萨尔茨堡欧洲科学院）

渡边幸治（日本，驻俄罗斯前大使）

记　者

弗罗拉·路易斯（美国，《国际先驱论坛报》）

吴胜龙（韩国，《文化日报》）

雅加达宣言

——政治领袖与宗教领袖的声明

声　明

国际行动理事会自 1983 年创立之初，就特别关注政治、企业界领导人的道德价值观和伦理标准。

1987 年，国际行动理事会邀请宗教领袖一起，就和平、开发、人口和环境问题在罗马举行了会议。1996 年在维也纳召开的会议上，探讨能被所有宗教接受的公共伦理标准成为焦点，最后会议起草了《人类责任世界宣言》。理事会认为，如果这个宣言获得通过，将会大大补充和完善《世界人权宣言》。1999 年，开罗总会召开，重点谈论了"中东战争中的宗教意义"。

纽约和华盛顿遭受惨绝人寰的袭击之后，理事会开始担心，"报复恐怖主义的战争"会不会导致宗教间的争端愈演愈烈。

后来在肯尼亚、俄罗斯、印度、印度尼西亚等国发生的一系列恐怖袭击事件，进一步加剧了这种担忧。

由此，以下几点思考值得我们关注：

一、当前的世界形势，特别是"报复恐怖主义的战争"、大规模杀伤性武器扩散等，导致了全球范围内的动荡，破坏了世界秩序。

二、一部分恐怖分子行为的动机仅仅出于敌意或嫉妒，但其他恐怖分子有着非常明确的目标与目的，他们并非针对整个世界，通常是针对某个特定的地区。

三、一个令人遗憾的现实是，部分人认为恐怖主义是由某些特定西方国家政策引发的。他们之所以持这种观点，是因为很多国家的人们没有资源可以参与到全球化的世界中去，他们被这个世界甩得很远，这是事实；同时，这些面临危机的地区和人们，深切体会到贫富差距的扩大所招致的不平等。联合国千年发展计划的精神与规范提出明确的方向，为确保所有人达到基本生活标准，必须动用全球的金融、政治、道德、制度上的资源，而当务之急是拿出实际行动。

四、为了确保各个民族、国家之间的战略、经济保持公正和均衡，我们应该制定连续性目标，并认识到，只有通过相互合作、相互理解、相互信赖才能实现这个目标，所有政策都应以此目标为方向。

五、《联合国宪章》第七章中提出，除了行使安理会承认的国家自卫权外，所有武力进攻都会对国际和平与安全造成威胁，联合国坚决禁止。这种禁止本身，在促进和平发展方面就是一个伟大进步。如果当今各国单方面接受"先发制人论"，那么过去50年来为促进国际法建立而作出的所有努力都将化为泡影。

因此，

一、为了严厉拒绝宗教将暴力与恐怖主义合法化，我们召集所有宗教领导人汇聚于此。

二、我们向全球领导人强烈呼吁，应该为解决不同宗教、不同民族之间的分歧搭起桥梁、积极行动，通过讨论和让步达成一致，建立一个相互合作的世界。同时，不遗余力地为全世界各民族、各国家的均衡发展贡献力量。

三、我们呼吁，所有国家，不论大小，都应该与联合国一起，或通过联合国特别是安理会采取行动，这才是实现公正、均衡、和平的最佳选择。

四、我们呼吁，所有国家都应该承认所有宗教和人道哲学都具有普适性人性价值和公共伦理标准这一事实，应当加强文化建设，反对暴力、尊重生命、共同负责、建立公平的经济秩序、宽容忠诚、追求权利平等、加强男女合作。

五、我们呼吁，所有国家都应当承认无论在何种宗教或政治意识形态中，都可能会出现极端主义。如果发现这种极端主义，即便只出现在国内，也必须对其进行谴责和抨击。

六、因此，我们呼吁，所有国家领导人都应该具备控制力与理解力，避免一切极端主义的行为，包容那些对确保文明化的人类社会继续延续下去不可欠缺的价值标准及观点。

七、同时，我们向所有国家呼吁，不论国内国际，都应该为解决分歧搭建桥梁，反对不负责任和歧视。

我们重申，这些目标和价值超越国界，具有普适性。现在，正是将《人类责任世界宣言》的精神付诸实践的时候。我们当前需要的，是为了确保人类共存与发展而必须付出的智慧与具体行动。让我们再次重温公共伦理中的两条基本原则：一是"必须人道地对待每一个人"的人道原则；二是"己所不欲，勿施于人"的"黄金定律"。

2003 年 3 月 11—12 日

于印度尼西亚雅加达

附录：与会者名单

国际行动理事会成员

1. 马尔科姆·弗雷泽（澳大利亚前总理）

2. 德里斯·范·阿格特（荷兰前首相）

3. 优素福·哈比比（印度尼西亚前总统）

4. 哈米尔·马瓦德（厄瓜多尔前总统）

宗教领袖

5. 斯瓦米阿格尼维什，印度（印度教）

6. 卡迈勒·阿尔谢里夫博士，国际伊斯兰协会秘书长，约旦（穆斯林）

7. A. T. 阿里亚拉特内博士，斯里兰卡农村自力运动领袖，斯里兰卡（佛教）

8. 弗朗西斯·卡罗尔，澳大利亚天主教教会大主教（天主教）

9. 蒂姆·科斯特洛，浸礼宗教堂牧师，澳大利亚（新教）

10. 詹姆斯乔丹，大主教，澳大利亚（希腊东正教会）

11. 李承焕，高丽大学哲学系教授，韩国（儒教）

12.A. 沙菲马里夫，印度尼西亚（穆斯林）

13. 罗兹穆尼尔，伊斯兰神学大学，印度尼西亚（穆斯林）

14. 哈希姆穆扎迪，伊斯兰神学大学，印度尼西亚（穆斯林）

15. 康拉德·雷塞博士，世界基督教协会秘书长，瑞士（新教）

16. 戴维罗森博士，世界犹太教委员会不同宗教间对话国际局局

长，英国，（犹太教）

17. 卢斯里博士，印尼佛教协会、印度尼西亚（佛教）

18. 纳箷·希提不提博士，印尼教会主席，印度尼西亚（新教）

19. 撒万达牧师，印尼印度教协会主席，印度尼西亚（印度教）

20. 丁·斯央撒鼎博士，印尼神学者协会秘书长，印度尼西亚（穆斯林）

21. 阿勒库斯·维教教牧师，雅加达天主教会，印度尼西亚（天主教）

其　他

22. 凯瑟琳马绍尔博士，世界银行价值与道德对话开展局局长，美国

23. 法里德米尔巴盖里，世界对话中心调查局局长，塞浦路斯

24. 杉浦正健，日本众议院议员

25. 张毅君，中国人民政治协商会议第九届全国委员会外事委员会副主任委员

学术顾问

26. 汤姆斯艾斯沃斯教授，加拿大历史基金会常务理事，加拿大

27. 长尾兵藤，日本东京经济大学教授，国际行动理事会副秘书长，日本

28. 阿明赛卡尔，澳大利亚国立大学教授，澳大利亚

"国际政治中的重要因素——世界宗教"
专家会议报告书

主席　英格尔·卡尔松

国际行动理事会自 1987 年就和平、开发、人口和环境问题召开会议以来，一直致力于促进宗教领袖与政治领导人的对话。之后历经的十年时间里，所有主要宗教与哲学学者们就公共伦理标准达成一致，出台了《人类责任世界宣言》。进入 21 世纪以来，全球面临的问题进一步复杂化。宗教间的误解导致争端频发，全球变暖严重破坏环境、带来诸多威胁，恐怖主义的阴云不断向全球范围扩散。宗教能否为促进和平与正义、建立伦理标准出一份力量？宽容（出于尊敬而不是出于无知的宽容）的美德，能否通过说教而被培养起来？各个区域社会，能否正确处理"尊重其他民族、其他国家文化、其他宗教的归属意识"这一课题？这个世界是否能够认同全球一体化的概念？被寄予厚望的领导人们能否拿出具体的、有建设性的建议？

近年来，由于宗教热所引发的浪潮，世界或许正在步入第二次人类文明的"轴心时代"（公元前宗教、哲学等萌芽时代）。2007 年 5 月 7—8 日，国际行动理事会在世界著名的"全球伦理财团"大本营——德国图宾根举行专家会议，出席会议的宗教学者们讨论并思考了"生存的意义"及"在政治中探讨和平方略"等议题。

一、相通的基础

犹太教并非独立的存在，基督教、伊斯兰教、佛教、印度教等也不是独立存在。构成中国各种宗教的要素中，包含着多种信仰；世界各种主要宗教中，也都包含着各自的信仰、神学和信念。

认识宗教内部的多样性非常重要，这种看法正逐渐被广泛接受。但我们也必须承认，认识宗教之间的共通性同等重要。一直以来，世界三大"一神教"之间总是保持着对立状态，而现在，从相互联系中看待这三大宗教已经成为重要课题。通过各个宗教的教育运营，显示出这个目标是可以实现的。我们更加希望各大宗教不是通过"说教"，而是通过"学习"来实现对话。

真正意义的对话，需要谨慎的说教艺术，我们切不可小视个人、地区、国家、国际间对话所带来的利益。对话不是说服对方的战术，也不是让对方改变信仰的战略，而是通过共同价值观的交流促进相互理解的方法。我们必须鼓励人们放弃大而化之的态度，对他人的宗教与文化加深理解。

通过对话从他人处学到的价值观，在相互关联的精神中更容易被理解。更广泛地说，我们的目标不只停留在建立一个"说教型社会"，而是建立一个"学习型社会"。我们不仅应当对孩子们传授世界各大宗教的区别，更应当传授它们的共性。

因此，"世界人类责任宣言"变得尤为重要，因为它是在认识到公共伦理标准之上，由政治家、宗教学家、无神论者、不可知论者们达成相互理解的产物。宗教自由中，包含着不得使用物理或道德的手段强制人们信仰某种宗教或意识形态这一权利。这种公共伦理标准，指出了理解和尊重他人信仰与道德的方法。本届专家小组，对获得所有主要宗教领袖们认可的《人类责任世界宣言》进行反复研究后，确保其内容凝练打造了所有宗教中共有的公共伦理标准。

二、政治与宗教的关系

在考察了各大宗教之间的相通要素之后，专家组又讨论了宗教对政治的重要影响。由于这个世界上同时存在两种截然相反的趋势，即某些地区世俗性占据上风，某些地区宗教性根深蒂固，政治与宗教的紧张关系不言而喻。几乎所有的数据都表明，西欧定期去教会做礼拜的人数减少了20%，而与之相反，美国每周却有约65%的人要去教堂。在阿拉伯世界与亚洲地区，也同样出现了宗教受到追捧的趋势。

很多时候，宗教能给国民政治带来非常积极的作用，但有时它也会加剧人们的无知与不安，从而被企图维持自己权利的政治家利用甚至滥用。无知＋宗教＋民族主义，这个组合孕育着爆发战争的危险。政治与宗教相互推进，会加速国际争端，在全球范围内促使高压政权的建立。例如，通过占领使伊拉克和阿富汗陷入悲惨泥潭的战争、阻断退路的巴以战争、斯里兰卡长期的内战、泰国可能爆发的新战争等，都是典型的例子。

事实上，政治决策通常与政客们企图宣扬的宗教教义针锋相对。原教旨主义并不是特定宗教的本质属性，而是很多宗教的共同特征。我们当前所面临的问题，是如何否定或阻止宗教领导人利用宗教运动，与易于陷入政治宣传型的"宗教极端派"保持距离，支持和推进温和的宗教运动。

三、面向未来

虽然面临着如此之多的复杂问题，但专家组多数成员仍旧看到了未来的"希望之光"。是威严、权利和责任所构成的人性基础，提供了可让世界各方普遍让步的公共伦理标准。

在这个全新的全球一体化时代，我们必须培养具有责任感的全球市民。宗教领导人未来或将担当更重要的职责，为此，他们必须精通两种语言。一种是与各自教团内信徒们相通的语言，一种是全球市民的语言。由此而入，建设不分种族、文化与性别的政治、经济、社会平等这一公共伦理必将获得良机。我们面临的最大问题之一，就是如何为子孙后代保护好环境。对于地球生命而言，每一个物种都十分珍贵，但现在平均每天有100多个物种走向灭绝。在这方面，宗教领袖们也担负有重大责任，那就是将这些足以挑战全球规模的人力有效地利用起来，为努力守护地球而赋予伦理意义。我们决不能去做地球的榨取者，而必须做地球的守护人。

25年来，宗教间的对话发生了变化。宗教间的差异并不会损坏人性，宗教应该鼓励那些希望从人性中找到理想的人们，这种认识正逐渐被更多的人所接受。但是，对话才刚刚开始。

四、提 议

为了实现更加美好的未来，专家组的主席作出以下提议：

·进一步确认并加强对《人类责任世界宣言》的说服力的认识，

结合我们所处的时代背景审视思考责任宣言。为了实现与人权拥护者的真正对话，必须加强对责任宣言中提出的正义、慈悲、礼节、和谐等核心价值标准的认识。

·加强认识，了解所有宗教都具有的共同道德规范核心——统一的和谐；通过全球化市民和全球化伦理标准分享共同的人性，大力宣扬这种思想。

·推动实现自我的愿望与全球一体化中的责任感相互促进，支持全球化市民的概念和实践。

·为了认识到各种宗教中信仰、价值观、习惯具有多样性，必须加强相互宽容、相互尊敬、相互帮助和相互学习，制订宗教间教育行动计划。

·支持宗教自由。加强开放、和平的反省式宗教运动，社会所有部门的领导人与宗教领袖一起，对那些否认、阻止宗教被政治利用的行为给予鼓励。

·认识到人类延续面临的威胁，发动宗教的影响力，为了子孙后代，尊重生命、守护地球，应对环境挑战。

·保持文化和宗教的多样性，明确促进和平团结的道路。

2007 年 5 月 7—8 日

于德国图宾根

附录：与会者名单

1. 赫尔穆特·施密特名誉主席，德国前总理

2. 马尔科姆·弗雷泽名誉主席，澳大利亚前总理

3. 英格尔·卡尔松联合主席，瑞典前首相

4. 阿布德·萨拉姆·马加里，约旦前总统

5. 弗拉尼茨基，奥地利前总理

专　家

6. 勒阿布迈德博士，律师，埃及（伊斯兰教逊尼派）

7. 科泽维诺阿兰博士，静寂财团理事长，印度（印度教）

8. 梅瑙莫塔南德·唠吧尼奇博士，佛僧、（佛教）

9. 汉斯金，图宾根大学名誉教授，世界伦理基金会理事长，瑞士（基督教）

10. 卡尔约瑟夫·库舍尔教授，世界伦理基金会副理事长，德国（基督教）

11. 拉比乔纳森玛戈特，莱奥拜克大学教授，英国（犹太教）

12. 肯尼亚·玛卡利亚大主教，塞浦路斯（希腊东正教会）

13. 斯蒂芬·施伦索格博士，世界伦理基金会总务长，印度教专家，德国（基督教）

14. 阿卜杜勒卡里姆索罗斯博士，伊朗（穆斯林）

15. 杜维明，哈佛大学教授，中国（儒教）

16. 吉田修，东洋大学教授，日本（大乘佛教）

顾　问

17. 汤姆·艾斯沃斯，皇后大学教授，加拿大

18. 冈瑟·格布哈特博士，世界伦理基金会，德国（基督教）

19. 兵藤长雄，国际行动理事会副秘书长，日本

秘书处主任

20. 宫崎勇，前经济计划厅厅长，日本

OB 首脑峰会·维也纳会议
参会人员以及论文作者简历

OB 首脑峰会成员

让·克雷蒂安　OB 首脑峰会联合主席

1993—2003 年加拿大首相

生于 1934 年。1958 年毕业于拉瓦尔大学法律专业，获得律师资格 LL.L.；1967—1968 年，挂职内务大臣；1968 年，税收部长；1968—1974 年，印第安事务和北方发展事务部长；1976—1977 年，工贸和商业部长；1977—1979 年，财政部长；1982—1984 年，能源矿业和资源部长；1984 年，副首相兼外交部长。

弗朗茨·弗拉尼茨基　OB 首脑峰会联合主席

1986—1997 年奥地利总理

生于 1937 年。1969 年在维也纳大学经营 / 经济系商业专业获得博士学位；1984—1986 年，财务大臣；1988—1997 年奥地利社会民主党党首，"社会主义国际"副主席。

赫尔穆特·施密特　OB 首脑峰会名誉主席

1974—1982 年西德联邦共和国总理

生于 1918 年。汉堡大学理学硕士毕业，1967—1969 年，德国下议院社会民主党（SPD）主席；1968—1984 年，SPD 副魁；1961—1965 年汉堡州政府内务大臣；1961—1965 年，国防大臣；1972 年，经济财务部长；1972—1974 年，财务部长。

马尔科姆·弗雷泽　OB 首脑峰会名誉主席

1975—1983 年澳大利亚联邦总理

生于 1930 年。牛津大学硕士。1955—1983 年，联邦国会议员；1966—1968 年，陆军部长；1968—1969 年，教育科学部长；1969—1971 年，国防部长；1971—1972 年，教育科学部长；1975 年反对党领袖。

福田康夫

2007—2008 年日本首相

生于 1936 年。早稻田大学学士。1990—2012 年众议院议员；2000—2004 年，内阁官房长官；2000 年，冲绳开发厅长官；2001—2004 年，内阁府特命担当大臣（男女共同参与担当）；博鳌亚洲论坛理事长。

德里斯·范阿赫特

1977—1982 年荷兰首相

生于 1931 年。1955—1967 年，律师；1968—1971 年，奈梅亨天

主教大学刑法教授；1971—1973 年，司法大臣；1977 年，出任荷兰首相。

谢赫·阿卜杜勒阿齐兹阿尔·科瑞斯

1974—1983 年沙特阿拉伯中央银行行长

生于 1930 年。南加利福尼亚大学经营学硕士。1970—1974 年，国务大臣；1987—1996 年沙特国际银行伦敦会长；1987 年开始担任沙特中央银行金融理事会理事；1994—2012 年，美国—沙特商业磋商会议联合主席。

阿卜杜拉·巴达维

2003—2009 年马来西亚首相

生于 1939 年。1964 年毕业于马来西亚大学，获伊斯兰研究学院学士学位。1981—1984 年，首相府内务大臣；1984—1986 年，教育部长；1986—1987 年，国防部长；1991—1999 年，外交部长；为加深对伊斯兰理解而创建马来西亚研究所并担任会长。

吉斯卡尔－德斯坦

1974—1981 年法国总统

生于 1926 年。1952 年毕业于综合理工大学和国家行政学院。1954—1974 年，多姆山省副省长。1959—1962 年，负责金融的国务秘书。1962—1966 年和 1969—1974 年，经济财政部长。欧盟创始人之一。1986 年与施密特总理一起创建欧洲金融体系；创建发达国家领导人峰会。

阿布德·萨拉姆·马加里

1993—1995 年、1997—1998 年约旦首相

生于 1925 年。1949 年叙利亚大学（大马士革）医学博士；1953 年获伦敦王立外科大学耳鼻喉科硕士；1969—1991 年，卫生部部长；1971—1976 年，约旦大学（安曼）校长；1976—1979 年，教育部部长；1970—1971 年、1976—1979 年，外交部长；伊斯兰世界科学院代表。

奥卢塞贡·奥巴桑乔

1976—1979 年、1999—2007 年尼日利亚总统

生于 1937 年。尼日利亚陆军司令，第二师团司令；1970 年担任第三海军司令；1975 年，工兵军司令；1975 年，副总统；1976 年，总统；1988 年，创建非洲领导人论坛；2005 年创立贝尔斯技术大学。

乔治·瓦西利乌

1988—1993 年塞浦路斯共和国总统

生于 1931 年。布达佩斯大学经济学博士。1996—1999 年，国会议员；1998—2003 年，塞浦路斯入盟首席谈判代表。

哈姆萨·阿里·塞林

苏丹王子大学经营部教授（沙特阿拉伯）；半岛电视台评论员

1996 年获得学士学位；2002 年，经济经营管理学硕士；2005 年经济金融财政博士；2010 年在牛津大学从事伊斯兰教研究；2015 年南加利福尼亚大学客座教授。

张信刚

北京大学名誉教授、鲁迅研究主任

生于 1940 年。1962 年获国立台湾大学土木工程学士；1964 年获斯坦福大学结构工程学硕士；1969 年，获美国西北大学生物医学工程学博士学位；1969—1976 年，纽约州立大学助教；1976—1984 年，加拿大麦基尔大学教授；1984—1990 年，南加州大学教授；1990—1994 年，中国香港大学工程学学院院长；1994—1996 年，美国匹兹堡大学工学院院长；1996—2007 年，中国香港城市大学校长；2008 年被授予北京大学鲁迅讲座名誉教授。

穆罕默德·阿里·哈巴什

慕尼黑大学新教神学院系统分类学神学伦理教授

生于 1948 年。1972 年获慕尼黑大学神学博士学位；1986 年获奥胡斯大学（丹麦）神学博士学位；1987 年获伊斯兰卡尔大学研究硕士学位；1988 年获贝鲁特大学教育学士学位；1992 年获卡拉奇大学伊斯兰研究硕士学位；1996 年获圣古兰喀土穆大学哲学博士学位；1988—2002 年，伊斯兰卡尔大学（Islamic call college）科学与伊斯兰文化教授；1992 年，大马士革伊斯兰研究中心部长；2003—2012 年，叙利亚国会议员。

柯克·O. 汉森

圣塔克拉拉大学应用伦理学马克库拉中心常任理事、社会伦理学教授

生于 1946 年。斯坦福大学经营研究生院经营学硕士；哈佛商学院及耶鲁神学院研究特待生。在斯坦佛大学经营研究生院担任 23 年斯坦佛斯隆项目系主任，教授商业伦理，现为名誉教授。北京国际经济伦理中心主任。

格拉马利·库苏罗

主持"文明对话"的哈塔米总统特别顾问；伊朗驻联合国大使；1989—1995 年，驻联合国伊朗大使；1999—2002 年，主管学术研究教育领域交流部副部长；驻澳大利亚大使；2002—2005 年伊朗 IR 法务国际问题领域外交部副部长。

马诺·梅塔南多

泰国法政大学、Chula horn 国际医科大学、泰国国立法政大学印度研究中心讲师

生于 1956 年。朱拉隆功大学理科学士（医学）、医学博士；牛津大学印度学学士、硕士；哈佛大学神学硕士、汉堡大学泰国研究冥想治疗法博士；图宾根国际医科大学、泰国国立法政大学伦理委员会主席；1982—2007 年，佛僧；泰国上议院伦理·道德·美德小组委员会成员。

阿卜杜勒·穆迪

近代伊斯兰神学研究所（印尼）秘书局局长、印尼国立伊斯兰研究大学教授

生于 1968 年。1992 年获国立伊斯兰研究大学学士学位；1997 年获澳大利亚南部弗林德斯大学教育硕士学位；2008 年获雅加达州立伊斯兰大学博士学位；2005—2010 年，印尼穆斯林知性国民议会顾问；2005 年英国评议会顾问。

尼芬大主教

莫斯科安提俄克主教代表

1941 年出生于里黎巴嫩。1959 年在贝鲁特学院出家并担任黎巴嫩大主教秘书；1964 年，获莫斯科神学院神学学士；1997 年移居莫斯科任修道院长；2009 年当选为主教；2014 年出任主教代表。

大谷光真

净土真宗本愿寺派（先代）门主

生于 1945 年。1968 年获得东京大学宗教学专业及印度哲学学士学位；1971 年获龙谷大学真宋学硕士学位；1974 年获东京大学宗教学专业及印度哲学学士学位；1960 年出家；1970 年出任净土真宗本愿寺派新门主；1977 年出任净土真宗本愿寺派第 24 世门主；1978—1980 年、2002—2004 年，第 13、18、25 代全日本佛教界会长。

杰米瑞·罗森

学者、作家

生于 1942 年。1965 年获剑桥大学哲学学士学位；1969 年获剑桥大学硕士学位；1984 年获以色列本·古里安大学大学博士学位；1968 年，获犹太法学博士学位；1971—1984 年，卡梅尔大学校长；1984 年，本·古里安大学和 WUJS Post Graduate Centre Arad（以色列）客座教授；1985—1991 年，Western Synagogue London（犹太教会）主教；1991 年至今，F.V.G. 比较宗教系教授及系主任（比利时）。

阿明·塞克尔

澳大利亚国立大学公共政策系教授、阿拉伯伊斯兰研究（中东及中亚）研究所所长

生于 1944 年。普林斯顿大学、剑桥大学、开发研究机构、萨塞克斯大学等特别研究员；洛克菲勒财团国际关系特别研究员；2013 年澳大利亚社会科学院（ASSA）特别研究员。

斯蒂芬·施伦索格

图宾根大学全球公共伦理研究所负责人、全球伦理财团事务总长

生于 1958 年。2006 年获神学博士学位；30 年来，作为汉斯·昆教授的助手和学术成员发挥全力；"Tracing the Way"多媒体项目学术顾问；"A Global Ethic now!"网络学习项目开发顾问。

古儒吉

生存的艺术（联合国 ECOSOC 援助的教育和人道主义的 NGO）和人性价值国际协会创始人

生于 1956 年，从师于穆罕默德·甘地的亲密友人 Andit Sudhakar Chaturvedi；梵文文学家；获得近代科学学士学位；1981 年创立生存的艺术国际协会；专职斯里兰卡·伊拉克·象牙海岸·喀麦隆·喀什米尔·比哈尔和其他争端地带的和平谈判及提供咨询。

阿里夫·扎姆哈里

伊斯兰神学觉醒研究所（世界最大的穆斯林组织）秘书局领导

生于 1972 年。1955 年获得州立伊斯兰研究大学学士学位；1998

年伊斯兰研究大学硕士学位；2007 年获得澳大利亚国立大学亚太学院博士学位；印度尼西亚大学神学讲师；2008—2011 年，斯拉巴亚研究生院讲师；2009 年起出任伊斯兰神学大学国际系讲师。

保罗·M.楚勒纳

生于 1939 年。曾在因斯布鲁克、维也纳、康斯坦茨、慕尼黑等各地求学，1961 年获得宗教社会学博士学位，1965 年获得神学博士学位，1964 年获维也纳管区监督，1973 年获牧师神学、牧师社会学等大学教授资格；1974—1984 年，曾在班堡、帕绍、波恩和萨尔茨堡各地大学任教；1984—1998 年，萨尔茨堡牧师神学大学校长，1985—2000 年，担任欧洲司教协议委员会主席的神学顾问。

托马斯·阿克斯沃西

秘书局局长

生于 1947 年。1990—2003 年哈佛大学肯尼迪政治学院研究生院讲师；1999—2005 年，加拿大历史财团常务理事；2001—2006 年，加拿大·亚太财团理事长；2003—2010 年，加拿大昆斯大学民主主义研究中心负责人；2011 年起担任多伦多大学梅西学院高级研究员；2010 年起任多伦多大学世界形势系特别高级研究员。

论文供稿人

汉斯·昆

图宾根大学（瑞士）名誉教授、全球伦理财团顾问

生于 1928 年。在天主教格里高利大学（罗马）和索邦大学神学院（巴黎）学习哲学和神学；1960—1996 年，担任全球伦理财团理事长；图宾根大学世界教会研究所所长、世界教会神学教授；1962—1965 年，在纽约、巴塞尔、芝加哥、安娜堡（密歇根州）、休斯敦（德州）等地担任客座教授；由罗马教皇若望二十三世指定担任第二次梵蒂冈大公会议官方神学顾问。

杜维明

哈佛大学亚洲中心资深研究员、北京大学高等人文研究院院长

生于 1940 年。1961 年获得东海大学（台湾）学士学位；1963 年获得哈佛大学硕士学位，1968 年获得哈佛大学博士学位；1967—1971 年，任普林斯顿大学教授，1971—1981 年，任加利福尼亚大学伯克利分校教授；曾先后担任北京大学、台湾大学、香港中文大学、巴黎高等研究实习院教授；1981 年开始担任哈佛大学研究教授；在浙江、中山、苏州、北京等各地大学担任名誉教授。

编 者 后 记

关于伦理这样既高深又重大的主题讨论，到底应该如何判断其所存在的合理性？虽然这是一种崇尚高贵的追求，但也饱含着强烈的挫折与绝望。人类拥有破坏一切的能力，甚至包括我们的大地母亲。鉴于文化的多样性与广泛性，我们怎么可能有希望达成共识？更别说是全体人员一致的共识。

在出席维也纳会议之前，我一直被上述疑问困扰。但是，当我了解到所有参会者愿意克服重重困难的明确善意与面向未来的决心之后，我感到万分惊喜。出于对这些与会者的敬意，我接受了编辑工作，对会议讨论的事项、专家提交的论文，以及过去与该主题相关的成果进行了集结，同时还参加了OB首脑峰会。这样做，是为了将我们在维也纳的努力与前领导人峰会在这个深远的领域内开展的活动记录保存下来。

我的初衷是善良的，但是当我把发言者的口语改写成文章时，有可能出现曲解发言者意思的情况。同时，为了方便未在讨论现场的读者更容易理解，我在编辑不明确的文章或章节时，有时也可能没有按照作者所期待的方式进行表达。

对于这些失误，我全权负责。我也为或许已经给您带来的侮辱表示诚挚的歉意。我无意让谁感到不快，将发言者的核心信息以更加容易理解的方式传播、将他们想传达的事情本质编纂成文是我唯一的目的。我坚信，大家都真切地期待着老希勒尔的名言精髓——"爱好和平、争取和平、爱你的同胞，并带领他们亲近真实"——能够实现。

拉比杰米瑞·罗森

2014 年 12 月

译 后 记
走近中国、走向亚洲的
日本前首相福田康夫

一、福田康夫先生与本书

对于国人而言，福田康夫的大名众人皆知。给海内外儒学界留下的最新记忆，是 2007 年 12 月 28 日他在山东曲阜祭孔，留下意味深长的墨宝："温故创新。"

1936 年出生于东京的福田先生毕业于早稻田大学政治经济系，专攻经济学。而后就职于丸善石油 17 年，练造了作为组织中一员的社会人机能，积累了对应国内外经济，尤其是能源经济现场的实战经验。后来由于继承父业的胞弟为疾病所赘，41 岁的福田先生继而转身政治，辅佐其父福田赳夫，秘书生涯 14 年。1990 年参选参议员获胜之后，2007 年当选第 22 届自民党总裁，第 91 届首相。

在政界，无心插柳柳成荫的福田先生于 2008 年卸任。此后他除了孜孜不倦地博览群书之外，终日忙于处理无数未尽事项。仅我略有参与的就有以下三项。

1. 珍重并促进日中关系的良性发展

福田先生几乎每天都在围绕这个主题而奔走。例如，2007 年以来，在日本各地的地方政府与民众的参与之下，从北海道到冲绳发掘出祭祀大禹的史迹九十几处。2010 年以来，在日本各地轮流召开了五次大禹文化节。每次他都把我送去的文化节广告亲自挂在办公室，一直挂到下一届文化节广告的出笼。这不过是他日理万机当中的一个小插曲而已。

2. 推动中、日、韩三国政府会议成果的落实与实施

2006 年启动的中、日、韩三国政府会议，围绕东亚的和平发展作出了许多重大决策决议。其中，2013 年由福田先生作为主席而提出的"共同倡导"，即"通用 808 个汉字"在东亚的广泛推广和应用就是一项。每当该项活动推出一份字表，发行一本字典或者参考书，福田先生都兴致勃勃地拿给我学习，并且亲自带领我参加相关的论坛和会议。

3. 国际行动理事会（Interaction Council，简称 OB 首脑峰会）的和平贡献

20 世纪 80 年代，当冷战格局割裂了世界的最危险的时刻，福田赳夫前首相与德国前总理赫尔穆特·施密特挺身而出，为解决地球与人类长期存在的问题，组建了由各国前政要构成的国际行动理事会。OB 首脑峰会创立三十多年来，每年都定期在五大洲的重要城市召开会议。约三十余名各国前政要齐聚一堂，共同探讨政治与地缘政治学、经济与金融、环境与开发等具有全球性问题。

1987 年，在罗马白露理治奥举行了第一次政治领袖与宗教领袖的对话。佛教、天主教、印度教、伊斯兰教、犹太教、新教的领袖们与无神论者、保守派、社会民主主义者、自由主义派、共产主义者、民主主义政权为代表的政治家们开展了历史上首次对话。此次会议取得了空前的一致共识，使得前政要们充满信心，尔后相继召开了 10 次类似的宗教与政治之间的协商会议。与会者立志于建构包容、多元的"公共伦理"，重整人类文明与和平发展的新秩序。不难联想，OB 首脑峰会的志向与 2014 年习近平主席所表明的建构世界和平发展新秩序的立场，以及为此所提出的"多彩、平等、包容、互惠"的纲领互为参照，相互辉映。

2014 年 3 月 26—27 日，距离今天最近的 OB 首脑峰会在奥地利首都维也纳召开。综合以往峰会的决议和宣言内容，峰会组织编辑了一本论文集：《10 个国家前政要论当今人类面临的"伦理与决断"》。本论文集将先后在八个国家和区域出版发行。而福田先生最为侧重的是中文版。

从 2015 年年底起，他就向我交代：希望该论文集的内容为中国的发展以及与世界的交融提供点滴借鉴。虽同样具有理国之经验和体验，但日本与中国具有不同的国情。中国的规模之大意味着治理之难度。将心比心，习主席的负担之大之重。因此，愿将此书版权奉献给中国，希望书中的内容为中国和领导人有所参考。

2016 年新年伊始，福田先生将英日两个语种的论文原稿交付于我。这就是本书出版的前因后果。

二、我与福田康夫先生

2014 年，小书《汉魂与和魂》由世界知识出版社在北京发行。福田康夫先生特意挥毫撰写了推荐语。他这样写道：

家父（日本国前首相）福田赳夫的名字源于《诗经》中的诗句"赳赳武夫"。如此，家父在任期间的 1978 年与贵国签订了和平友好条约。我出任首相时秉承家父遗志，于 2008 年与贵国同时发表了《日中关于全面推进战略互惠关系的联合声明》，志在全面推进战略互惠关系，实现和平共处、世代友好、互利合作、共同发展的崇高目标。

在漫长的历史积累中，是日中之间的人文互惠构筑了坚实的地基，推动着人类文明史的进展。例如，对汉字文化的传承等等。对此，王敏女士的著作援用比较文化的手法予以到位的调研与梳理，对今后的和平互惠的发展走势提出了中肯的见解。其中，针对当前形势的强调人文交流的观点尤为必要。即发挥两国人文交流成果之正能量，以激活相互学习的智慧，升腾为相互发展的动力。

我认为这部力作不仅可以促进两国国民的相互理解，同时也有助于双方各自的自我认识和自我调整，温故创新。为此，我推荐此书值得一读。

日本国前首相　福田康夫

2014 年 5 月 8 日于东京

我有幸与福田康夫先生共事源起于 2004 年。那时，福田先生担任小泉纯一郎前首相的内阁主管、官房长官的职务。在本次内阁的周围积聚着一大批精明能干的官僚，担任日本外务省国际文化宣传部部长的近藤诚一先生就是其中难得的文官。他先后出版了几本评论和散文集，其中《日美舆论战》的中文版曾在我国得以发行。为打破由于小泉前首相参拜靖国神社而导致的政治关系恶化的僵局，以维系日中两国共同创立的和平大局最大限度地减少损失，他受命呼吁各界并在媒体发表言论，倡导关注民间交流与外交、文化外交与政治外交的互补关系，强调重温周恩来总理提出的人民外交思想的战略，引发了广大读者与笔者的共鸣。

2004 年夏日，我应邀与近藤诚一先生共进午餐。这是我们第一次单独交流。我无法预知谈话的内容，只隐约感受到与时局有关。当时以小泉前首相参拜靖国神社为启端的中国反日游行与日本国内的反华情绪双向燃烧，双方都各自感受到长久以来的善邻友好关系出现了巨大的动摇。身在日本的我通过媒体的传播，切身感受到那种群体气氛的蔓延。

近藤先生入座后的第一句话便是："我们要力挽日中关系走向恶化，希望能够得到你的协助。"日本准备成立一个临时顶级智库：首相挂帅的咨询委员会，旨在推进增进相互理解的国际文化外交。

此委员会的主席由时任法政大学研究生院特聘教授，而后出任文化厅长、现任日本国立新美术馆长的青木保先生担任，17 名委员多为驰名世界的各界大家，我作为华人教授被列其中。在国际环境，尤其是中日关系的确处于紧迫之时，要我出任这个智库委员在日本实属史无前例，令我震惊！我当即领悟了自身的使命。即成为该委员会的成员，就以出生于中国的学人角度阐诉个人观点。

2004 年 12 月 2 日，经日本前首相小泉纯一郎审批成立，日本"推进文化外交首相恳谈委员会"宣告成立。2005 年 7 月，该委员会主席青木保代表全体委员向小泉前首相提交了题为"文化交流的和平国家"的政策制定报告书。报告书中所涉及的政策提议的执行状况在此不再一一叙述。仅将委员会成员介绍如下：

青木保（主席）	法政大学研究生院特聘教授，现任国立新美术馆馆长
安藤忠雄	建筑家、东京大学名誉教授
王敏	法政大学教授
冈本真佐子	国士馆大学教授
马利·克里斯蒂努	文化交流家
高原明生	东京大学教授
田波耕治	国际协力银行副总裁
东仪秀树	宫廷音乐师
罗杰·帕尔巴斯	作家、东京工业大学教授
平山郁夫（顾问）	东京艺术大学校长
福原义春	资生堂公司名誉会长
黛（madoka）	诗人
宫岛达男	京都造形艺术大学教授
山内昌之	东京大学教授
山折哲雄	国际日本文化研究中心名誉教授
山崎正和（顾问）	东亚大学校长
山下泰裕	东海大学教授

三、福田康夫在任期间的日本智库的参与始末

我一直在想，为什么我会成为前首相小泉纯一郎主持的上述委员会的中国人委员？直至 2007 年，我才得知有关这个委员会成立的一

些背景。

2007 年 11 月 24 日的巴黎上空，一轮圆月高悬。大概由于这座古都的城市规划早已设定，不得建筑影响该文明古都氛围的楼房，使得月光在没有超高层建筑阻碍的协助之下，给力那已经显得昏暗的老式路灯，引我步入了联合国教科文组织日本大使近藤诚一先生的官邸。

我和近藤先生共同重温在那个委员会所经历的许许多多，为时任总理的温家宝与荣任日本国首相的福田康夫先生共进午餐时所提出的，将 2008 年定为中日青少年交流年的决议而欣慰，亦为在那个委员会上所制定的中日青少年交流政策提议能够在福田首相的直接领导之下，有所实质性进展而祝福。尽管委员们，也是策划者们事后都已经各自归还所属的单位服务，远离施政的实际操作现场，但我们都有一个共同的心愿，期待两国关系的更大发展，我们与中日青少年交流事业心连心。我们将一直关注着，呵护着，愿两国人民的友好与和平发展世世代代。

2006 年，1200 名中国高中生赴日交流，满载而归。日本国际交流基金中心网页"心连心"记载着他们的如实感观。2007 年，日本迎来了又一批中国高中生。他们都是新一代的友好使者，以其善良、美好的诚挚与质朴好学的精神承上启下，给日本留下了难以忘怀的印象。直到今天，这项交流活动依然持续着。

在福田先生担任日本国首相时期之前后，除上述智库以外，我还应邀参加了其他五个专题智库的工作。这些难能可贵的体验不仅丰富了内涵和视野，同时也学以致用到了维护中日和平发展的各种场面。这五个智库的主办单位与调研课题如下：

1. 2005 年　内阁主办的国际文化交流推进委员会

2. 2007 年　国土交通省主办的文化观光委员会

3. 2008 年　奈良县主办的日本与东亚未来委员会

4. 2009 年　通产省主办的上海世博日本馆参展评定委员会委员

5. 2013 年 5 月　文化厅主办的文化艺术立国委员会

我认为：日本在摸索，在关注国内外的视角，在调整自身的思维方式与行为方式。然而，体现在行动上并不容易。在各党派与人民及个人之间，统一大同小异型价值观尚需时间。尽管如此，从文化外交的角度推动日本重视亚洲，将外国人的声音直接传送到最高领导人的耳边，这一尝试在日本史上史无前例，开辟了划时代的创举。自该委员会的工作报告提交以来，笔者注意到日本的确发生了一些变化，而且作出了与报告书中所提及的政策提议相符合的具体行动。

比如在中日青少年交流方面，除多种渠道的互访深入落实以外，2008 年被两国政府指定为中日青少年交流年等。2007 年中、日、韩三国文化部长对话会议顺利召开，并发表了《南通宣言》。同时由日本主导的国民大交流与互访在三国展开。2012 年，三国文化古都交流事业启动。为认识亚洲，更加牢固地构置交流的平台，日本还通过多种办法呼吁提高汉字文化水准，电台和报刊增大了学习应用汉字的节目和栏目。

2008 年 9 月 16 日，笔者参加了中日双方共同举办的"东京—北京论坛"晚宴。日中 21 世纪友好委员会主席小林阳太郎先生对前来参加会议的中方名誉主席、全国政协外事委员会主任赵启正先生说："日本将英语和中文列为两大语种，并正在努力培养这方面的人才。"当时，作为翻译的我感到十分欣慰。尽管青木保主席及参与报告书政策提议的全体委员及工作人员的工作早已结束，可是提议的内容仍然在中日交流的现实中得以反映，并逐渐被付诸现实。

四、福田康夫先生的新故事

就这样，我有幸参与了福田康夫先生所主持的几项工作中的小小环节。其中包括本论文集的中文版出版发行。每当中日关系面临困境时，福田先生总是沉着地说：只要世代友好的大方向不变，无论出现任何突发事件，时代的大潮终将涤荡一切，奔涌向前。我想，这就是领悟过程的哲学吧。但是，面对必须只争朝夕的问题，人类尚需探索更大的智慧！正是这种迫切感催生了这本译作。

2016 年 3 月 10 日下午 2：00—3：30，我应邀前往福田先生事务所。同时带去了刚从尼山圣源书院带回的当地特产：煎饼。福田先生动情地说，2007 年 2 月 28 日，他去参拜孔庙的时候还没有高铁，只好坐飞机。听到我对孔子家宴的介绍，他还兴致勃勃地说，他要把这来自孔子出生圣地尼山的煎饼展示给他的朋友们。

面对这一真挚的场景，我不禁联想到日本国民人人皆知的一首民歌：《故乡》。这首歌早在 20 年前就被译为中文，成为各地的卡拉OK 店中之一首。歌词中有这样的一段：

> 曾经追赶过兔子的那座山，曾经钓过鲫鱼的那条河，现在只能在梦中重逢。永远忘不了的我的故乡！

大概 3000 年前的中原列国之间还不具有当代概念的国境线，中国和日本之间也没有树立起当今的国民意识，那还是一片无垠的汉字文化圈。而孔子就是背负着煎饼周游列国，传播和合理念的。也许他曾经沿途采集野菜，钓到鲫鱼，连同兔肉一起烧烤……我不禁哼起了这首歌，引发了福田先生的笑声。

生活在这个时代、这个环境中的人，任重道远。当然，个人的修养和努力还远远跟不上时代的步伐。而本论文集的中文版发行完全仰仗于国际儒联的滕文生、王殿卿、牛喜平、高长武、张践、任宝菊以及办公室同仁的全力支持，感恩永远。

协助本书翻译的年轻一代同为王敏研究室的有志之士，他们是李明艳等五位同学。在此一并表示感谢！

日本法政大学华人教授　王　敏

2016 年 3 月 11 日于东京

责任编辑:段海宝
封面设计:王欢欢

图书在版编目(CIP)数据

十国前政要论"全球公共伦理"/[日]福田康夫 主编;王敏 译. —北京:
  人民出版社,2017.10
ISBN 978-7-01-017970-4

Ⅰ.①十… Ⅱ.①福…②王… Ⅲ.①公共管理-伦理学-研究-世界
  Ⅳ.①B82-051

中国版本图书馆 CIP 数据核字(2017)第 203496 号

十国前政要论"全球公共伦理"
SHI GUO QIAN ZHENGYAO LUN QUANQIU GONGGONG LUNLI

[日]福田康夫 主编 王 敏 译

人 民 出 版 社 出版发行
(100706 北京市东城区隆福寺街99号)

北京文林印务有限公司印刷 新华书店经销

2017 年 10 月第 1 版 2017 年 10 月北京第 1 次印刷
开本:710 毫米×1000 毫米 1/16 印张:21.25 字数:260 千字

ISBN 978-7-01-017970-4 定价:59.00 元

邮购地址 100706 北京市东城区隆福寺街 99 号
人民东方图书销售中心 电话 (010)65250042 65289539